牲畜屠宰环节
兽医卫生检验技术

张俊　刘浩　赵敏　编著

西北农林科技大学出版社
·杨凌·

图书在版编目(CIP)数据

牲畜屠宰环节兽医卫生检验技术 / 张俊, 刘浩, 赵敏编著. — 杨凌 : 西北农林科技大学出版社, 2022.6

ISBN 978-7-5683-1108-3

Ⅰ. ①牲…　Ⅱ. ①张… ②刘… ③赵…　Ⅲ. ①屠宰加工 - 兽医卫生检验　Ⅳ. ①TS251.4

中国版本图书馆 CIP 数据核字(2022)第 104704 号

牲畜屠宰环节兽医卫生检验技术

张俊　刘浩　赵敏　**编著**

出版发行	西北农林科技大学出版社
地　　址	陕西杨凌杨武路 3 号　　**邮　编**:712100
电　　话	总编室:029 - 87093105　　发行部:029 - 87093302
电子邮箱	press0809@163.com
印　　刷	陕西天地印刷有限公司
版　　次	2022 年 6 月第 1 版
印　　次	2022 年 6 月第 1 次印刷
开　　本	787 mm×1 092 mm　1/16
印　　张	21.25
字　　数	422 千字

ISBN 978-7-5683-1108-3

定价:58.00 元

《牲畜屠宰环节兽医卫生检验技术》
编委会成员名单

编　　著　张　俊　刘　浩　赵　敏

前 言

为全面贯彻落实新修订的《生猪屠宰管理条例》和《陕西省牲畜屠宰管理条例》有关要求，推动企业落实牲畜屠宰肉品品质检验制度，进一步提升兽医卫生检验人员专业技术水平，陕西省动物卫生与屠宰管理站组织专家编写了《牲畜屠宰环节兽医卫生检验技术》，全书共分上下两篇。上篇从兽医卫生检验、猪的宰前和宰后检验及处理、牛羊宰前和宰后检验及处理、兽医卫生实验室检验、有害残留物与肉品品质五个方面系统地介绍了牲畜屠宰检疫检验的主要内容，以及兽医卫生检验从业人员必须掌握的基础性知识，下篇选录了近年来国家和行业管理部门颁布且与牲畜屠宰行业密切相关的法律法规和相关标准。

本书是牲畜屠宰行业兽医卫生检验人员的工具用书，对指导肉品品质检验工作具有非常重要的意义，编者的初衷是希望能对从事牲畜屠宰环节兽医卫生检验的技术人员提供帮助。由于时间仓促，加之编者水平所限，书中难免出现纰漏和不足之处，欢迎广大读者批评指正。

作 者

2022 年 6 月

目 录

第一章 兽医卫生检验 …… 1

第一节 肉品品质检验 …… 1

一、肉品品质检验的概念 …… 1

二、肉品品质检验内容 …… 1

三、肉类食品的特点 …… 1

四、肉品品质检验的任务 …… 3

五、肉品品质检验方法 …… 5

第二节 肉品学 …… 5

一、肉的概念 …… 5

二、肉的形态结构 …… 6

三、肉的化学组成 …… 7

第三节 肉的分类 …… 7

一、按鲜肉的降温程度分类 …… 7

二、按肉品安全程度分类 …… 8

三、按肉的成熟程度分类 …… 10

四、按肉的新鲜程度分类 …… 11

第四节 影响肉品质量的因素 …… 12

一、肉品质量的概念 …… 12

二、畜肉质量的衡量标准 …… 12

三、影响肉品质量的因素 …… 12

第五节　加工工艺与肉品品质 …… 14

一、屠宰加工场所的选址、规模与布局 …… 14

二、主要生产区域的设施 …… 16

三、宰前管理 …… 17

四、肉品加工工艺 …… 18

五、肉的冷冻、贮藏与运输 …… 22

六、熟肉制品加工 …… 25

七、生脂肪的加工 …… 26

八、给水和污水处理 …… 27

九、卫生消毒 …… 28

第六节　一般疾病的检验 …… 31

一、黄脂病、黄脂和黄疸 …… 31

二、白肌病 …… 32

三、白肌肉(PSE 肉) …… 32

四、黑干肉(DFD 肉) …… 32

五、红膘和红皮 …… 33

六、黑色素沉着 …… 33

七、卟啉沉着症 …… 33

八、气味和滋味及性状异常肉 …… 34

九、肿瘤 …… 36

十、中毒 …… 37

十一、种用公、母猪肉及晚阉猪肉 …… 38

十二、注水肉 …… 39

十三、死猪肉 …… 40

第二章　猪的宰前和宰后检验及处理 …… 42

第一节　猪解剖学基础 …… 42

一、猪体的基本结构 …… 42

二、猪体各部分名称和体腔 …… 44
三、运动系统 …… 46
四、消化系统 …… 47
五、呼吸系统 …… 48
六、循环系统 …… 48
七、泌尿系统 …… 50
八、生殖系统 …… 51
九、内分泌系统 …… 51
第二节 血液循环障碍常见的病理变化 …… 52
一、局部血液循环障碍 …… 52
二、血液性质的改变 …… 54
三、血管通透性或完整性的改变 …… 55
四、细胞和组织损伤与修复 …… 56
第三节 炎 症 …… 57
一、炎症的局部病理性变化 …… 57
二、炎症的分类与病理变化 …… 58
三、炎症的结局 …… 61
第四节 宰前检验与处理 …… 62
一、宰前检验的意义 …… 62
二、宰前检验程序和要点 …… 62
三、宰前检验后的处理 …… 63
第五节 宰后检验与处理 …… 64
一、宰后检验的意义 …… 64
二、宰后检验的基本方法和要求 …… 65
三、宰后检验程序 …… 65
四、宰后检验的处理 …… 71
第六节 主要传染病的检验 …… 78
一、传染病的概念、特点及引发的条件 …… 78

二、几种传染病及处理 …… 79
三、几种主要的寄生虫病 …… 85

第三章 牛羊宰前和宰后检验及处理 …… 89

第一节 牛羊的解剖生理 …… 89
一、畜体躯体的基本构造 …… 89
二、牛羊躯体的基本构造 …… 89
第二节 牛羊的宰前检验及处理 …… 97
一、宰前检验的意义 …… 97
二、屠宰前的管理 …… 97
三、宰前检验及处理 …… 98
第三节 牛羊宰后检验及处理 …… 100
一、宰后检验的意义 …… 100
二、宰后检验的基本方法和要求 …… 100
三、宰后检验的程序 …… 101
第四节 牛羊主要病变的检验 …… 105
一、主要传染病的检验 …… 105
二、几种传染病的检验和处理 …… 105
三、寄生虫病检验 …… 115

第四章 兽医卫生实验室检验 …… 116

第一节 实验室工作基本知识 …… 116
一、实验室工作人员一般注意事项 …… 116
二、玻璃器皿的洗涤、干燥与保存 …… 116
三、试剂的基础知识及水质要求 …… 118
四、标准溶液的配制与标定 …… 120
五、样品的采集与取样 …… 121
六、病料的采取和送检 …… 122

第二节　国家标准规定的检测项目 …… 124
一、《鲜(冻)畜禽产品》(GB 2707) …… 124
二、《鲜冻猪肉及猪副产品第1部分 片猪肉》(GB 9959.1) …… 124
三、《分割鲜、冻猪瘦肉》(GB 9959.2) …… 125
四、《无公害食品 猪肉》(NY 5029) …… 126
五、《无公害食品 羊肉》(NY 5147) …… 128
六、《鲜、冻胴体羊肉》(GB 9961) …… 129
七、《无公害食品 牛肉》(NY 5044) …… 131
第三节　理化检验 …… 132
一、理化分析常用仪器设备 …… 132
二、常规指标的检测方法 …… 137
第四节　病理组织学检验 …… 139
一、生物显微镜的结构与使用技术 …… 139
二、病理组织学材料的选取和寄送 …… 142
三、病理组织学标本制作 …… 143
第五节　微生物检验 …… 148
一、微生物学基本知识 …… 148
二、外界因素对微生物的影响 …… 152
三、细菌涂片的制备和染色法 …… 157
四、常用玻璃器皿的准备和灭菌 …… 158
五、常用细菌培养基的制备 …… 161
六、细菌的分离、移植及培养性状的观察 …… 163
七、细菌的生物化学试验 …… 166
八、肉品微生物检验方法 …… 167
第六节　非洲猪瘟检测技术 …… 174
一、陕西省生猪屠宰企业非洲猪瘟病毒核酸检测样品采集技术要求 …… 174
二、陕西省生猪屠宰企业非洲猪瘟病毒核酸检测实验室建设基本技术要求 … 175
三、非洲猪瘟诊断技术(GB/T 18648) …… 176

第五章　有害残留物与肉品品质…… 180
第一节　肉品污染的概念…… 180
一、生物性污染…… 180
二、化学性污染…… 180
三、放射性污染…… 181
四、内源性污染…… 181
五、外源性污染…… 181
第二节　肉品的微生物污染…… 181
一、微生物的来源…… 181
二、微生物的种类…… 183
三、影响微生物生长繁殖的主要因素…… 183
四、由微生物引起的肉品变质现象…… 184
五、微生物污染指标…… 184
六、检验方法…… 184
七、国家对肉品中微生物指标的规定…… 184
八、生物性污染的控制…… 185
第三节　肉品的有害元素残留…… 185
一、概述…… 185
二、汞(Hg)…… 186
三、铅(Pb)…… 187
四、砷(As)…… 187
五、镉(Cd)…… 188
六、铬(Cr)…… 189
第四节　肉品的农药残留…… 190
一、农药和农药残留…… 190
二、农药的分类…… 190

三、肉品中残留农药的来源 …… 190
四、残留农药的毒性与危害 …… 190
五、有机氯农药 …… 191
六、有机磷农药及检测方法 …… 191
七、国家标准对肉品中农药残留限量规定 …… 191
第五节　肉品的兽药残留 …… 192
一、兽药与兽药残留 …… 192
二、肉品中兽药来源与途径 …… 192
三、兽药残留的主要原因 …… 192
四、残留兽药的毒性与危害 …… 193
五、抗生素 …… 193
六、磺胺类 …… 194
七、国家标准对肉品中兽药残留限量规定（标准 NY 5029—2008） …… 194
第六节　肉品的“瘦肉精”残留 …… 195
一“瘦肉精”简介 …… 195
二、盐酸克伦特罗的用途 …… 195
三、“瘦肉精”残留的检测方法 …… 195
四、肉品中“瘦肉精”残留限量的规定 …… 196
第七节　肉品的莱克多巴胺残留 …… 196
一、莱克多巴胺简介 …… 196
二、莱克多巴胺的用途 …… 196
三、莱克多巴胺的毒性与危害 …… 197
四、莱克多巴胺残留的检测方法 …… 197
五、肉品中莱克多巴胺残留限量的规定 …… 197
第八节　化学性污染的控制 …… 197
一、合理治理“三废” …… 197
二、防止农药污染 …… 198

三、防止兽药污染 …… 198

四、防止肉品在加工过程中污染 …… 198

五、加强肉品卫生监督管理工作 …… 198

附　录 …… 199

附录一　中华人民共和国动物防疫法 …… 199

附录二　生猪屠宰管理条例 …… 217

附录三　陕西省牲畜屠宰管理条例 …… 225

附录四　陕西省清真食品生产经营管理条例 …… 234

附录五　中华人民共和国国家标准生猪屠宰产品品质检验规程(GB/T 17996—1999) …… 237

附录六　中华人民共和国国家标准牛羊屠宰产品品质检验规程(GB 18393—2001) …… 244

附录七　中华人民共和国国家标准猪屠宰与分割车间设计规范(GB 50317—2009) …… 252

附录八　牛羊屠宰与分割车间设计规范(GB 51225—2017) …… 276

附录九　畜禽屠宰操作规程　生猪(GB/T 17236—2019) …… 302

附录十　畜禽屠宰操作规程　牛(GB/T 19477—2018) …… 310

附录十一　畜禽屠宰操作规程　羊(NY/T 3469—2019) …… 317

参考文献 …… 323

第一章　兽医卫生检验

第一节　肉品品质检验

一、肉品品质检验的概念

肉品品质检验是以兽医科学、公共卫生学和食品营养学理论为基础，密切结合牲畜的屠宰加工工艺学对肉的品质进行检验和评价的一门综合应用学科，它是保证肉品质量、防止人畜共患病和动物疫病传播、保证人们食肉安全和身体健康、促进畜牧业发展的重要环节。

二、肉品品质检验内容

(1)生猪健康状况。

(2)传染病和寄生虫病以外的疾病检验及处理。

(3)有害腺体(甲状腺、肾上腺)、病变淋巴结和病变组织的摘除与修割。

(4)注水或注入其他物质的检验及处理。

(5)食品动物中禁止使用的药品及其他化合物等有毒有害非食品原料的检验及处理。

(6)白肌肉、黑干肉、黄脂、种猪及晚阉猪等的检验及处理。

(7)肉品卫生状况的检查及处理。

(8)国家规定的其他内容。

三、肉类食品的特点

1. 肉类食品与其他食品相比较在食用安全方面表现得更为敏感和脆弱

食用动物肉中富含营养物质和水分，它是人类的美食，同时也是微生物良好的培养基。各种肉类中的蛋白质、脂肪和水分含量都适合细菌的生长繁殖。动物肉中存在各种酶，当动物体被宰杀后，有机体内各种酶类的拮抗作用消失，酵解酶和分解酶就开始发挥作用，有机体迅速分解使肉的组织结构疏松，极有利于细菌的繁殖和蔓延。这些因素是造成肉类易腐败的原因。

2. 肉类食品的生产周期长、环节多且遇到的食品安全问题多

肉类食品的安全生产，从食用动物的饲养开始到屠宰后进入流通环节结束，必须从饲料和饲养环境抓起。食用动物出栏以后，进入屠宰环节，其工艺技术和操作方法对肉品品质影响也很大。所以肉类食品的质量安全要从生产的源头抓起，每个生产环节都要保证安全，这是个复杂的系统工程。肉类食品从源头到摆上消费者餐桌的时间和程序上要比其他的食品复杂的多。

3. 肉类食品的生产加工过程和食品安全的控制措施要比其他食品复杂

随着人类文明进步，人们在追求食品的风味和特色的同时，不厌其烦地追求肉类食品的多样性，追求高质量和高标准的食品，生产出可以在各种场合和各种条件下食用的食品。为了满足人们的需要，技术人员设计建立了很多集约化、工业化程度特别高的食品生产工艺和生产场所。由于食品品种的多样性和生产工艺的多样性，导致了在生产中对食品质量和安全控制的复杂性。为了满足这些肉类食品在现代化生产中对食品安全的需要，必须完善和加强食品安全水平的控制和生产过程中的质量管理。

4. 不安全的肉类食品是造成某些危害人类健康的人畜共患病传播的重要原因

据不完全统计，目前记录的人畜共患病达200种以上，其中通过肉类食品传播的有30多种，如旋毛虫病、囊尾蚴病、弓形虫病，以及近年来引起轰动的疯牛病、口蹄疫、高致病性禽流感等都可以通过食用肉类食品而引起人类发病。为了保障肉类食品的食用安全，我国和国际社会都制定了大量的法律法规，并建立了完整的检验检疫体系，随着食品在全世界流动性的增加，这些法律法规和检验检疫体系已经形成了覆盖全球且相互交叉联系的网络。可以看出，在食品安全体系中，由于人畜共患病防治工作的重要性而使肉类食品的安全问题占有突出且十分重要的地位。

5. 肉类食品在人类的食物链中所处的位置反映出来的食品安全问题几乎可以体现所有的食品安全问题

肉类食品在人类的食物链中处于顶层，其他食品及食品原料所发生的食品安全问题都能在肉类食品原料中有所体现。食用动物都要以植物性原料作为自己的饲料，植物性原料在生产中所反映的环境污染，使用农药和各种化学制剂，转基因等有关食品安全的敏感问题自然也会在饲料中出现，从而可以反映到肉类食品中。可见，紧紧抓住肉类食品安全问题，就可以抓住食品安全问题的关键。

6. 我国人民的膳食结构正在向肉类食品方向倾斜

我国人民的膳食结构已经从单一的植物性食品向植物性食品和以肉类为主的动物性食

品并重的方向上转变。自从改革开放以来,我国动物性食品的生产量大幅度增长。人们食用动物性食品的数量也在不断增长,这已是不争的事实。

由于人们大量的食用肉类食品,因此食用肉类食品卫生安全问题,理所当然地要引起人们更广泛的关注,肉类食品的安全性也越来越重要。

7. 目前国际国内发生的重大食品安全事件多数是肉类食品安全问题

近年来,世界各国和我国都出现了一些影响很大的食品安全问题,如首先发现于英国并殃及全世界的可使人患上克雅氏症的“疯牛病”;马来西亚等东南亚国家在猪群中发生的能传染给人的尼巴病;在美国和日本等国家发生的因牛肉汉堡中超标的大肠杆菌 O157: H7 而引起的食物中毒;欧洲比利时等国发生的严重影响养禽业和人体健康的“二噁英事件”;目前仍在世界各地流行的口蹄疫和禽流感;近几年在我国引起广泛关注的由“瘦肉精”作饲料添加剂而发生的中毒事件;由于食用毛蚶而造成上海暴发人群乙型肝炎流行。这些事件都是以肉类食品为主。而且由肉类食品引起的食品安全问题的牵扯面广、影响范围大,都是其他类型的食品安全问题所无法比拟的。

目前,肉品卫生检验已发展成为一个新的专业学科——兽医卫生检验学,该学科具有以下几个特点:

(1)法规性:肉品卫生检验学属于食品卫生学的范畴,其课程内容须严格依照国家的食品安全法规,并根据目前科学的发展水平和社会需要进行系统的理论研究和实践应用。

(2)综合性:肉品品质检验学是以所依托各学科的发展水平为基础而建立的延伸学科,它需要多学科的知识来为食品安全和人类健康服务。因此它是一门综合性的学科。

(3)应用性:该学科总结了古今中外在食品卫生和检验实践上形成的经验,并一直是在实践应用中经受检查。尤其是在近代,该学科已发展成为广大群众服务的应用学科。

(4)专业性:从事肉类食品的卫生检验工作需要有兽医卫生检验方面的专业知识和经过国家相关资格考试确认取得相关资格证书的人员来完成。

四、肉品品质检验的任务

肉品卫生检验的目的是安全而有益的利用各种动物性食品及其产品;防止疫病,特别是人畜共患病的传播;防止有害物质经由动物性食品而危害人类;保护人类赖以生存的环境,提高人们的生活质量。

(一)防止疫病的传播

在动物传染病和寄生虫病中约有 200 多种可以传染给人,其中通过肉用动物及其产品传染给人的就有 30 多种,其中危害比较严重的有:炭疽、鼻疽、口蹄疫、类丹毒、布鲁氏菌病、结核病、假性结核病、囊虫病、旋毛虫病、弓形虫病、钩端螺旋体病等。动物性食品卫生监督管理的任务之一就是要把患有人兽共患病的病畜检查出来,认真处理以防止人畜共患病的传播。

病畜禽及其产品的周转流通往往是一些疫病流行的重要因素。各畜禽屠宰加工厂(场),作为最集中的屠宰产品集散地,在防止畜禽疫病的流行上占有重要地位。屠宰厂(场)的肉品及其他动物性产品的兽医卫生检验,实际上是对社会上的畜禽疫病起到了监视哨的作用。一旦发现在屠宰场有疫情出现,除及时加以处理外,还可追踪调查,尽早控制和消灭疫情。因此,在屠宰加工场所进行的兽医卫生检验工作可以形象地比喻为畜禽疫病的“过滤器”。

(二)防止污染中毒

1. 农药、有害金属及其他有害物的污染

对人体健康有害的农药,如有机汞、有机氯等,能在人体内长期蓄积而引起慢性损害。有些致癌物质,如亚硝胺、黄曲霉毒素、3,4-苯并芘等,也常常通过被其污染的动物性食品从而进入人体,若长期摄入这种食品,就有可能使人患上癌症。有些化学物质,如雌激素和有机汞等还可以引起胎儿的畸形。人们长期食用被放射性物质(如镭226、锶90等)污染的食品,则会引起组织破坏和致癌。虽然这些有害物质被直接摄入人体的机会很少,但可以通过饲料—动物—人体的食物链传递方式进入人体。

2. 微生物污染

有些微生物污染的食品,被人食用后,往往会引起食物中毒。最常引起食物中毒的微生物有沙门氏菌、肉毒梭菌、金黄色葡萄球菌、副溶血性弧菌等。这些细菌有的在肉用动物活体内就存在,有的则是在加工、运输、销售过程中被污染的。防止食物污染中毒是食品卫生监督管理工作的重要内容。

(三)维护肉类食品贸易的信誉

进入21世纪以来,随着经济全球化步伐的加快,国际之间的贸易竞争也越来越激烈,我国的农产品特别是肉类食品要想在国内国际两大市场站稳脚跟就必须全面提高其产品质量,进一步提升产品的市场竞争力。目前在国内,群众对肉类食品卫生质量差这一问题反应强烈;在国外,我们的部分肉类食品因达不到国际标准而逐渐失去竞争力,肉类出口严重受阻。这些问题都有赖于建立良好的兽医卫生监督机制和先进的检验手段去解决。

(四)完善、普及、执行食品卫生法规

目前已经颁布实施的《食品安全法》《动物防疫法》《生猪屠宰管理条例》等法律法规,是

根据我国当前的国情和实际需要而制定的。以后，随着社会的进步和科学的发展，将逐步建立和完善整个食品卫生法规体系。兽医卫生检验人员在肉类食品的监督检验和卫生评价上应严格执行国家和相关行业规定的标准，以求在贯彻和执行这些法规方面做出贡献。

五、肉品品质检验方法

1. 感官检验

利用人的眼、鼻、手、口等感觉器官对肉品直接感觉或借助简单器械进行感觉的检验方法。具体说就是靠眼观、鼻嗅、手触、口尝的方法进行检验，或用刀切开协助眼观来检验。

2. 实验室检验

借助仪器进行微观检验，观察肉品的内在变化。常用的检验方法有以下几种：

(1)理化检验：主要测定肉品中有无异常物质存在和肉中常存物有无量的变化；

(2)病理组织学检验：主要观察细胞有无异常变化；

(3)微生物检验：主要测定牲畜或肉中有无病原微生物。

第二节 肉品学

一、肉的概念

肉是最受欢迎和富有营养的食品之一。肉的吸收率高，饱腹作用强，味道鲜美。屠畜肉含有人体生长发育和维持生命活动所必需的一切营养物质。

广义来说，组成牲畜有机体的一切组织的总和都叫作“肉”。肉组织里包括骨组织、肌肉组织、脂肪组织和结缔组织。这些组织的组成成分彼此各不相同，从而决定了肉的食用性质和商品价值。“肉”这一名称，在不同的加工和利用上有不同的含义。

在肉品工业的商品学中所说的肉是指去皮、去头、截去四肢下部和摘除内脏的动物胴体。因而胴体中所包含的肌肉、脂肪、骨、软骨、肌膜、神经、血管、淋巴管和淋巴结等，都应列入“肉”这一概念中，但肉的主要组成成分是横纹肌。

通常所说的“肉”，往往是指牲畜体的所有适于食用的部分，也就是带脂肪的肌肉组织，或带骨及软骨的肌肉组织。在肉制品生产中所说的“肉”，则仅指肌肉以及包含的各种软组织，不包括骨及软骨组织。因此，对于“肉”的概念，要针对其在各种不同加工利用的场合来理解其含义，这样才能正确理解它的食用价值。

二、肉的形态结构

肉是由肌肉组织、脂肪组织、结缔组织和骨骼组织组成。这些组织在肉中的数量和比率,因动物种类、品种、性别、年龄、肥度及用途不同而有差异。

1. 肌肉组织

肌肉组织是肉最重要的组成部分,也是肉最有食用价值的部分。肉用品种肌肉组织含量较多,肥育的畜禽较未肥育畜禽的百分率低,幼年与老年,雄与雌之间也有差异。各种畜禽的肌肉平均占活重的27%~44%,占整个胴体重量的50%~60%。

肌肉组织在畜禽体内分布很不均匀,通常臀、颈部和腰部较肋部和四肢下部丰满,但家禽则以胸肌和腿肌最发达。肌肉组织的基本单元是肌纤维。肌纤维因动物种类和性别的不同而有粗细的不同。水牛肉肌纤维最粗,黄牛肉次之,绵羊肉最细;雄性畜肉粗,雌性畜肉细。

2. 脂肪组织

脂肪组织由脂肪细胞聚合而成,脂肪存在于畜禽身体各部分,不同动物体的脂肪含量差异极大,少的仅占肉尸重的2%,多的可达40%,分布于皮下、肠系膜、网膜、肾周围、坐骨结节、眼窝、假肋、膝囊,也贮存于肌肉间甚至肌囊间,而使肉的断面呈大理石外观。肌肉间脂肪的贮积,能改善肉的滋味和品质。

脂肪的颜色,羊脂洁白,马脂呈黄色,牛脂微黄色,其颜色不仅决定于牲畜的种类,且因品种、年龄及饲料成分的改变而改变。硬度、熔点也随不同动物而不同。

3. 结缔组织

结缔组织(指疏松结缔组织和致密结缔组织)是构成肌腱、筋膜、韧带及肌肉内外膜的主要成分。分布于畜体内的各部分,包括肌肉组织、脂肪中的膜及血管、淋巴管等,在体内主要起支持作用和连接作用,并使肉具有韧性和伸缩性。

结缔组织除由细胞成分和基质组成外,主要是胶原纤维和弹性纤维。胶原纤维有较强的韧性,不能溶解和消化,只有在70℃~100℃温热处理时发生水解,变为明胶。弹性纤维在高于160℃时才水解,水煮不能产生明胶。富含结缔组织的肉,适口性差,营养价值很低。

4. 骨骼组织

畜禽体内骨与净肉的重量比可决定肉的食用价值,该价值与骨重量成反比。随着畜禽年龄增长和脂肪增加,骨组织所占比例减少。典型的畜禽屠体,骨骼所占的百分比:牛15%~20%,犊牛25%~50%,猪为12%~20%,羊羔17%~35%,鸡8%~17%,兔2%~15%。

骨骼由外部的密质骨和内部的松质骨构成,前者致密坚实,后者疏松如海绵样;因为骨内腔和松质骨里充满骨髓,故松质骨越多,食用价值越高。

骨骼中一般含5% ~27%的脂肪和10% ~32%的骨胶原,其他成分为矿物质和水。故煮熬骨骼时能产生大量的骨油和骨胶,可增加肉汤的滋味,并使之具有凝固性。

上述四种组织中,肌肉和脂肪是肉的营养价值所在,这两部分占全肉比例愈大,食用价值和商品价值愈高。

三、肉的化学组成

无论何种动物的肉,其化学组成均包括水、蛋白质、脂肪、矿物质(灰分)和少量的碳水化合物。这些物质的含量因动物的种类、品种、性别、年龄、个体、畜体部位以及营养状况而异。

水分在所有组成成分中是最不稳定的,其含量与脂肪含量密切相关,随着肥度的增加,脂肪含量升高而水分含量则相对减少,灰分及含氮物虽然也相应减少,但是减少幅度极其有限。

完全除去脂肪的精肉,不管是哪一种动物,其化学组成大体相近,精肉的化学组成成分:

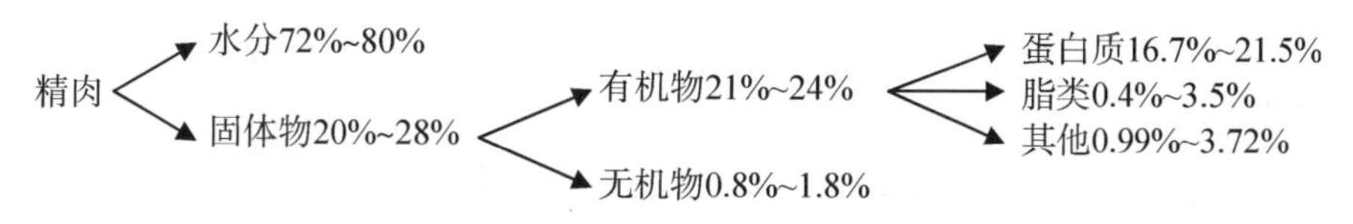

第三节　肉的分类

一、按鲜肉的降温程度分类

1. 热鲜肉

屠宰解体后肉温高于环境温度,尚未晾透的肉,叫热鲜肉。这种肉新鲜度较好,但烹调后粗硬难嚼,味道不好,香味差,肉汤混浊。保质期一般只有1 ~2 d。

2. 凉肉

屠宰解体后在自然条件下冷却6 h以上的肉,叫凉肉。此肉肉温接近或等于周围环境温度。烹调后虽口感较热鲜肉好,但仍达不到鲜肉应具有的口感和香味,而且不易保存,容易腐败变质。

3. 冷鲜肉

冷鲜肉是将屠宰解体后的肉迅速进行冷却处理,使肉温在24 h内迅速降至0℃ ~4℃,

并在后续加工、流通和分销过程中始终保持在0℃～4℃范围内的肉。因肉在冷却过程中除部分蛋白质分解成氨基酸外，还排空了血液及部分体液，从而减轻了肉中乳酸及其他有害物质含量，故又称排酸肉。此种肉肉质柔嫩，气味清香，多汁美味，肉汤清亮。因在0℃～4℃温度下加工、运输、存放、销售，肉中微生物生长繁殖受到抑制，肉中酶的活性降低，因此肉的保质期较热鲜肉、凉肉长。而且冷却肉多为小包装形式，减少了污染，因此食用时既方便卫生、安全放心，肉质又柔软鲜嫩、气香味美，是目前生鲜肉中比较理想的一种。

4. 冷冻肉

将屠宰解体后的热鲜肉，在冷却间冷却后，在－28℃的急冻间内迅速使肉中心温度降至－15℃，再长期保存在－18℃的冷藏库内的肉叫冷冻肉，简称冻肉。此肉因在较低温度下存放，肉中微生物生长发育受到较强抑制，肉中酶的活性几乎停止，因此冷冻肉的保质期较其他几种肉都长，可以保存8～10个月。但由于肉保存时间较长，肉中水分升华干耗，使肉变干、色变淡，脂肪氧化变黄有“哈喇味”。在解冻时肉汁流失较多，营养损失较大。

二、按肉品安全程度分类

1. 合格鲜冻肉

合格鲜冻肉是指符合国家标准的鲜肉。从法规角度讲，是指政府批准的牲畜定点屠宰厂生产的，按国家规定的检验方法进行认真检验的，达到国家鲜冻畜肉标准要求且证章齐全的鲜冻肉。这种肉应符合以下要求：

(1)合格鲜冻肉必须来自国家正式批准的牲畜定点屠宰厂家，该厂应达到《陕西省牲畜屠宰管理条例》规定的八个要求。

① 有与屠宰规范相适应、水质符合国家规定标准的水源；

② 有符合国家规定要求的待宰间、屠宰间、集宰间、隔离间以及牲畜屠宰设备、冷藏设备、消毒设施和运载工具；

③ 有三名以上依法取得健康证明、经考核合格的肉品品质检验人员；

④ 有与屠宰规模相适应，依法取得健康证明的屠宰技术人员；

⑤ 有能够满足水分、挥发性盐基氮、汞、无机砷、铅、镉等项目检测必需的检验设备、消毒设施以及符合环境保护要求的污染防治设施；

⑥ 有能够满足畜类产品销毁、化制、高温等无害化处理的设施设备；

⑦ 依法取得动物防疫条件合格证；

⑧ 法律、法规规定的其他条件。

若是小型牲畜屠宰厂，也必须达到以下七个条件：

第一，有水质符合国家标准规定的水源；第二，有符合国家规定要求的待宰间、屠宰间、集宰间、隔离间以及牲畜屠宰设备、冷藏设备、消毒设施；第三，有两名以上依法取得健康证明、经考核合格的肉品品质检验人员；第四，有与屠宰规模相适应，依法取得健康证明的屠宰技术人员；第五，有必要的检验设备、消毒设施和污染物处理设施；第六，有必要的畜类产品销毁、化制、高温等无害化处理的设施设备；第七，依法取得动物防疫条件合格证。

清真食品加工厂除具备牲畜定点屠宰厂的规定外，还必须符合《陕西省清真食品生产经营管理条例》的规定：第一，具备独立设置的生产厂房、库房、销售场所和专用的加工生产器械、计量器具、检验设备、储存容器、运输工具；第二，企业负责人中至少有一名少数民族公民，回族等少数民族员工所占比例不得低于15%；第三，从事清真肉食业、餐饮业的企业法定代表人应当是回族等少数民族公民，回族等少数民族员工所占比例不得低于30%；第四，屠宰、采购、配料、烹制、储运等工作岗位从业人员应当是回族等少数民族公民；第五，清真食品生产经营监督管理制度健全；第六，法律、法规规定的其他条件。

(2)合格鲜冻肉必须按照国家四部委联合颁布的“肉品卫生检验试行规程”和国家标准GB/T 19477《牛屠宰操作规程》“附录A《屠宰加工过程的检验》”、国家标准GB/T 17236《生猪屠宰操作规程》“附录A《屠宰加工过程的检验》”及国家标准GB/T 17996《生猪屠宰产品品质检验规程》和国家标准GB 18393《牛羊屠宰产品品质检验规程》、NY 467《畜禽屠宰卫生检疫规范》规定的活畜检疫程序、屠宰加工过程中检验环节、检验部位、检验要求检验合格的畜肉。

(3)合格鲜冻肉必须符合国家标准GB 2707《鲜(冻)畜肉卫生标准》的规定。

(4)合格鲜冻肉必须证章齐全：肉品检疫合格证和官方兽医检疫合格验讫印章；兽医卫生检验人员签发的肉品品质检验合格证和检验合格验讫印章。

清真肉品，除了符合《陕西省牲畜屠宰管理条例》中所要求的八个条件外，还必须由符合《清真食品生产经营管理条例》的六条规定所要求的清真食品厂家提供，按国家四部委联合颁布的《肉品卫生检验试行规程》检验外，还必须按照国家标准GB/T 19477《牛羊屠宰操作规程》“附录A《屠宰加工过程的检验》”和国家标准GB 18393《牛羊屠宰产品品质检验规程》规定检验。若要使用清真标识，还必须经依法成立的清真食品认证机构认证后，才可在产品包装上、广告上使用清真标识。

2. 无公害肉

无公害肉是政府为了保证消费者吃到不含有害物质或有害物质残留不超标的肉，对牲畜的饲养条件、饲料来源、饮水、用药做了严格规定，符合规定的才能被政府批准为无公害牲畜养殖基地，被确定为无公害养殖基地的饲养场所饲养的牲畜，按规定屠宰加工、检验合格后的肉并经体系认证方可称为无公害肉。无公害肉生产过程必须符合国家标准GB 18406.3

《农产品安全质量无公害畜禽肉安全要求》，畜肉产品质量应分别达到 NY 5029《无公害食品猪肉》、NY 5044《无公害食品牛肉》、NY 5147《无公害食品羊肉》标准要求。此标准的检测指标更高更严。如对新鲜度挥发性盐基氮要求≤15 mg/100 g，增加了卫生微生物学指标，对5 种有害金属作了限量规定，对农药、抗菌素残留作了限量，对氯霉素、"瘦肉精"作了不得检出的规定。

3. 绿色畜肉

绿色畜肉是指按特定的技术标准生产出来的安全、卫生、品质优良、有益人体健康的畜肉。绿色肉必须来自经认定的绿色牲畜养殖基地的牲畜。这种肉比无公害肉的安全程度更高。农业农村部制订的 NY/T 843《绿色食品肉与肉制品》行业标准中规定了 27 项内容，除无公害肉规定的指标外还增加了 8 项内容，有些指标较无公害肉要求更严。如对 7 种有害金属、3 种农药作了限量规定，砷、镉由原来的 0.5 mg/kg 变为 0.2 mg/kg。对 4 种抗菌素、4 种药物、1 种激素作了不可检出的规定。

三、按肉的成熟程度分类

1. 生鲜肉

生鲜肉是屠宰解体后数小时内的肉，此肉温度高于或等于环境温度，新鲜度较好，但此种肉烹调加工后味道不美而且粗硬，肉汤混浊而无香味。

2. 成熟肉

屠宰解体后的热鲜肉，在一定的温度下保存一段时间后，在肉中酶的作用下，肉变得柔嫩、多汁且味美，肉汤透明且清香，这种肉叫成熟肉。成熟肉具有以下几个特征：

① 肉表面有一层干膜，可防止外界微生物侵入肉内；

② 切面有肉汁流出；

③ 有特别的芳香味；

④ 富有弹性；

⑤ 呈酸反应。

肉的成熟过程（图 1－1）：屠宰解体后的生鲜肉，在肉中糖酵解酶的影响下，肉中肌糖原转变为乳酸，在肉中肌球蛋白酶作用下，肉中三磷酸腺苷分解生成正磷酸。乳酸和正磷酸形成酸性环境，使肉由原来的中性或弱碱性变为酸性，pH 由 7.1～7.2 降到 5.6～5.8，这就是成熟肉呈酸性反应的原因所在。在酸性情况下，肉中蛋白质的生化性质和胶体结构发生变化，肌动球蛋白综合体解离成肌动蛋白和肌球蛋白。在酸性情况下，钙离子从蛋白质中脱出，引起肌球蛋白凝结和析出，由于蛋白质的凝结，肌浆的液体部分（肉汁）也分离出来，这就是成熟肉切面多汁、肉汤透明的原因所在。由于酸性的作用，增加了肌间结缔组织的渗透性，促进了胶原的膨胀和软化，因此成熟的肉柔嫩容易煮烂。同样，由于酶的作用，某些蛋白质分解成氨基酸及其他一些芳香物质，如谷氨酸、次黄嘌呤核苷酸、次黄嘌呤及其他芳香性物质在肉中蓄积，使成熟肉有了特有的滋味和香味。

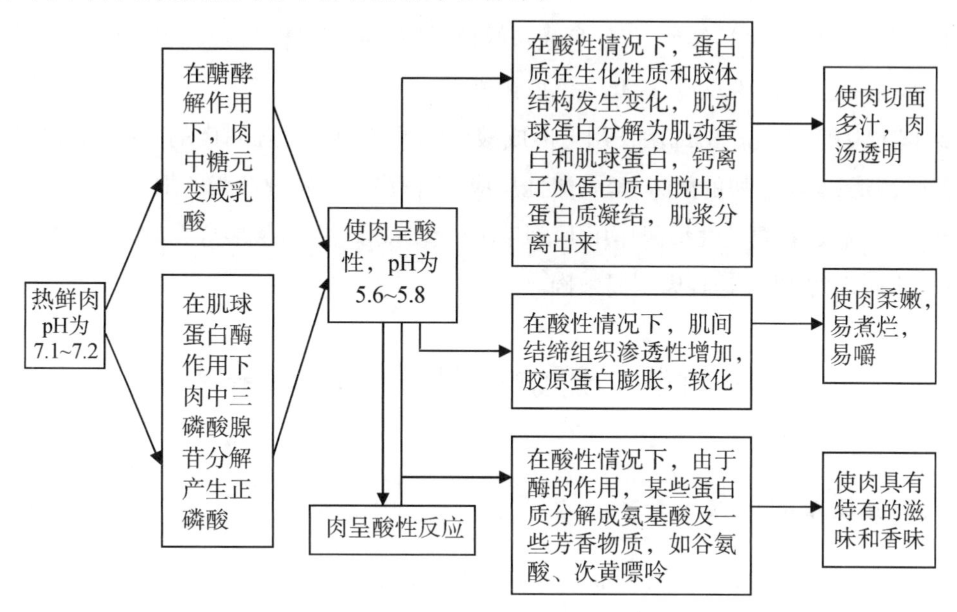

图 1－1　肉的成熟过程示意图

四、按肉的新鲜程度分类

1. 鲜肉

凡是没有发生腐败变质的肉，都属于鲜肉。鲜肉有以下几个特点：

(1)色泽：肌肉有光泽，为红或深红色，脂肪呈乳白或粉白色，牛脂为粉白色；

(2)组织状态：纤维清晰，有坚韧性，指压后凹陷立即恢复；

(3)黏度：外表湿润不粘手；

(4)气味：具有鲜猪肉固有的气味，无异味；

(5)煮沸后肉汤：澄清透明，脂肪团聚于表面；

(6)挥发性盐基氮：小于或等于 20 mg/100 g。

2. 变质肉

凡是肉的质量发生较大变化，失去食用价值的肉叫变质肉。变质肉的特点为色泽：发暗、发灰或发绿；组织状态：无弹性，指压后凹陷不能消失；黏度：发黏；气味：酸臭味或氨臭味；煮沸后肉汤：肉汤表面无油滴、肉汤混浊无肉香味，有臭味；挥发性盐基氮：大于 20 mg/100 g。

常见的变质肉有以下几种：

(1)肉的黑变:是指屠宰解体后的肉尸在不合理的存放条件下(堆积、拥挤、长时间保存在较高温度),使肉中酶的活性增强而发生自体分解,这种现象叫肉的自溶。自溶过程中产生大量硫化氢、有机含硫化合物和不良的挥发性气味,使肉尸变黑,故又叫肉的黑变。此肉的肌肉组织暗淡无光,呈褐红色、灰红色或灰绿色;具有强酸气味,好似吐出的胃中未消化的内容物;弹性减退;呈酸性反应;硫化氢反应阳性。

(2)肉的发酵:肉在产酸细菌作用下形成酸性酵解产物的过程叫肉的发酵,这种肉肌肉色淡;弹性减退;有不愉快的酸味;呈强酸性反应;细菌涂片可发现产酸的细菌。

(3)肉的腐败:在腐败性细菌作用下,使肉中蛋白质发生分解,形成腐败产物,产生恶臭气味的过程叫肉的腐败,这种肉叫腐败肉。

第四节 影响肉品质量的因素

一、肉品质量的概念

肉品质量主要是指畜肉及畜产品的安全、卫生、感官性状、适口性和营养性。评价畜肉品质应该以肉品卫生、安全、有益于人类健康和消费为前提。

二、畜肉质量的衡量标准

畜肉质量的好坏应按符合国家标准的程度来衡量,不同的畜肉,其对应的国家标准也不相同:

① 畜肉新鲜度——采用 GB 2707《鲜(冻)畜肉卫生标准》。

② 无公害猪肉——采用 NY 5029《无公害食品 猪肉》标准和 GB 18406.3《农产品安全质量无公害畜禽肉安全要求》标准。

③ 无公害牛肉——采用 NY 5044《无公害食品 牛肉》标准和 GB 18406.3《农产品安全质量无公害畜禽肉安全要求》标准。

④ 无公害羊肉——采用 NY 5147《无公害食品 羊肉》标准和 GB 18406.3《农产品安全质量无公害畜禽肉安全要求》标准。

三、影响肉品质量的因素

(一)牲畜的品种及健康状况

牲畜的品种对畜肉品质有一定影响,如引进国外的优良品种其瘦肉率较高,肉的含水量较大;土种牲畜瘦肉率较低,肉味较香;外来品种猪含有应激基因,受刺激后易发生应激,白肌肉发生率较高;秦川牛的肉品品质较其他牛肉好吃等。

健康的畜肉,肉的新鲜度较高,肉放血完全,肉色较好,易保存;不健康的畜肉新鲜度差,肉色较差,不易保存。

(二)宰前饲养管理

牲畜停食静养 12 ~24 h,充分饮水至宰前 3 h,这样做有利于提高屠宰加工质量,放血充分,促进肉的成熟,肉色较好、新鲜度高、较易保存。善待牲畜可以减少外伤、减少应激及白肌肉的发生。

(三)加工工艺

厂址选择和布局应符合动物防疫条件要求,远离受污染水体,避开产生有害气体、烟雾、粉尘等污染源的工业企业或其他产生污染源的地区或场所。布局应符合动物防疫条件要求,厂区周围建有围墙,生产区和非生产区分开,并有隔离设施。生产区各车间布局应符合生产工艺流程、卫生和疫病防控要求。厂内清洁区与非清洁区严格分开。

主要生产区的设施和卫生要求以及屠宰厂的规模应与生产任务相适应,不同生产区域的设施应满足生产工艺、兽医检疫、肉品检验和卫生管理的需要,保证生产按工艺规程操作,按程序检验,按要求对肉品及不合格品进行处理,以保证肉品具有良好的品质和卫生要求。

凡是同肉品直接接触的给水水质要求,必须符合国家标准 GB 5749《生活饮用水卫生标准》规定,水质好坏直接影响肉品卫生质量。

厂区卫生状况与肉品质量密切相关,厂地卫生好,不利于老鼠生长,蚊蝇滋生,微生物繁殖,减少了肉品被鼠咬和微生物污染机会,对肉品质量有一定保证作用。

加工工艺与肉品质量合理的屠宰工艺流程,适宜的加工方法,严格的兽医卫生检验和卫生管理,优良的卫生环境,是获得优质肉品质量的决定性条件,如果不能按工艺要求加工,放血不全,冲水不足,加工时间过长等,都可能会降低肉品质量。

(四)性状异常肉

肉品质量性状异常的肉不是病肉,但是同合格的肉品有一定差距,肉的色泽、气味、口感出现异常变化,营养降低,必须认真地检验。

(五)有害残留物与肉品质量

由于饲料、饮水、空气中有害物质的存在,牲畜有病时不合理地用药或不按休药期的要求提前宰杀,都可使肉中残留一些有害物质,这些物质虽然残留量不大,肉的感官指标没有明显变化,但食用后对人的危害很大,因此肉中残留的有害物质对肉的品质影响比较大,必须引起我们高度重视。

第五节　加工工艺与肉品品质

屠宰加工场所是屠宰加工畜禽、为人们提供肉和肉制品及其他副产品的场所。随着我国肉品产量的增加和人民生活水平的提高,屠宰加工场所与人们生活质量的联系越来越密切,它的公共卫生与安全也变得日益重要。为了避免污染环境和控制疫病传播,为了适应目前我国加入WTO后屠宰加工行业的发展,国家先后颁布了《肉类加工厂卫生规范》(GB 12964)、《畜类屠宰加工通用技术条件》(GB/T 17237)等技术标准。国务院有关部门也颁布了许多法规和文件,来规范屠宰加工行业的技术标准,提高管理水平。

一、屠宰加工场所的选址、规模与布局

(一)屠宰加工场选址

根据国家标准和技术规范的要求,屠宰厂选址应符合下列要求:

不得靠近城市水源的上游,并应位于城市居住区夏季风向最大频率的下风侧;屠宰与分割车间所在厂的厂址必须具备符合要求的水源和电源;其位置应选择在交通运输方便、货源流向合理的地方,根据节约用地和不占农田的原则,结合卫生和加工工艺要求因地制宜地确定,并应符合城镇规划的要求;厂址周围应有良好的环境卫生条件,并应避开产生有害气体、烟雾、粉尘等物质的工业企业及其他产生污染源的地区或场所;屠宰与分割车间所在厂区附近,应有允许经过处理后的污水排放渠道或场所。

(二)屠宰加工企业规模的要求

为了适应我国改革开放后市场经济发展条件下城乡不同规模屠宰加工企业的发展,提高屠宰加工企业的加工水平,保证肉品质量,加强企业肉品质量的安全管理,企业的规模应根据原料来源及产品市场大小而定。国家对生猪屠宰厂的规模大小已在《猪肉屠宰与分割车间设计规范》(GB 50317)和《生猪屠宰企业资质等级要求》(SB/T 10396)做了规定。

（三）屠宰加工场所平面布局与环境

1. 屠宰加工场所平面布局

根据国家技术标准《畜类屠宰加工通用技术条件》（GB/T 17237）的有关规定，屠宰加工企业必须设有以下屠宰加工设施：验收间、待宰间、隔离间、屠宰加工间、急宰间、分割肉车间、副产品整理间、不可食用肉无害化处理间。

在总体规划方面要符合科学管理、方便生产和清洁卫生的原则。各车间和建筑物的配置、布局要合理，既要相互连贯又要病健隔离，使原料、产品、副产品和废弃品各行其道，不得交叉，以免造成污染甚至传播疫病。

屠宰厂应划分为生产区和非生产区。生产区必须单独设置活畜与废弃物的出入口，产品和人员出入口须另设，且产品与活畜、废弃物在厂内不得共用一个通道。

生产区各车间的布局与设施必须满足生产工艺流程和卫生要求。健康畜和疑病畜必须严格分开。原料、半成品、产品等加工应避免迂回穿行运输，防止交叉污染。

屠宰与分割车间应设置在不可食用肉处理间、废弃物集存场所、污水处理场、锅炉房、煤场等建（构）筑物及场所的上风向，其间距应符合动物防疫条件以及建筑物防火等方面的要求。

屠宰加工车间的布置应考虑与其他建筑物的联系，并使厂内的非清洁区与清洁区明显分开，防止后者受到污染。

2. 屠宰加工场所建筑环境

屠宰厂区的路面、场地应平整、无积水。主要道路及场地宜采用混凝土或沥青铺设；厂区内建（构）筑物周围、道路的两侧空地均应绿化；三废处理应符合国家有关标准的要求；厂内应在远离屠宰车间的非清洁区内设有畜粪、废弃物等的暂时集存场所，其地面与围墙应便于冲洗消毒；运送废弃物的车辆还应配备清洗消毒设施及存放场所；活畜进厂的入口处应设置与门同宽、长 4.0 m、深 0.3 m，且能排放消毒液的车辆消毒池。

厂区内的室内外厕所均应采用水冲式的洁净方式，且应有防蝇设施。

3. 屠宰加工场所分区管理

根据原料、产品和废弃品的生产过程和相互不交叉污染的原则，一般将整个建筑群划分为四个区：

（1）宰前管理区包括屠畜卸载台、检疫栏、待宰圈、隔离圈、兽医室、运畜车辆的消毒清洗场所等。

（2）屠宰加工区包括屠宰加工车间、内脏整理车间、肉品及副制品加工车间、冷藏库、副产品综合利用与生化制药车间、兽医办公室、化验室以及动力生产设备等建筑群。

(3)病畜隔离处理区包括病畜隔离圈、急宰间、化制间、兽医室及污水处理设施。

(4)行政生活区包括办公室、车库、库房、食堂及宿舍等。

四个区之间应有明确的分区标志,尤其是宰前管理区、屠宰加工区和病畜隔离区,应以围墙隔离,设专门通道相连,并要有严密的消毒措施。各区间以道路相连,道路要平整光洁。屠宰加工区只允许健康活畜进入,以保证屠宰加工产品的卫生质量。

行政办公区应与屠宰加工区、病畜隔离处理区保持一定的距离,无关人员不得随意进入这两个场所。屠宰加工区和病畜隔离处理区的工作人员不得随意交叉往来。

肉制品、制药、炼油等生产车间应远离宰前饲养区。病畜隔离圈、急宰间、化制间及污水处理站应设置在屠宰加工区的下风处。锅炉房应临近使用蒸汽动力的车间及浴池附近。

厂区之间人员的交往,原料(活畜等)、成品及废弃物的转运等应分设专用的门户与通道,成品与原料的装卸站台也要分开,以减少污染的机会。所有出入口均应设置消毒池。

各个建筑物之间的距离,应以不影响采光为准。

二、主要生产区域的设施

1. 宰前管理区

(1)主要工作为活畜接收、过磅、宰前检疫、活畜休息、活畜饲喂。

(2)主要区域划分为活畜接收区、病畜隔离区、待宰圈。待宰圈的面积应与日宰量相匹配,生猪按每班设计屠宰量1.5倍计算,每头生猪占地面积不小于0.6 m^2,牛羊按每班屠宰量的1.0倍,每头牛占地面积可按3.5~3.6 m^2 计算,每头羊占地面积可按0.6~0.8 m^2 计算。病畜隔离区的面积应按待宰圈的1%设计。

(3)地面应为不渗水耐腐蚀的材料,地面应易冲洗,不积水,易排污,易消毒。

2. 屠宰加工区

该区是企业的主体,它的设施和卫生状况直接影响肉品品质。

(1)主要工作为屠宰加工和屠宰过程检验。

(2)车间布局按屠宰工艺程序应分为屠宰加工间、副产品加工间、晾肉间三部分。屠宰加工间应有规范的生产流水线,设置合理的检验岗位,内脏同步检验线。

(3)车间地面、墙壁、顶棚应用不渗水浅色材料制成,表面平滑易清洗;地面防滑不积水;与地相接的墙脚、柱脚呈内圆角;内墙白色瓷砖或其他防水材料铺砌的墙裙不低于2 m,放血池(槽)周边不低于3 m;内窗台呈45°倾斜;窗户与地面面积之比应为1∶5。

(4)车间内应有冷、热水,并有82℃热水消毒刀具的装置。

(5)车间内通风良好,应有防蝇、防蚊、防鼠和防雾设置。

3. 急宰间和无害化处理区

(1)主要作用是急宰间是宰杀可食用病、伤牲畜的场所。无害化处理区主要是对宰前检出的不能宰杀的病死畜、急宰间和屠宰加工车间检验出的病肉尸和废弃物进行无害化处理的区域。

(2)区域划分为急宰间为单独的操作间。无害化处理区划分为焚毁处理间和化制间两部分。该区域应有单独的污水和粪便处理池。

(3)车间所用的建筑材料、卫生要求同屠宰加工车间。

(4)对人员和卫生消毒要求比正常屠宰加工更严格。

三、宰前管理

牲畜的宰前生理状况直接影响肉品品质,而宰前的牲畜生理状况与宰前对牲畜的饲养管理有密切关系

(一)宰前休息

凡是需屠宰的牲畜绝大部分都是经长途运输或较长时间驱赶的,其身体较弱,抵抗力低,新陈代谢低,体内有害代谢产物多,外界微生物容易侵入体内。若牲畜未充分休息,身体还没恢复正常时就屠宰,会对肉品品质造成以下影响:

(1)易造成放血不全,影响肉的色泽和保质期。

(2)外界或消化道、呼吸道的微生物进入体内,使肉尸和内脏微生物含量高。这种肉易腐败变质、保质期短。据试验测定:经 5 d 铁路运输的牲畜卸车后立即宰杀,肝脏带菌率 73%、肌肉带菌率 30%;休息 24 h 后宰杀,肝脏、肌肉带菌率分别降到 50%、10%;休息 48 h 后宰杀,肝脏、肌肉带菌率分别降到 44%、9%。

(3)肉或内脏中有毒有害的代谢产物多,影响到肉的内在质量。

(4)由于消耗多,肉中糖原消耗多、存量少,不利于肉的成熟。

(5)处于疲劳状态的牲畜,应激反应加剧,易出现应激病变。

由此可见牲畜宰前充分休息是非常必要的。

(二)停食管理

牲畜屠宰前 12 ~ 24 h 必须禁食,充分饮水至宰前 3 h,其好处是:

(1)可以节约大量饲料。

(2)可以促进胃肠道内容物排出,既便于宰后解体,又可减少肉尸污染。

(3)冲淡血液,利于放血、保证放血良好。

(4)促进肝糖分解为乳糖和葡萄糖并分布于全身,使运输中肌肉消耗的糖分得到恢复和补充,促进宰后肉的成熟。

(5)使机体中的硬脂肪和低级脂肪分解为可溶性的脂肪和低级脂肪酸,使肉质柔嫩、味道鲜美。

(三)善待活畜减少损失

在牲畜进厂、宰前饲养管理和检疫、送宰过程中都应善待,不要拳打脚踢,快速驱赶,否则将造成损失,并影响到肉品品质。

(1)拳打脚踢易造成骨折和局部损伤,损伤部位在宰后肉尸上常有出血、水肿、炎症等变化,这部分必须修割掉,会造成一定损失。

(2)拳打脚踢易使牲畜出现应激综合征,屠宰后肉尸出现应激性病变等异常变化。既造成了损失,又影响到肉品品质。

四、肉品加工工艺

肉品加工包括白条肉加工、脂肪加工、副产品加工、冷却肉加工、冻肉加工、熟肉制品加工等。

(一)生猪屠宰加工工艺

不论厂子大小,宰量多少,都应按照国家标准 GB 17236《生猪屠宰操作规程》进行操作。生猪屠宰加工工艺流程如下:

淋浴→麻电致昏→刺杀放血→洗刷(血、泥、污)→浸烫脱毛→燎毛刮黑→冲水(一次冲水)→开膛净腔→冲水(二次冲水)→去头卸蹄→劈半→冲水(三次冲水)→整修→复检→盖章。

影响肉品品质的主要环节:

1. 淋浴

淋浴是屠宰的第一道工序,就是用水冲淋待宰的活畜,淋浴时水温要适宜,水压要适当,淋浴时间 2 min,淋后休息 5 ~ 10 min 才可麻电致昏,其好处是:

(1)去掉畜体表面污物。

(2)利于血液循环、便于放血完全。

(3)易于麻电。

2. 麻电致昏

(1)技术条件:电压 70 ~ 90 V,电流 0.5 ~ 1.0 A,时间 1 ~ 3 s,所用盐水浓度 5%。

(2)麻电致昏要求:麻后猪心脏仍跳动,处于昏迷状态;不能麻死。

(3)麻电正确的好处:动物安静不易伤害挂畜和刺杀放血人员;易于放血完全。

3. 刺杀放血

(1)技术条件:从麻电致昏到放血不得超过 30 s;刀口长 5 cm;沥血时间不得少于 5 min。

(2)要求:切断颈动脉不刺破心脏,放血完全。

4. 浸泡脱毛

(1)技术条件:从放血到浸烫沥血时间必须达到 5 min;水温 58℃ ~63℃,具体温度可根据季度、畜种而定;浸烫时间 3 ~6 min,具体以毛易脱为原则。

(2)要求:不能烫生、烫麻;脱毛时不能造成机损;皮肤上毛根数量少,达到国家标准要求,每片肉(不包括头蹄)密集毛根不得超过 64 cm^2,零散毛根相加一级肉不能超过 80 cm^2,二级不能超过 100 cm^2,三级不能超过 120 cm^2。

5. 开膛净腔

必须达到以下几点:

(1)放血口、挑胸、剖腹口必须连成一线,不能出现三角肉。

(2)不能刺破内脏,以免造成粪污、尿污和胆污。

(3)内脏必须摘除干净。

(4)从放血到取出内脏不得超过 30 min,时间过长,尤其是夏季易造成热捂,易使肉品上带有内脏味。

6. 劈半

劈半要求沿脊椎中线劈开,使骨节对开,劈半均匀。每片肉整脊骨不允许偏离两节。

7. 去头

去头按平头规则割下猪头,齐第一颈椎与之垂直直线割去槽头肉和血刀肉。

8. 冲水

冲水的整个流程分别在脱毛后,开膛净腔后,劈半后冲水三次,其好处是:

① 可减少污染。

② 可降低肉温,延长肉的保存时间。

9. 去三腺

去除甲状腺、肾上腺、病变淋巴结。

(二)牛羊屠宰加工工艺

牛羊的屠宰加工工艺按 GB/T 19477《牛屠宰操作规程要求》进行,其流程如下:

牛悬挂畜体剥皮加工工序应包括:

牛(宰杀放血)→电刺激→预剥前蹄→去角、前蹄→预剥头皮→编号→去头(头部检验、冲洗)→扎食管→预剥后腿皮→转挂畜体、换轨(滑轮芯片采集信息)→去后蹄→预剥臀部皮、尾皮→分离直肠→封肛→预剥胸部皮→预剥颈部皮→机器扯皮(编号)→进入胴体加工工序。

羊悬挂畜体剥皮加工工序应包括:

羊剥皮(屠宰放血)→预剥前蹄→去角、前蹄→预剥胸皮→编号→去头(头部检验、冲洗编号)→换轨(采集信息)→机器扯皮(编号)→进入胴体加工工序。

羊悬挂畜体烫毛加工工序应包括:

羊烫毛(屠宰放血)→落羊入烫池→烫毛→打毛→提升(编号)→(进入胴体加工工序)。

屠宰加工工艺对肉品品质影响较大的主要环节有以下几点:

1. 致昏

规程规定使用的方法有三种:

(1)刺昏法:固定牛头,用尖刀刺牛头部“天门穴”(牛两角线中点后移 3 cm)使牛昏迷。

(2)击昏法:用击昏枪对准牛的双角与双眼对角线交叉点,启动击昏枪使牛昏迷。

(3)麻电法:用单杠式电麻器击牛体,使牛昏迷(电压不超过 200 V,电流为 1.0 ~ 1.5 A,作用时间 7 ~ 30 s)。

2. 挂牛

(1)用高压水冲洗牛腹部,后腿部及肛门周围。

(2)用扣脚链扣紧牛的后小腿,匀速提升,使牛后腿部接近输送机轨道,然后挂至轨道链钩上。

(3)挂牛要迅速,从击昏到放血之间的时间间隔不超过 1.5 min。

3. 放血

(1)从牛喉部下刀,横断食管、气管和血管,采用伊斯兰“断三管”的屠宰方法,由阿訇主刀。

(2)刺杀放血刀应每次消毒,轮换使用。

(3)放血完全,放血时间不少于 20 s。

4. 剥皮去蹄

要求:皮张不破不带膘不带肉,肉尸表面平整,肌膜和胴体完整,不残留皮毛,没有刀割痕迹。

5. 取内脏

(1)食管结扎要牢固,不能让食管内容物流出,污染肉尸。

(2)内脏不能割破,不能给肉尸造成粪污,血污和胆污。

(3)体腔冲洗必须干净。

6. 劈半

用劈半锯沿脊椎中线将胴体劈成二分体。要求：劈半匀称，不得劈斜、断骨、应露出骨髓。

7. 胴体修整

用刀和镊子修去胴体表面的淤血、淋巴、污物和浮毛等不洁物。修整要求：不洁物修整干净，保持肌膜和胴体完整。

8. 冲洗

用 32℃左右的温水由上到下冲洗整个胴体内侧及锯口、刀口。

9. 胴体预冷

（1）将胴体推入温度已降至 -2℃ ~0℃的预冷间，胴体间距离不少于 10 cm。

（2）库温应保持在 0℃ ~4℃之间，相对湿度应保持在 85% ~90%。

10. 剔骨、分割、包装

（1）预冷后的胴体的深层温度达到规定要求才可进行。

（2）剔骨要细心，使肉中不带骨渣，骨表面少带或不带肉。

（3）包装计量要准确，封口要严实。

（三）副产品加工

1. 食用副产品加工

（1）食用副产品的种类：食用副产品包括头、蹄（爪、腕、跗关节以下的带皮部分）、尾、心、肝、肺、肾、胃、肠、脂肪、乳房、膀胱、公畜外生殖器、骨、血液及可食用的碎肉等，其中头、蹄、心、肝、肾、胃、肠等食用副产品经适当加工后可制成具有独特风味的食品。

（2）食用副产品加工：食用副产品必须来自健康畜禽，经卫生检验合格后方可进行加工，加工过程中应严格遵守卫生规则。头、蹄、尾、耳、唇等带毛的副产品，在加工时应除去残毛、角、壳及其他污物，并用水清洗干净。牛、羊的真胃、瘤胃、网胃、瓣胃、肠，猪的胃及肠等，在加工时应先剥离浆膜上的脂肪组织，切断十二指肠，于胃小弯处纵切胃壁，翻转倒出胃内容物，用水清洗后套在圆顶木桩上，用刀剔下黏膜层，用作生化制剂原料，其余部分用水洗净，大肠则须翻倒内容物后用水洗净。无毛、无黏膜、无骨的产品，如肝、肾、心、肺、脾脏和乳房等，加工时应分离脂肪组织，剔除血管、气管、胆囊及输尿管等，并用清水洗净血污。上述加工后的食用副产品，应置于 4℃冷库中冷却，最后可作为灌肠、罐头或其他制品的生产原料，或直接送往市场鲜销。也可以经冷冻或盐腌后保存。刮下的黏膜应与污秽脂肪等一起送往化制车间。加工过程中剔出的骨骼，可加工为食用骨粉、骨油和骨髓油，或炼制骨胶。

2. 药用副产品加工

(1)药用副产品的种类:药用副产品是指动物的脏器、腺体、分泌物、胎盘、毛、皮、角和蹄壳中可用作提取药用生化制剂的原料。用这些组织和脏器制取的生化制剂毒性低、副作用小、疗效可靠,在现代医学中占有重要地位。自古以来我国劳动人民就有用牛黄、马宝、胆汁、胎盘、鸡内金等动物原料进行防治疾病的实践经验,收入《本草纲目》的 1 892 种药物中,来自动物的占 400 多种。随着科学技术的发展,从动物体分离和提取的生化药物越来越多,动物生化制剂在整个医药工业中已占有相当比例。目前我国上市的生化药物达 170 余种(包括原料药和各种制剂),其中载入药典的有 37 种。国外上市的生化药物约有 140 种,另有 180 种正在研究中。

动物屠宰后可收集的药用腺体、脏器主要有松果腺、脑下垂体、甲状腺、甲状旁腺、胸腺、肾上腺、胰腺、卵巢、睾丸、胎盘、脊髓、胚胎、肝脏、胆囊、脾脏、肺脏、腮腺、颌下腺、舌下腺、胃、肠、脑、眼球和血液等。

(2)药用副产品采集与保存的卫生要求。

① 迅速采集:动物生化制剂的原料易变质腐败,特别是内分泌腺所含的激素极不稳定,死后不久就失去活性,故采集腺体应与屠畜解体取出脏器同时进行。为了使有效成分不受破坏,必须在短时间内取出。脑垂体的采集和固定不得迟于宰后 45 min,胰腺不得迟于 20 ~ 50 min,松果腺和肾上腺不得迟于 50 ~ 60 min,其他腺体和脏器也不得迟于宰后 2 h。

② 剔除病变:脏器生化制剂的原料必须来自健康畜体,不得由传染病患畜屠体上取得。凡有腐败分解、钙化、硬结、化脓、囊肿、坏死、出血、变形、异味或污染的,都不得作为制药原料采集。采集要由专门人员用完全洁净的手和器械(刀、剪等)采取,尽可能不伤及腺体表面。

③ 低温保存:为使激素的活性不致发生变化,采集好的腺体应迅速保存,最好是在 -20℃左右或不高于 -12℃的温度下迅速冰冻。

五、肉的冷冻、贮藏与运输

(一)肉品的冷却工艺

1. 冷鲜肉的概念

冷鲜肉是指对严格执行检疫检验制度屠宰后的畜胴体迅速进行冷却处理,使胴体深层肉温在 24 h 内迅速降为 0 ~ 4℃,并在后续的加工、流通和销售过程中始终保持在 0 ~ 4℃冷链下的新鲜肉。

2. 冷鲜肉的加工工艺流程

检疫检验→屠宰加工→冷却排酸→分割剔骨→包装→冷藏→运输→销售

3. 冷鲜肉的加工工艺要求

(1)冷鲜肉的加工环境温度要求:0 ~ 4℃下冷却排酸,10 ~ 12℃下分割剔骨,8 ~ 10℃下包装,0 ~ 4℃下冷藏、运输、销售。

(2)冷却排酸:冷却排酸是生产冷鲜肉的关键工艺,宰后胴体必须在 24 h 内冷却至 0 ~ 4℃。

(3)分割剔骨:分割剔骨间的室温要控制在 10 ~ 12℃之间,此阶段工序滞留时间不能超过 1 h,以防止肉温的回升。

(4)包装:包装间的室温要低于 10℃,而且包装要求快速地进行。此阶段工序滞留时间也不能超过 1 h。

(5)冷藏:将冷却间内空气温度先降到 -3 ~ -1℃,待肉装满后,冷却间的温度会急剧上升,但最高不应超过 4℃,空气流速不超过 2 m/s,肉温达到 0 ~ 4℃,冷却过程结束。

(6)运输:运输过程中要控制环境的温度在 4℃以下,而且注意操作过程中防止包装袋尤其是气调包装的破损。

(7)销售:销售中对于需现场分割的大包装冷鲜肉,其分割时间应尽量缩短,而且要注意操作过程中的卫生,防止二次污染。销售温度控制在 0 ~ 4℃。

(二)肉品的冻结工艺

当肉在 0℃以下冷藏时,随着冷藏温度的降低,肌肉中冻结水的含量逐渐增加,使细菌的活动受到抑制。当温度降到 -10℃以下时,冻肉则相当于中等水分食品,大多数细菌在此条件下不能生长繁殖。当温度下降到 -30℃,几乎所有微生物和酶类的活动都受到抑制,所以冷藏能有效地延长肉的保藏期,防止肉品质量下降,在肉类工业中得到广泛应用。

将肉的中心温度降低到 -18℃以下,肉中的绝大部分水分(80%以上)形成冰结晶,该过程称为肉的冻结。

1. 冻结前的处理

冻结前的加工大致可分为三种方式:

(1)胴体劈半后直接包装、冻结。

(2)胴体分割、去骨、包装、装箱后冻结。

(3)胴体分割、去骨然后装入冷冻盘冻结。

2. 冻结的方法

(1)冻结条件依冻结间的装备而异。当冻结间设计温度为 -30℃,空气流速 3 ~ 4 m/s

时，牛、羊胴体冻结至中心温度为 -18℃所需时间约为 48 h。

(2)冻结速度在生产上冻结速度常用所需的时间来区分。一般把肉尸由 0 ~4℃降至 -15℃，24 h 以内完成的为快速冻结；24 ~48 h 为中速冻结；若超过 48 h 则为慢速冻结。

快速冻结和慢速冻结对肉质量有着不同的影响。慢速冻结时，体积增大 9% 左右，结果使肌细胞遭到机械损伤，这样的冻结肉在解冻时可逆性小，引起大量的肉汁流失。因此慢速冻结对肉质影响较大，快速冻结时温度迅速下降，形成的冰晶颗粒小而均匀，因而对肉质影响较小，解冻时的可逆性大，汁液流失少。

3. 冻结工艺

冻结工艺分为一次冻结和二次冻结

(1)一次冻结宰后鲜肉不经冷却，直接送进冻结间冻结。冻结间温度为 -25℃，风速为 1 ~2 m/s，冻结时间 36 ~48 h，肉体深层温度达到 -18℃，即完成冻结过程，出库送入冷藏间贮藏。

(2)二次冻结宰后鲜肉先送入冷却间，在 0 ~4℃温度下冷却 8 ~12 h，然后转入冻结间，在 -28℃条件下进行冻结，一般 24 ~36 h 完成冻结过程。一次冻结与二次冻结相比，加工时间可缩短约 40%，减少大量的搬运，提高冻结间的利用率，干耗损失少。但一次冻结对冷收缩敏感的牛、羊肉类，会产生冷收缩和解冻僵直的现象。我国肉类冷冻，牛、羊肉一般采用两阶段冷冻法，猪肉采用直接冻结法。

（三）贮存

1. 晾肉

鲜肉应吊挂在通风良好、无污染源的晾肉间，肉间距离不少于 10 cm，否则影响肉温的降低，轻则影响肉的保质期，重则造成热捂；

2. 冷却肉贮存

冷却肉应贮存于 0℃ ~4℃温度下，过高过低均影响质量；

3. 冻肉贮存

冻肉应贮存于 -18℃的冷藏库内，温度波动上下不能超过两度。否则会缩短肉的保质期。

（四）运输

1. 运输方式

鲜肉不得敞运，冻肉应用保温车或制冷保温车在封闭车厢内吊挂运输，下水应使用不渗水的容器装运。

2. 装卸

装卸鲜、冻肉时严禁脚踩、触地。

3. 清洁

所有运输车辆容器应随时、定期清洗消毒。

六、熟肉制品加工

（一）熟肉制品的分类

按肉制品加工工艺的不同，将肉制品分为5大类21小类。

1. 腌腊肉制品

此类包括以下七类：咸肉类、腊肉类、风干肉类、中国腊肠类、中国火腿类、生培根类、生香肠类。

2. 酱肉类肉制品

此类包括以下七类：白煮肉类、酱卤肉类、肉糕类、肉冻类、油炸肉类、肉松类、肉干类。

3. 熏烧烤肉制品

此类包括以下三类：熏烧烤肉类、肉脯类、熟培根类。

4. 熏煮香肠火腿肉制品

此类包括以下两类：熏煮香肠类、熏煮火腿类。

5. 发酵肉制品

此类包括两类：发酵香肠类、发酵肉类。

（二）肉制品加工工艺

1. 腌腊肉制品

选料→修整→配料→腌制→灌装→晾晒→烘烤→包装

2. 酱肉制品

选料→修整→配料→煮制→（炒松→烘干）→冷却→包装

3. 熏烧烤肉制品

选料→修整→配料→腌制→熏烤→冷却→包装

4. 熏香肠火腿类肉制品

选料→修整→配料→腌制→灌装（或成型）→熏烤→蒸煮→冷却→包装

5. 发酵肉制品

选料→修整→配料→腌制→灌装（或成型）→发酵→晾挂→包装

七、生脂肪的加工

（一）油脂原料与加工卫生须注意的问题

1. 油脂原料

必须是从屠宰加工车间、肠衣车间、副制品加工车间、罐头车间及无害化处理车间收集的脂肪组织。在商品学中，根据动物脂肪蓄积部位的不同可分为：板油（肾周围脂肪）、花油（网膜和肠系膜脂肪）、膘油（皮下脂肪）和杂碎油（其他内脏和骨髓脂肪的总和）等。

2. 供炼制食用油脂的生脂肪收集密集事项

必须取自经兽医卫生检验的健康屠体。收集时应防止生脂肪被粪便和污物污染。盛放生脂肪的容器应清洁，工作人员的刀具、器械应该经常用82℃热水清洗消毒，收集的生脂肪应符合感官指标要求。对违章操作和感官检查不合格的生脂肪，不允许做炼制食用油脂的原料。

3. 收集生脂肪的注意事项

应及时用有防尘、防蝇设备的专用车，送往油脂加工车间进行熔炼。因为生脂肪中含有大量的水分、含氨物质及脂肪酶。如果不及时加工熔炼，在室温下堆放较久，则可因腐败微生物和组织酶的作用，导致生脂肪发生腐败变质。收集的生脂肪在不能熔炼的情况下应及时冷藏或盐腌保存，生脂肪的冷藏，也只能是短时间的，因为在长期冷藏过程中生脂肪经常会出现表层脂肪氧化发黄，深层脂肪酵解酸败。生脂肪用食盐防腐保存也是可行的。其做法是：先在洁净的大桶或特制容器的底部，撒上一层2～3 cm厚的食盐，然后将经过精选并涂上食盐的生脂肪块放入其中，每放一层生脂肪撒一层食盐，最后把大桶紧密封好。食盐的用量应为生脂肪重量的8%～10%。

（二）脂肪的熔炼

生脂肪通过加热熔炼除去结缔组织及水分，取得纯甘油酯的过程叫炼制，所得产品叫油脂。

脂肪的熔炼分干炼和湿炼两种。干炼是把生脂肪切碎后放入熔炼锅内，用火直接加热熔炼，适用于家庭或小批量生脂肪的加工炼制。其优点是操作简便，不需要复杂的熔炼设备，但往往因熔炼时搅拌不充分，使油渣炼焦，致使油脂变色和产生焦臭味。湿炼是在生脂肪中加入适量净水，用火烧煮或用蒸汽加热熔炼。湿炼虽然能避免干炼时所产生的缺点，但在熔炼时，由于脂肪细胞膜上的骨胶蛋白，在热水的作用下会生成明胶溶液，其中一部分留在油脂里，致使油脂不耐保存。为了避免上述缺点，应多采用高压蒸汽熔炼法。

此外，还应强调使用敞口锅熔炼食用油脂的卫生监督工作，因为这种锅的熔炼温度，有时不足以达到完全灭菌的程度。

八、给水和污水处理

（一）给水

屠宰加工企业在生产中耗水量很大，水质好坏直接影响肉品品质。按国家标准 GB 12694《肉类加工厂卫生规范》要求，直接接触肉品的水质必须达到国家标准 GB 5749《生活饮用水卫生标准》要求。

（二）污水处理

1. 屠宰污水的特点

（1）量大。

（2）污物多、气味浓、生物耗氧量（BOD）大、化学残留物少，是典型的高浓度有机污水。

（3）污水中微生物和寄生虫及其虫卵多，易造成疫病传播。

2. 排放的水质要求

应符合《肉类加工工业水污染物排放标准》（GB 13457—1992）规定。

3. 污水处理方法

根据屠宰污水的特点，屠宰污水处理常按下列步骤进行：

第一步先机械处理。用筛板、滤器、漂浮池、沉淀池除去污水中的固形物。

第二步生物处理。利用自然界大量微生物具有的氧化分解能力除去污水中溶解的有机污染物。生物处理方法有两种：一种是利用好氧性微生物在有氧条件下进行，但因屠宰污水有机物浓度高，要使污水处理达到排放要求，处理成本相当高；另一种是厌气法，是将污水存于密闭的池内通过厌氧微生物的作用使污水达到排放标准，这种方法处理成本低，但处理过程中有硫化氢等异臭的挥发性物质产生，所以废水特别臭，且因硫化氢与铁生成黑色的硫化铁，使污水呈黑色。为了降低处理成本一般采用厌气法，也可根据需要采用好气法。生物处理的方式有以下几种：活性污泥系统、生物转盘系统、细菌滤器系统等。

第三步消毒处理。经过生物处理的污水，一般含有大量菌类，必须经过药物消毒处理。常用的消毒方法是氯气消毒，将液态氯转化为气体通入消毒池，可杀死 99% 以上有害细菌。

（三）常用屠宰污水生物处理系统

1. 活性污泥污水处理系统

活性污泥处理有机污水，效果较好，应用较广，一般生活污水与工业污水经活性污泥法二级处理均能达到国家规定的标准。肉类加工厂中的污水净化处理，也已广泛采用此系统。

该系统采用曝气的方法，使空气和含有大量微生物（细菌、原生动物、藻类等）的絮状活性污泥与污水密切接触，加速微生物的吸附、氧化、分解等作用，达到去除有机物、净化污水的目的。系统见图1－2。

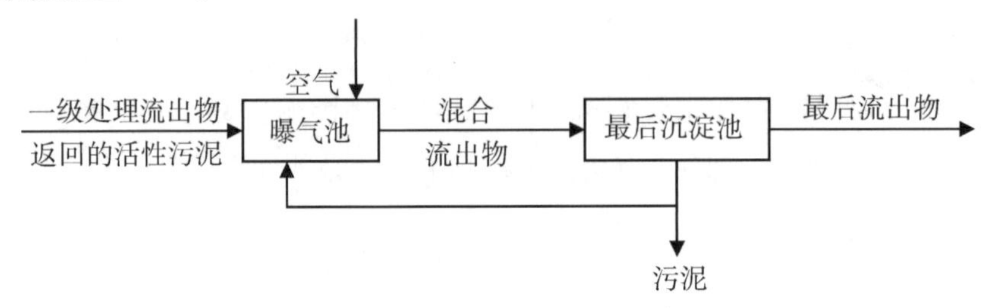

图1－2　活性污泥系统流程示意图

2. 生物转盘法污水处理系统

一种通过盘面转动，交替地与污水和空气相接触，而使污水净化的处理方法，属于污水生物膜处理法。此方法运行简便，可按不同目的调控接触时间，耗电量较少，适用于小规模的污水处理。

污水由生产车间排入厌氧消化池，停留3～10 d，进行厌氧发酵。发酵污水进入沉淀池，排除沉淀物，然后进入生物转盘。经过一段时间后，转盘表面便滋生一层由细菌、原生动物及一些藻类植物组合而成的生物膜。转盘的旋转，使生物膜交替得到充分的氧气、水分和养料，生物膜即进行旺盛的新陈代谢活动。这些活动对污水产生物理的或生化的吸收、分解、转化、富集作用，使可溶性污染物质转变为不溶的沉淀，小粒的污染物质聚合为大粒的沉淀物，加之一些老化死亡的生物体，共同生成黑色沉淀，它们由转盘底部及二级沉淀池底部分离出来。水中污染物质被除去，水体被净化。

3. 厌氧消化法污水处理系统

常用来处理屠宰污水。该系统是因为高浓度的有机污水和污泥适于厌氧处理，一般称为污水厌氧消化。其中，铁篦、沉沙池与除脂槽等设置是屠宰污水的预处理装置，用于除去污水中的毛、骨、组织碎屑、泥沙、油脂及其他有碍生物处理的物质。

双层生物发酵池分上、下两层。上层是沉淀物，下层为厌氧发酵池，又称"消化池"。经脱脂后的污水进入上层池的沉淀槽内。污水在沉淀槽中停留时，直径大于0.0001 cm的悬浮物和胃肠道虫卵沉淀。沉淀物通过槽底的斜缝，进入下层的消化池。此时，污水中的厌氧菌使沉淀物腐败分解，一部分变为液体，一部分变为气体，最后只剩下大约25%～30%的胶状污泥。

九、卫生消毒

依据《畜禽屠宰企业消毒规范》(NY/T 3384)开展消毒工作。

1. 消毒的意义和范围

(1)消毒的意义：可以将停留在外界环境中的病原体消灭，切断传播途径，控制和消灭疫病，在公共卫生和环境保护上有着积极作用。

(2)消毒的范围：病畜通过的道路，停留过的场所；病畜接触过的车间、工具、饲槽；生产车间的地面、墙裙、设备、器械、用具；病畜的排泄物、分泌物、肉尸及内脏皮毛等；工作人员的衣帽、手套、胶靴等。

2. 消毒方法

(1)物理消毒法

① 机械清除：它是以扫铲、冲刷、洗擦等手段达到消除病原体的目的。它不能杀死病原体，因此必须结合其他可杀死病原体的消毒方法。

② 紫外线(阳光)消毒：它是利用紫外线灼热、干燥作用来达到消毒的目的。一般细菌繁殖体和病毒都可被杀死，抵抗力较强的病原体也能失去繁殖能力。

③ 火焰：它是一种最可靠的消毒方法，一般烈性传染病的肉尸及其价值不大的污染物、粪便、垫草、残渣、垃圾、废弃品都采用此法，也可对耐烧的设备、地面采用喷灯灼烧杀菌。

④ 煮沸：它是一种既经济又适用的消毒方法。一般细菌繁殖体在100℃沸水中3～5 min可杀死，大多数芽孢菌15～30 s可杀死。2 h可杀死一切传染病病原体。消毒对象主要是刀钩等金属器械、玻璃器皿、工作衣帽。

⑤ 蒸汽：它是利用水蒸汽的湿热作用杀死病原体，达到消毒目的的一种方法。蒸汽杀菌作用强、传热快、温度高、穿透力强。饱和蒸汽在100℃时经5～15 min可杀死一切病原体。一切耐湿的物体均可采用此法。此法消毒按蒸汽的压力大小可分为常压蒸汽消毒和高压蒸汽消毒。高压蒸汽消毒主要用于病害肉尸及废弃物化制。

(2)化学消毒法

① 氢氧化钠(苛性钠、烧碱)：对细菌病毒有很强的杀灭力。一般2%～3%的热水溶液用来消毒被细菌病毒污染的圈舍、地面、用具等。炭疽杆菌消毒可用10%的溶液。

② 漂白粉：是一种强力消毒剂，它的有效成分为次氯酸钙，一般漂白粉含有效成分25%，它随存放时间的延长而逐步减弱，因此必须存放在密闭容器里，一般消毒用5%的溶液，10%～20%可杀死芽孢杆菌。漂白粉一般用于圈舍、地面、水沟、粪便、水井消毒。它对金属、衣服有破坏力，用时应特加注意。

③ 过氧乙酸：是强氧化剂，消毒效果好，能有效杀死各种微生物。市售过氧乙酸为40%水溶液，性质不稳定，需密闭避光低温保存，需现用现配。消毒浓度为0.2%～0.5%，0.2%用于浸泡消毒，0.5%用于喷洒消毒，若对房间消毒可按5%的溶液2.5 mL/m^3 的剂量喷雾。此品腐蚀性较强，不能与金属、皮肤、衣物接触。

④ 福尔马林:它有很强的消毒作用,市售的为38%的甲醛溶液,一般用2% ~4%水溶液喷洒地面、饲槽,1%溶液消毒畜体。空气、皮毛消毒可按每立方米用福尔马林25.0 mL、水12.5 mL、高锰酸钾25.0 g,密封12 ~24 h后通风。

(3)生物学消毒法:该法是利用土壤和粪便中的嗜热菌产生的热量将微生物、寄生虫幼虫、虫卵杀死的消毒方法。一般是将粪便和其他废弃物堆积1 ~3 个月就可达到消毒的目的。

3. 影响消毒的因素

(1)被污染的病原体种类。

(2)被污染的严重性。

(3)被污染物的干净程度,若有有机物存在,可影响消毒效果。若地面被饲料、粪便污染,其消毒的方法应按下列程序:消毒→清扫→消毒。

(4)消毒药物的有效性。

4. 消毒溶液配制方法

(1)配制公式

消毒原药用量=需配制的消毒溶液浓度÷消毒原药有效成分浓度×需要配制的消毒溶液数量

水的用量=需要配制的消毒溶液数量-消毒原药用量

(2)举例

① 用纯氢氧化钠配制100 kg 2%的氢氧化钠溶液。

氢氧化钠用量=2/100÷100/100×100=2 kg

水用量=100-2=98 kg

② 用有效成分为25%的漂白粉配制100 kg 5%的漂白粉消毒液。

漂白粉用量=5/100÷25/100×100=20 kg

水的用量=100-20=80 kg

③ 用市售40%的过氧乙酸配制100 kg 0.2%的过氧乙酸消毒液。

40%的过氧乙酸用量=0.2/100÷40/100×100=0.5 kg

水的用量=100-0.5=99.5 kg

④ 用含甲醛38%的福尔马林配制100 kg 2%的福尔马林消毒液。

含甲醛38%的福尔马林用量=2/100÷38/100×100≈5.26 kg

水的用量=100-5.26≈94.74 kg

第六节 一般疾病的检验

一、黄脂病、黄脂和黄疸

（一）黄脂病

机体内脂肪发黄，并有炎症的发生称黄脂病（属于营养代谢病），也可称脂肪组织炎。常是由于喂养鱼粉、鱼皮、鱼头、蚕蛹以及不饱和的脂肪酸饲料，在一个月后使机体的脂肪形成一种棕色或黄色蜡样小体，刺激脂肪组织发炎变得混浊、发硬。其味似鱼腥味，加热后味加重。

（二）黄脂

导致牲畜黄脂一方面是机体的遗传（即品种）因素，另一方面是长期喂养黄玉米、胡萝卜、紫云英等含脂溶性植物黄色素的饲料。这种黄色素沉积于脂肪组织中。见皮下脂肪、大网膜、腹膜、肾周围的脂肪发黄。

（三）黄疸

黄疸是一种病态，由于胆红素形成过多，或者排出障碍，使血液中的胆红素浓度过高，引起全身组织黄染（除去神经系统与软骨组织）的病理现象。可分为实质性、阻塞性和溶血性黄疸。除脂肪发黄外、皮肤、黏膜、眼结膜、关节液、组织液、肌腱、实质器官均有不同程度的黄色，越放越黄。

（四）黄疸与黄脂的鉴别

（1）皮肤、组织、脂肪的感观鉴别。

（2）从放置时间、观其黄色消退情况。

（3）实验鉴别（化学方法）。

（五）处理

黄脂：屠宰后可按照 GB/T 17996《生猪屠宰产品品质检验规程》5.6.4 条款的内容进行检验和处理，如皮下和体腔内脂肪微黄或呈蛋清色，皮肤、黏膜、筋腱无黄色，无其他不良气味，内脏正常的不受限制出厂（场）。但在实际经营过程中，黄脂胴体出厂后也会存在着销售困难、客户不接收或被消费者投诉的问题。建议各屠宰场在对待黄脂生猪时应管控更加严格，颜色轻微的应采取去皮去膘分割加工处理，颜色较深的应进行无害化处理。

因黄疸导致的生猪屠宰后全身呈现黄色，包括皮肤、皮下、脂肪、黏膜以及内脏器官；胴体放置后不褪色，放置时间越久颜色越黄，并伴有肌肉变性有苦味。其胴体和内脏全部做非食用或销毁。

二、白肌病

白肌病是幼畜的一种以骨骼肌、心肌发生变性、坏死为特征的疾病。

（一）原因

硒和维生素 E 的缺乏，导致细胞膜受损，进而引起横纹肌发生变性和坏死，因病变部位肌肉色淡，甚至苍白而得名。

（二）检验

病变常见于半腱肌、半膜肌、股二头肌、腰肌、臂三头肌和心肌等。胴体局部肌肉呈白色条纹、斑块，严重时大块肌肉苍白或灰白色，并多呈对称性损害。偶尔可见局部钙化灶。心肌也有类似病变。

三、白肌肉(PSE 肉)

白肌肉是猪的一种应激综合征的表现。宰前猪因捆扎、运输、驱赶等，在宰后见骨骼肌出现水肿、变性、坏死、炎症。主要病变症状是眼观见病变肌肉色泽苍白，称“白肌肉”。

白肌肉多表现在屠畜负重较大的部位，所以宰后常在后肢肌的半腱肌、半膜肌和肱二头肌。左右两侧对称出现。其次是背最长肌、偶见于前肢的臂三头肌和三角肌。白肌肉色泽苍白、质地柔软，明显水肿，有液体渗出。将白肌肉部分割去，下层的肌肉色泽正常(如果严重时表层深层都苍白，呈现明显的水肿)。根据肌肉断面的肉色、质地渗出物程度分三种感染度，轻度、中度和重度。

测 pH：猪宰后 45 min，胸部的背最长肌的 pH。

轻度：pH 5.8～6.2　　　　2 h 测：轻度 pH 5.5～5.9

中度：pH 6.3 以上　　　　　　　中度 pH 6.0 以上

重度：pH 5.7 以下　　　　　　　重度 pH 4.9 以下

处理：轻度不受限制，重症部位需修割，病变肌肉应做化制

四、黑干肉(DFD 肉)

黑干肉(DFD 肉)也称 DFD 肉，是指生猪宰后 24 h 其肌肉 pH 6.2 以上，呈暗红色、质地坚硬、表面干燥的肉。DFD 肉常见于牛肉，在猪肉中并不常见。由于 DFD 肉 pH 近中性，PSE 肉水分活性高，更易引起微生物的生长繁殖，加快了肉的腐败变质，缩短了货架期。

五、红膘和红皮

（一）红膘

红膘是由于充血、出血或者是血红素浸润所致，常见于猪的皮下脂肪。一般为猪的传染病所致（如猪瘟、猪丹毒），如果是传染病所致，必须结合检查淋巴结和内脏综合判断。也有是因背部受伤或者是剧烈腹泻，使机体严重脱水，这时不仅皮下脂肪发红、连同皮肤也发红。

（二）红皮

红皮指宰后整个胴体皮肤呈弥漫性红染。主要原因：一是放血后，血未流净、畜体没断气而急于烫毛而造成；二是暴晒；三是经长途运输后畜体未休息，立即宰杀。

（三）处理

（1）当淋巴结和内脏有明显病变者，同传染病处理方式进行。

（2）其他原因引起的应高温处理。

六、黑色素沉着

黑色素沉着是指黑色素沉着于正常情况下无黑色素存在的部位，又称黑变病。

（一）原因

先天性的发育异常或后天性黑色素细胞扩散、演化时，即可发生黑色素沉着，见于仔猪。

（二）检验

1. 宰前检查

仔猪特别是皮肤色素很重的部位，有时见变黑、褐色。

2. 宰后检查

黑色素沉着可见于心脏、肺脏、肝脏、胸腹膜、淋巴结等组织器官。色素沉着区域为棕色、褐色或黑色，由斑点至大片，甚至整个器官。

七、卟啉沉着症

卟啉沉着症又称骨血素病、卟啉色素沉着。

（一）原因

卟啉色素是血红素不含铁的色素部分，由卟啉衍生而来。卟啉代谢紊乱，血红素合成障碍时，卟啉色素沉着于骨骼，出现骨血色素沉积症。

（二）检验

1. 宰前检查

卟啉色素沉着于皮肤，有时在无黑色素保护的部分，经日光照射导致皮肤充血、渗出性炎症，之后形成水疱、坏死、结痂和斑痕。

2. 宰后检查

全身骨骼呈淡红褐色、褐色或暗褐色，但骨膜、软骨关节、软骨韧带等均无肉眼可见变化。牙齿也见类似病变。

八、气味和滋味及性状异常肉

（一）气味和滋味异常

引起肉的气味和滋味异常的原因较多，主要有饲料气味、性气味、病理性气味、药物气味，以及肉贮藏于有异味的环境和变质等。通过嗅闻肉，检查有无异味。必要时采用煮沸肉汤试验检验气味和滋味异常肉。

1. 饲料气味

生猪宰前长期采食腐烂的块根、油渣、鱼粉或具有浓厚气味的植物，宰后嗅检肉可能具有这些植物或鱼粉的异常气味。

2. 性气味

种公猪（未阉割和晚阉割的）肉有性气味，尤其脂肪、阴囊等部位气味明显有臊味和毛腥味。煮沸肉汤试验，可使肉中气味挥发出来，易嗅出。

3. 病理性气味

牲畜感染某些传染病或者发生某些普通病，屠宰后局部组织有异常气味。例如，尿毒症，有尿味；酮血症时，有酮臭和恶甜味；有机磷中毒，有大蒜味。

4. 药物气味

牲畜宰前因病灌注过具有芳香气味的药物，宰后局部肌肉和脂肪可能有药物异味，如醚、氯仿、松节油、克辽林、樟脑等。

5. 附加气味

胴体贮藏于有异味(如油漆味、消毒药物味、鱼虾味等)的仓库里或包装材料内,易吸附异味。嗅检时,肉可能出现这些物品的异味,必要时用煮沸肉汤试验进行检验。

6. 变质气味

肉在贮藏、运输中发生自溶、腐败、脂肪氧化等变化时,则出现酸味、臭味或哈喇味,通过嗅闻和煮沸肉汤试验可检出。

7. 处理

有异味的肉先行通风、煮沸,使气味挥发。如果通风、煮沸气味仍不消失,按照《病死及病害动物无害化处理技术规范》(农医发〔2017〕25 号)规定的要求进行处理,已变质腐败的肉销毁;个别部位有气味的割下化制。

(二)性状异常

1. 淋巴结异常

(1)原因:淋巴结是机体的免疫器官,可产生免疫细胞,具有吞噬、消灭和抑制病原体的作用。发生炎症时,淋巴结首先出现异常变化。

(2)检验:

① 充血:淋巴结肿胀、发硬,表面潮红,切面暗红色。见于急性猪丹毒。

② 水肿:淋巴结肿大,切面苍白、凸起、多汁,质地松软。见于炎症初期和慢性消耗性疾病后期、外伤、长途急性赶运等。

③ 出血:淋巴结肿大,暗红色,切面景象模糊或被膜下及小梁沿线发红,如猪瘟淋巴结呈现大理石样变,或有暗红色斑点散在其中。

④ 出血性坏死:淋巴结肿大,质地变硬,切面干燥,呈砖红色,散在灰、黑或紫色坏死灶。见于慢性局限性炭疽的典型病变。

2. 皮肤异常

(1)原因:生猪感染猪瘟、非洲猪瘟、猪丹毒、猪Ⅱ型链球菌病等传染病时,皮肤有出血、淤血、充血、疹块等特征变化。此外,化学性、机械性、物理性及过敏性等因素影响,生猪皮肤或体表也可出现异常变化,特别是放血、浸烫煺毛后表现得更为明显。

(2)检验

① 外伤性出血:外伤所致背、臀部体表出现不规则的紫红色条状出血,有时见斑块出血,甚至皮下组织也见出血。

② 麻电出血:麻电不当,可见肩部和臀部等部位体表有新鲜不规则的点状或斑状出血,有时呈放射状。

③ 运输斑:由于冷空气的侵袭或烈日的暴晒引起皮肤充血,以白毛猪较多。

④ 皮癣:患部皮肤粗糙,少毛或无毛;病变多呈圆形,大小不等。

3. 内脏异常

(1)心脏:心脏的变化除了特定的传染病、猪囊尾蚴病变外,还有心脏肥大、心包炎、心内膜炎、心肌炎等。注意检查心包和心脏是否有出血、淤血、粘连、坏死病灶。

(2)肺脏:病原微生物和其他致病因子可随吸入空气经支气管到达肺泡,引起肺脏出现异常变化,应注意普通病与传染病(高致病性猪蓝耳病、猪肺疫、猪支原体肺炎、副猪嗜血杆菌病等)肺部变化的鉴别。肺脏的变化有肺炎、胸膜肺炎、支气管肺炎、支气管扩张、肺膨胀不全、肺气肿、肺水肿、肺呛水、肺呛血、肺脓肿、肺纤维化、肺萎缩,以及肺脏的淤血、坏疽、肿瘤等变化。

(3)肝脏:肝脏除了有传染病和寄生虫病的特征变化外,要注意观察肝脏有无白色坏死灶、肝淤血、肝出血、肝萎缩、脂肪肝、肝硬变、肝坏死、肝脓肿、锯屑肝、肿瘤、肝胆管扩张等异常变化。

(4)胃肠:胃肠的变化除了特定的传染病和寄生虫病病变外,还可见胃肠炎、出血、充血、水肿、糜烂、溃疡、化脓、坏死、肿瘤及肠气泡症,应注意检查。

(5)脾脏:脾脏的变化见肿大、出血、淤血、血肿、出血性梗死、西米脾(淀粉样变)等变化。

(6)肾脏:肾脏除了特定的传染病和寄生虫病的病变外,还可见淤血、出血、脓肿、结石、囊肿、萎缩、梗死、肿瘤等变化。

九、肿瘤

肿瘤是机体在各种致病因子的作用下,引起局部组织细胞异常增生而形成的新生物。这新生物使局部组织形成肿块或者肿大。

(一)肿瘤的形态结构

(1)外观:肿瘤形态多种多样,有乳头状、息肉状、结节状溃疡等。这些形态与肿瘤发生的部位有关。

(2)大小不一:这种大小与肿瘤的性质(恶性、良性),生长时间长短,生长部位有一定关系。小的极小,借显微镜才能发现,如原位癌;大的可重达数十公斤。

(3)数量:大多数为一个。也有同时或者先后发生同类型多个肿瘤。如母鸡卵巢瘤,布满整个腹腔的浆膜面上。

(4)颜色:决定肿瘤的组织种类及继发变化。如脂肪瘤呈黄色,淋巴瘤、纤维素瘤呈鱼肉色，癌呈灰白色（富有血管的呈灰红色），肝癌、肝腺癌呈黄绿色。

（二）肿瘤的生长扩散

1. 生长速度

取决于肿瘤细胞的分化成熟程度。

良性肿瘤：生长慢、分化好、成熟度高、生长速度缓慢、偶尔中途生长停止或退化，可长达几年或数十年。不侵入邻近组织（只有挤压阻塞作用），形状是结节状，界限明确，常有包膜，切除后极少复发。

恶性肿瘤：生长速度快，成熟度低、分化差、短期内形成肿块。由于血和营养供应不足，发生坏死、出血等继发变化。瘤细胞似树根状伸向周围组织，无明显的界限，胞膜坚硬且固定，不易推动的肿块。恶性肿瘤的重要特征为不仅在原发部位继续生长蔓延，而且还可以通过各种途径向身体各其他部位扩散。

（三）肿瘤的宰后处理

检验中检出全身性的很少，多为个别脏器或者局部组织上发现肿瘤。处理按照《病死及病害动物无害化处理技术规范》（农医发〔2017〕25 号）执行。

十、中毒

中毒是指动物受毒物作用而出现的疾病状态，严重时可导致动物死亡。中毒肉是指屠宰或急宰中毒动物后的胴体或肉。

（一）原因

引起生猪中毒的原因较多，如农药、亚硝酸盐、氰化物、有毒植物等。

（二）检验

1. 宰前检查

毒物不同，生猪中毒后的症状不尽相同。应仔细检查生猪的精神状态、皮肤和黏膜，注意观察有无神经症状和消化系统症状等。

2. 宰后检查

病变常见于毒物侵入的部位及有关组织。有时见口腔、食道和胃肠黏膜，有充血、出血、变性、坏死、糜烂，肝、肾、肺、心等器官和淋巴结水肿、出血、变性、坏死，胴体放血不良。中毒物质种类不同，病变各异。例如，氰化物中毒，血液和肌肉呈鲜红色；亚硝酸盐中毒，肌肉和血液呈暗红色(酱油色);砷中毒,肉有大蒜味;黄曲霉毒素中毒,肝脏肿大、硬变,呈黄色,后期为橘黄色,有坏死灶,或有大小不一的结节。

3. 实验室检测

取肉、内脏、血液或淋巴结等样品,送往实验室进行毒物检测。

十一、种用公、母猪肉及晚阉猪肉

(一)宰前检查

(1)种公猪:未经阉割,带有睾丸,体型大,皮肤厚。

(2)种母猪:未经阉割,乳腺发达,乳头长、大。

(3)晚阉猪:阉割时间晚于适时月龄,或曾做种用、去势后育肥的猪,一般体型较大,在阴囊或左髋部有阉割痕迹的。

(二)鉴别

(1)看皮肤:种用淘汰的公母猪,皮肤较厚而粗糙、松弛、无弹性、多皱纹、毛孔大,而公猪重于母猪。

(2)看脂肪:除皮下脂肪减少被结缔组织充填,肌间脂肪也少并发硬。

(3)看乳头:种公猪的最后一对乳头几乎并在一起。种母猪有明显的乳棵和乳池,乳头大小不一,皮肤粗糙,时而还会挤出黄白色乳汁。

(4)肌肉特征:种用公、母猪肌肉色较深,肌纤维粗、脂肪少。年老的公猪在肩胛骨上有一个卵圆形的软骨面钙化。

(5)闻气味:种公猪有明显的性味,加热后更明显。

(6)煮熟观察:种母猪的腹直肌筋膜化,煮熟后皮刀口外翻。种公猪腹直肌发达、肌肉强直,煮熟后皮刀口内翻。

(三)处理

(1)可以屠宰:依据《鲜冻猪肉及猪副产品第 1 部分:片猪肉》(GB/T 9959.1—2019)中 7.1.3规定“种公猪、种母猪及晚阉猪为原料的片猪肉应按照国家有关规定进行标识”。

(2)不能去皮:依据《鲜冻猪肉及猪副产品第 1 部分:片猪肉》(GB/T 9959.1—2019)中 4.1.3规定“种公猪、种母猪及晚阉猪不得用于加工无皮片猪肉”。

(3)不能分割:依据《鲜冻猪肉及猪副产品第 1 部分:片猪肉》(GB/T 9959.1—2019)中 4.2.3 规定“种公猪、种母猪及晚阉猪为原料的片猪肉不得用于加工包括分割鲜、冻猪瘦肉在内的分部位分割猪肉”;《鲜冻猪肉及猪副产品第3部分:分部位分割肉》(GB/T 9959.3—2019)中4.2规定“不得使用种公猪、种母猪及晚阉猪作为分部位分割猪肉原料”。

(4)要有标识:依据《中华人民共和国农业农村部公告 第10号》(发布时间:2018—04—20)“生猪定点屠宰厂(场)屠宰的种猪和晚阉猪,应当在胴体和《肉品品质检验合格证》两处同时标明相关信息”。印章模式按照农业农村部门同意规定制作,尺寸见图1－3。

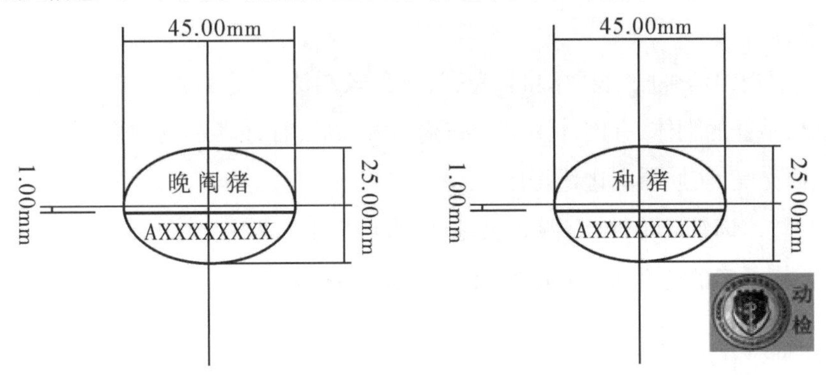

图1－3　印章尺寸

十二、注水肉

(一)概念

注水肉是指向牲畜体内注水后屠宰的肉,或者屠宰加工过程中向屠体、胴体肌肉丰满处注水后的肉。注水肉水分含量增加,被注入的水常不清洁,有时还注入其他物质,使产品受到污染,严重影响肉品安全,甚至威胁到食用者健康,侵害消费者的利益。

(二)注水肉的危害

牲畜胃肠注入大量水后,胸腔受到压迫,呼吸困难,造成其组织缺氧,使胃肠严重张弛,失去收缩能力,肠道蠕动缓慢,肌体处于半窒息和自身中毒状态,胃肠道内的食物会腐败,分解产生氨、胺、甲酚、硫化氢等有毒物质,通过血液循环进入肌肉。这些有毒物质通过重复吸收后,遍布畜体的全身肌肉,这样的猪肉被人食用后,危害极大。

注水肉中的水含量高,使肉的营养成分含量相对降低,消费者用购买正常肉的价钱却买到的是份量少、营养价值却很低的肉,侵害了消费者的利益。

注水所用的设备和注入的水污染都很严重,细菌含量都很高,使肉受到严重污染,被严重污染的肉易变质,不易保存,缩短了肉的保质期。

（三）检验

1. 宰前检查

生猪宰前被从口腔灌入大量水后，可见口腔、鼻、肛门等天然孔流出水，严重时卧地不起。

2. 宰后检查

（1）视检：肌肉组织肿胀，表面湿润、光亮，颜色较浅泛白，肌纤维突出明显；放置后有浅红色血水流出；吊挂的胴体，有肉汁滴下。冻猪肉解冻后，有许多渗出的血水。胃、肠等内脏器官肿胀，表面光亮，实质器官边缘增厚。

（2）触检：注水肉缺乏弹性，有湿润感，指压凹陷往往不能完全恢复或恢复较慢。

（3）剖检：横断肉的肌纤维，按压时切面常有液体渗出。

3. 低粘附试验

（1）将卷烟纸贴在可疑肉切面上，过几分钟拿下，用火点燃。如果出现明火，说明未注水；如果没有明火，说明纸上有水，则为注水肉。

（2）取卫生纸，贴在可疑肉（或器官）的切面上，观察吸水速度。纸很快吸水、显湿、轻轻一拉就拉裂，证明是注水肉。纸吸水性慢，拉力好，不易拉裂，证明是未注水肉。

4. 实验室检验

国家标准《畜禽肉水分限量》（GB 18394）规定，猪肉水分含量≤76 mg/100 g 、牛肉水分限量≤77 mg/100 g、羊肉水分限量≤78 mg/100 g。检验方法为直接干燥法和红外线干燥法。

十三、死猪肉

（一）死猪肉可分为病死和物理性死亡（横死）。

病死：因感染病原体而致动物死亡的现象称病死。

物理性死亡：由于摔、压、勒、溺水、触电等物理性因素而致动物死亡的现象称物理性死亡（亦称横死）。

（二）死猪的鉴别（检验）

（1）放血程度：肉尸、内脏放血不良。全身脂肪发红，内脏呈现淤血，淋巴结肿胀、出血。

（2）放血刀口状态：放血刀口和开膛刀口平整无血浸染。

（3）横死猪：要检看致死痕迹。如外伤、压痕、骨折等现象。

(4)注射:查找注射痕迹。

(5)微生物检验:健畜屠宰后一般查不到特异致病病原菌。对怀疑急宰、死宰的肉尸采样、涂片、染色、镜检、必要时做细菌培养和动物接种。畜肉中不许有致病菌如炭疽杆菌、结核杆菌、沙门氏菌等。

(6)生物学检验:鲜肉 pH 5.7～6.2;死畜肉 pH 6.6 以上。

(三)处理

根据农业农村部农医发〔2005〕25 号文《病死及死因不明动物处置办法(试行)》第六条规定,对病死但不能确定死亡病因的,当地动物防疫监督机构应立即采样送县级以上动物防疫监督机构确诊。对尸体要在动物防疫监督机构的监督下进行深埋、化制、焚烧等无害化处理。

第二章　猪的宰前和宰后检验及处理

猪的宰前和宰后检验的目的是检出携带人畜共患病的病猪及其产品；检出有毒有害的肉品；防止畜禽疫病的传播与食肉中毒事故的发生；确保猪肉产品的卫生质量，保障消费者食用安全；促进畜牧业健康有序发展；维护我国出口肉食品的信誉。

第一节　猪解剖学基础

猪解剖学是研究猪解剖的生理学，也就是研究猪躯体各部位的形态、构造、作用和特性的科学，要想知道猪的病理情况，就必须先了解猪的正常解剖生理结构。

一、猪体的基本结构

（一）细胞

细胞是生物体形态结构和生命活动的基本单位。按其所处的环境，机能活动，形态结构和大小等方面都有很大的差别，但都有共同的基本结构和生命活动。

1. 结构

由细胞膜、细胞质和细胞核三部分构成（图 2－1）。

（1）细胞膜是细胞表面的一层膜，由原生质转化而来的半透明膜，可使水分子自由通过。

（2）细胞质是填充细胞膜和细胞核之间的半透明的胶状物，细胞质包括基质、细胞器和包含物。

（3）细胞核位于细胞的中央或偏向一侧，大多呈球形或椭圆形，细胞核通常是光学显微镜下所见间期细胞内最明显的结构。细胞核以染色质形式贮存了绝大部分遗传信息，是细胞代谢和遗传的控制中心。

2. 细胞间质

是细胞与细胞之间的生命物质，包括纤维、基质和流体物质（组织液、淋巴液、血浆等），见图 2－2。

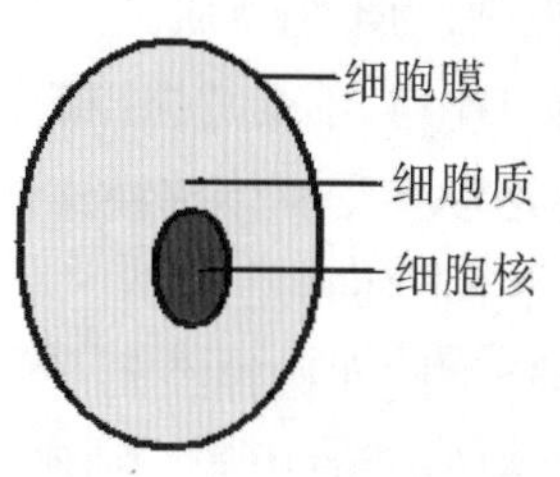

图 2-1 细胞结构

图 2-2 细胞间质

(二)组织

1. 定义

由来源相同,形态、结构和功能相似的细胞组成的细胞群和间质,称为组织。

2. 组织的作用

是构成动物体各器官的基本成分。

3. 组织的分类

有上皮组织、结缔组织、肌肉组织和神经组织四类。

(1)上皮组织:分布畜体表面、内脏器官表面和体内各种管腔的表面。起着保护、吸收、分泌、排泄和感觉作用。

(2)结缔组织:由细胞、纤维和细胞间质组成。广义的结缔组织,包括血液、淋巴,疏松的固有结缔组织和较坚固的软骨与骨;狭义的结缔组织仅指固有结缔组织。起着填充、连接、支持、营养、保护和运输的作用。

(3)肌肉组织:由许多肌细胞组成,可分为平滑肌、横纹肌和心肌。具有兴奋性、传导性和收缩性(图 2-3)。

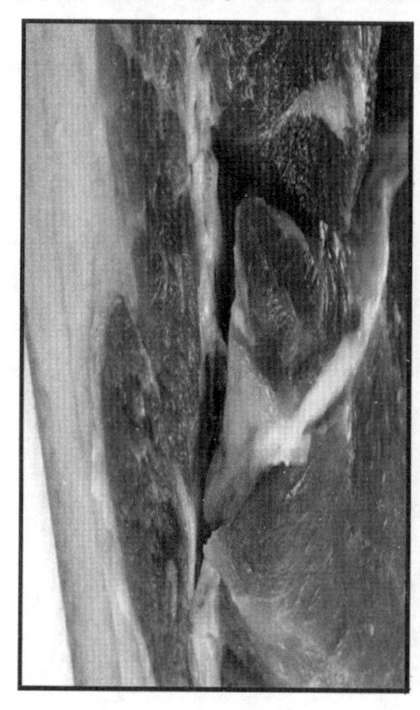

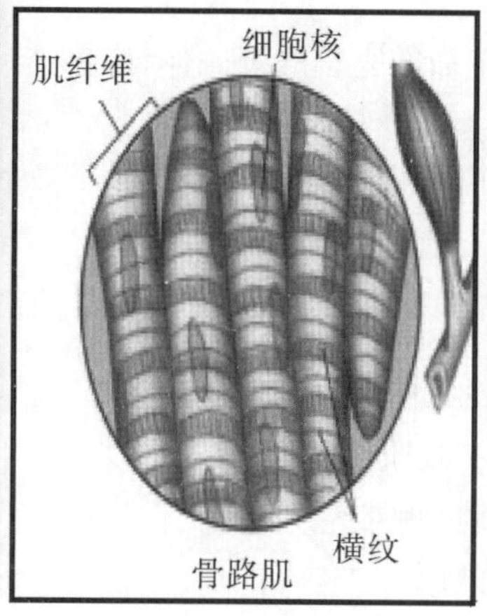

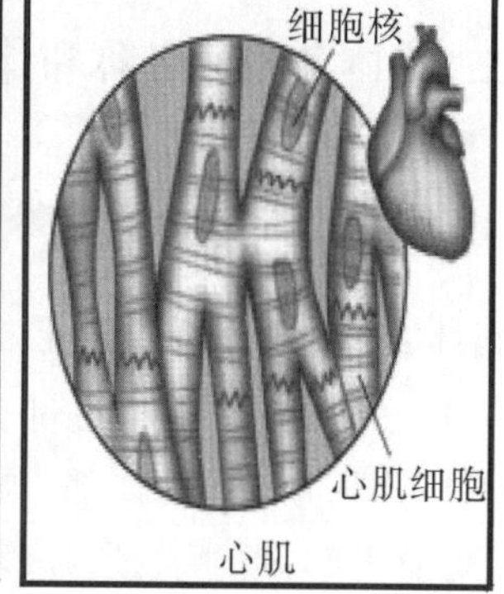

图 2-3 肌肉组织

① 心肌:组成心脏的壁,具有自律性,不受意志控制,为不随意肌。

② 平滑肌:主要分布于有腔内脏和血管壁,具有自律性,不受意志控制,为不随意肌。

③ 骨骼肌:通过肌腱与骨相连,使动物机体产生运动。受躯体神经支配,直接受意志控制,称随意肌。畜体全身共有骨骼肌400多块,因畜种不同而有差异。

(4)神经组织:由神经细胞和胶原细胞组成。神经细胞亦称神经元,具有接受刺激和传导冲动的功能;神经胶质细胞具有支持、保护和营养神经元的功能。神经组织构成神经系统,使机体各器官系统保持协调统一的整体,以适应体内、外环境的变化。神经调节的特点是迅速而准确。

(三)器官

1. 定义

几种组织按一定规律联合构成具有一定形态和功能的结构。例如心、肝、脾、肺、肾和脑。

2. 分类

由实质和间质两部分构成。如肌肉的实质是肌组织、脑的实质是神经组织。间质是由结缔组织构成,是血管、神经通过的地方。

(四)系统

1. 定义

几种机能相近的器官联合起来共同完成一定的生理机能构成系统。例如消化系统由口腔、咽、食道、胃、肠、肝、胰和消化腺构成。

2. 分类

机体由运动系统、被皮系统、消化系统、呼吸系统、血液循环系统、泌尿系统、生殖系统、内分泌系统、神经系统等组成。

由各个系统构成了一个有生命的完整的统一体,称机体。

二、猪体各部分名称和体腔

(一)猪体各部分的名称

猪体表可分为头、颈、躯干、尾、四肢(图2-4)。

(1)头部:枕部、顶部、额部和咬肌部。

(2)颈部:分为颈背侧部、颈腹侧部等。

(3)躯干部:颈、胸、腰、荐、尾部。

(4)四肢:前后肢。

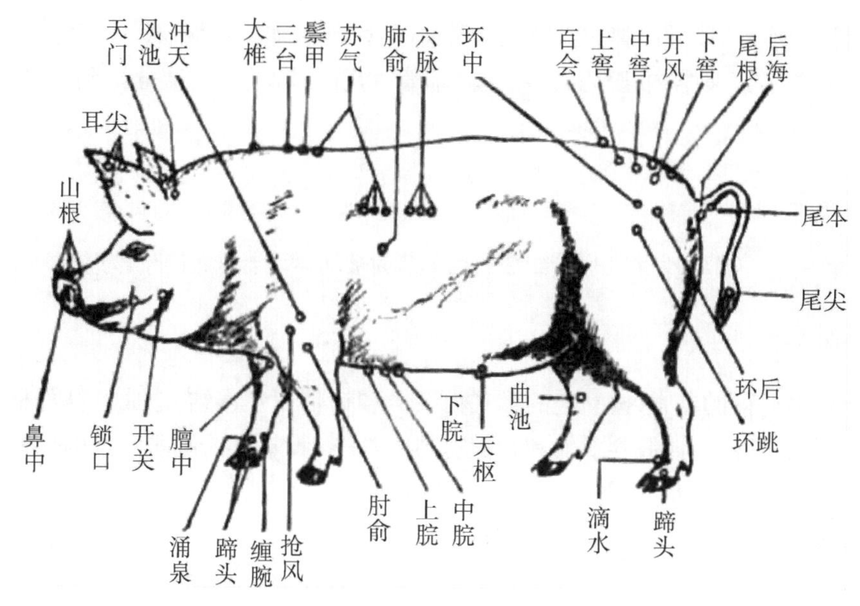

图 2－4 猪体表部位图

（二）体腔

即指机体内部的腔洞，由中胚层形成的腔隙，容纳大多数内脏器官，猪体腔可分为胸腔、腹腔和骨盆腔（图 2－5）。

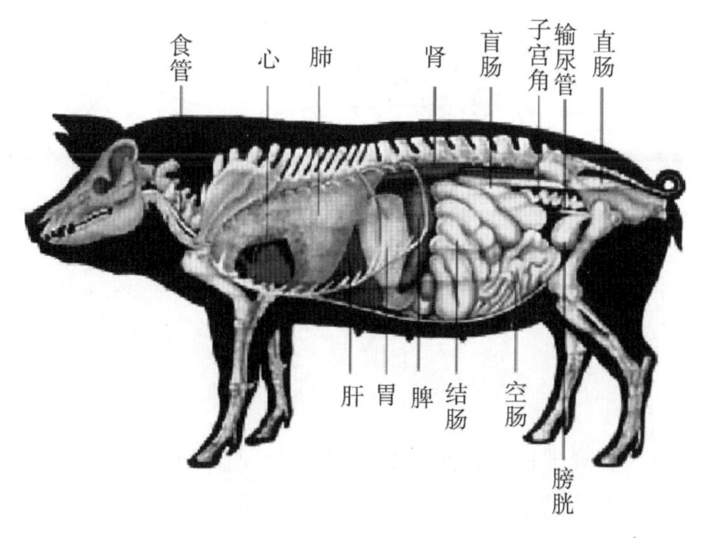

图 2－5 猪的内脏位置（左侧观）

（1）胸腔：前壁是第一胸椎、第一肋骨和胸骨柄，顶壁是胸椎和肌肉、两侧壁和底壁是肋骨和肌肉、后壁是横膈膜。胸腔内有心包囊、心脏、肺、食道、气管、大血管和神经。

（2）腹腔：前壁为横膈膜，后端与骨盆腔相通，顶壁是腰椎、腰肌和膈肌脚，两侧壁和底壁是腹肌。腹腔内有胃、肠、肝、脾、肾、胰脏以及输尿管、卵巢、输卵管和部分子宫。

(3)骨盆腔:位于骨盆内,腔内有直肠、输尿管、膀胱、母猪子宫(部分)、阴道、尿道、公猪的输精管、副性腺。

三、运动系统

运动系统由骨、关节和骨骼肌联合组成,骨、关节为被动运动器官,骨骼肌为主动运动器官。

(一)骨骼

骨是机体最坚硬的器官,按一定的形式由关节和韧带相互连结,形成机体的框架,对内脏、器官起着保护作用。四肢管状骨和骨髓有造血功能;骨基质内沉积大量的钙盐,是畜体的钙磷库,所以骨和肌肉是共同构成畜体体形的基础。

畜体全身骨骼可分为头骨、中轴骨和四肢骨(图 2－6)。

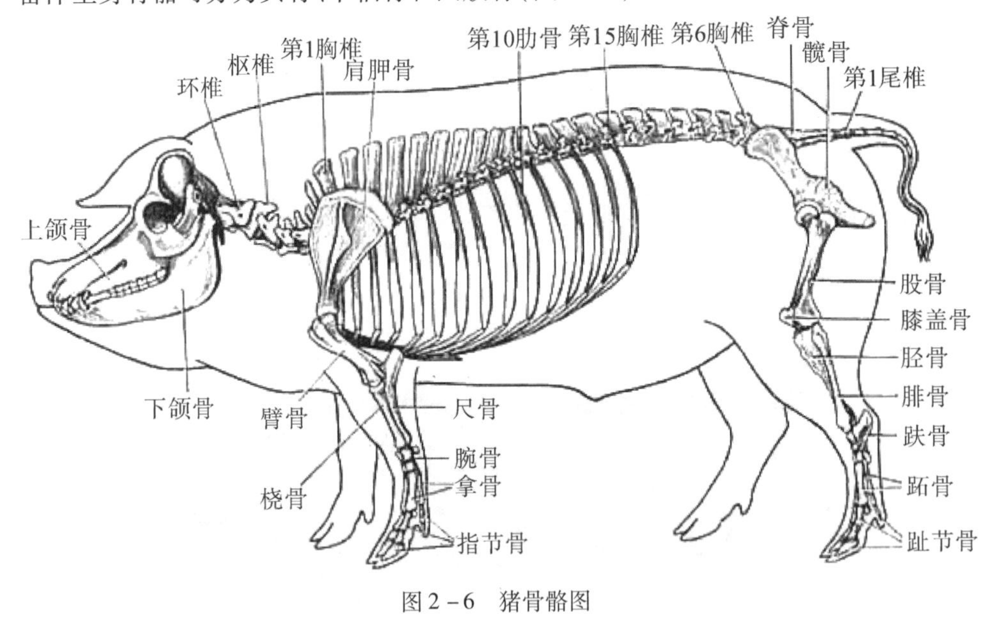

图 2－6　猪骨骼图

(二)肌肉

肌肉是由许多肌纤维和疏松结缔组织构成。由于肌肉所处的位置和功能不同,其形状和大小也有所不同。肌分为肌腹和肌腱,肌腹位于中部,肌腱位于两端。肌分为红肌和白肌。红肌主要由红肌纤维组成,肌红蛋白含量较高,较细小,收缩较慢,不易疲劳;白肌主要由白肌纤维组成,肌红蛋白含量较低,较宽大,收缩较快,容易疲劳。四肢的肌含白肌纤维较多,适合于持续地保持身体的姿势(图 2－7)。

(1)从形态上分:可分为板状肌、多裂肌、环形肌和纺锤形肌。

(2)按肌肉所处的部位可分为:皮肌、头部肌肉、躯干肌肉(颈肌、背肌、尾肌、胸廓肌、腹壁肌）和四肢肌肉。

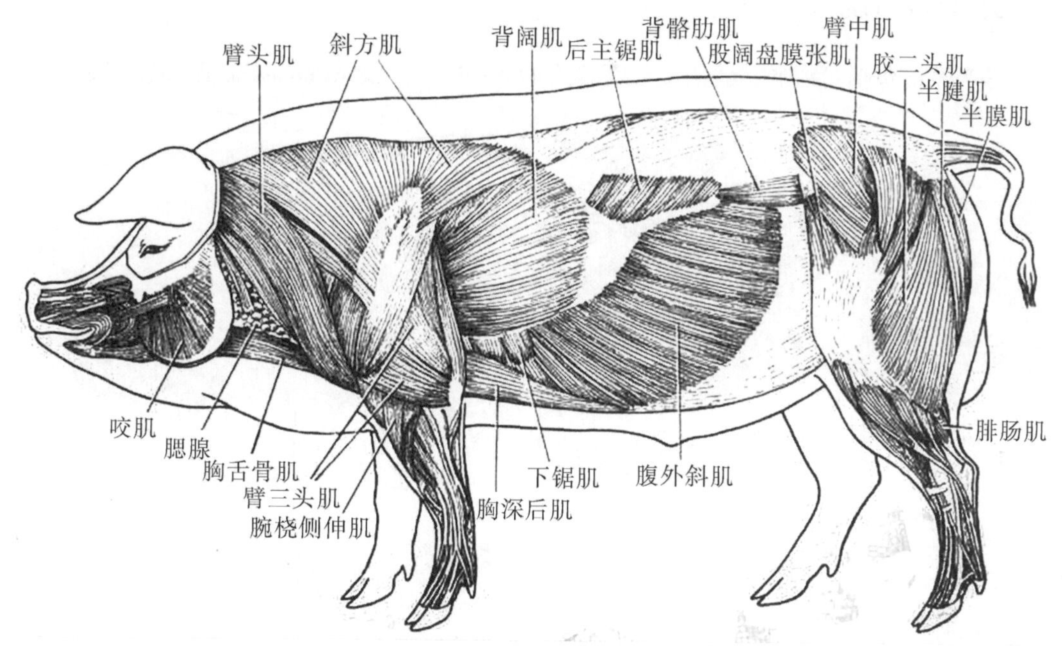

图 2－7　猪肌肉图

四、消化系统

消化系统由消化管和消化腺两部分组成。消化管：包括口腔、咽、食管、胃、小肠（十二指肠、空肠、回肠）和大肠（盲肠、阑尾、结肠、直肠、肛管）等（图 2－8）。消化系统的功能是采食食物、咀嚼、消化、吸收、排出残渣。

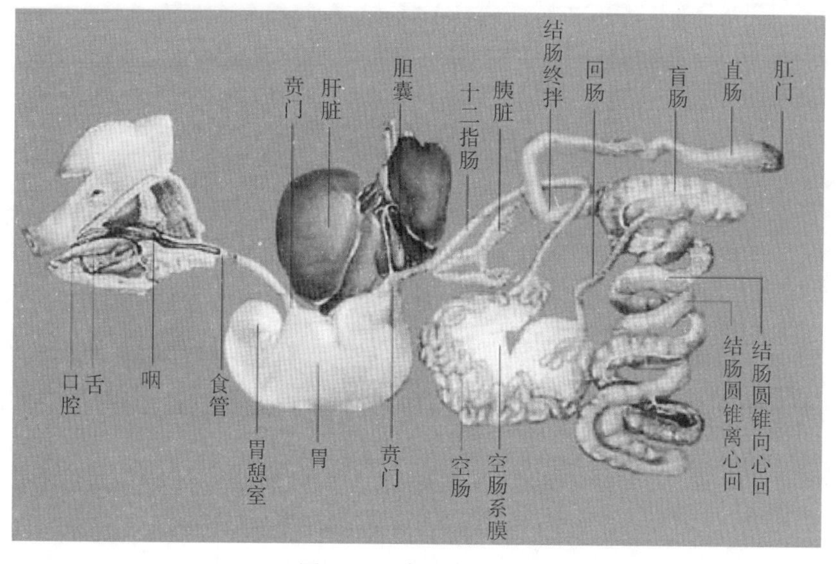

图 2－8　猪的消化系统

五、呼吸系统

呼吸系统包括：鼻、喉、气管、支气管、肺(图2－9)。呼吸系统的功能是气体交换。

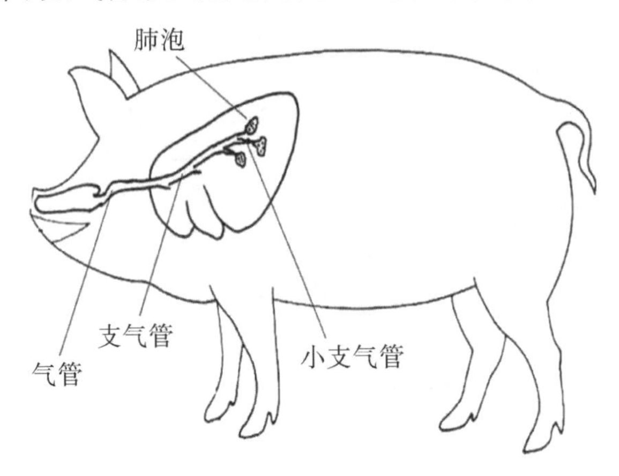

图2－9　猪的呼吸系统

六、循环系统

循环系统是生物体的细胞外液(血浆、淋巴和组织液)和借其循环流动的管道组成的系统。血液循环器官由心、血管和血液组成。淋巴循环器官由淋巴结、淋巴管和淋巴液组织。血管和淋巴管分布于全身，其中充满着血液和淋巴(图2－10)。在神经系统的调节下按一定的方向循环，将消化系统吸收来的营养物质和呼吸系统吸入的氧气输送给各组织；又将各组织的代谢产物输送到一定的器官排出体外，使机体不断地进行新陈代谢，维持生命活动。

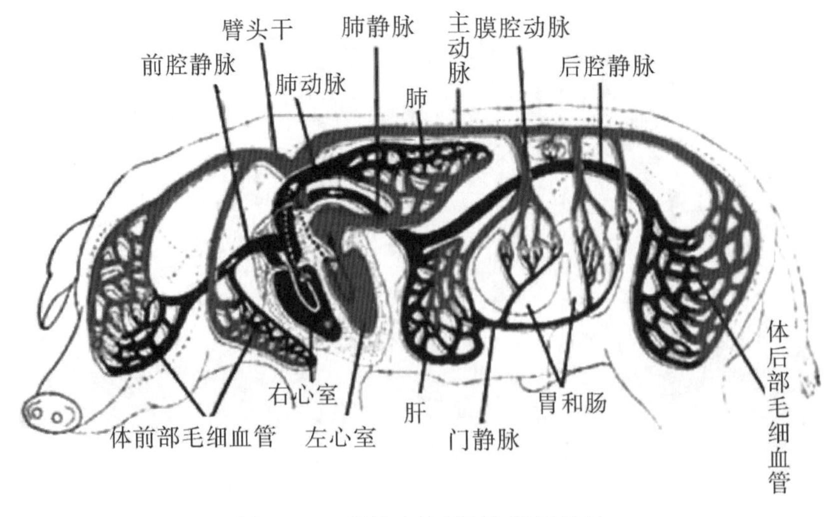

图2－10　猪体血液循环和淋巴分布

（一）心脏

心脏位于胸腔内，膈肌的上方，两肺之间，偏于左侧，呈圆锥形，心脏由心壁和心腔构成。中隔把心腔分为左、右两部分。二尖瓣把左心腔分为上下两腔，左心房、左心室，三尖瓣把右心腔分为上、下两腔，右心房、右心室（图2－11）。

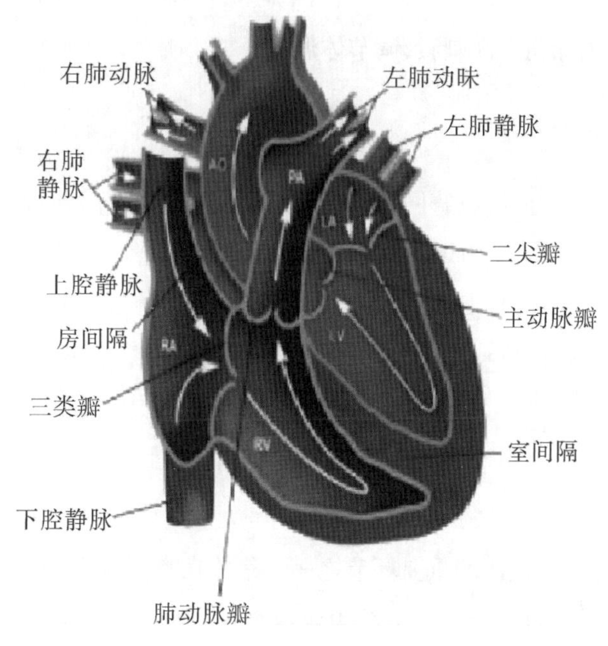

图2－11　心脏解剖图

（二）血管

血管分为动脉、静脉和毛细血管。

动脉是输送心脏血液到全身组织器官中去的血管，起自心室，逐渐分支，愈分愈细，最后形成毛细血管分布全身各部，进行组织与血液的物质交换。

静脉是进行过物质交换后毛细血管逐渐联合，愈合愈粗，最后成静脉，将带有二氧化碳和代谢产物的血液导入心脏。

血液循环分为：

（1）肺循环（小循环）：右心室→肺动脉→肺毛细血管→肺静脉→左心房。

（2）体循环（大循环）：左心室→主动脉→毛细血管→前、后腔静脉→心静脉→右心房。

（3）门脉循环：在循环中，胃、肠、胰、脾的静脉汇合成门静脉→肝门→肝脏→肝脏内毛细血管网→肝静脉→后腔静脉。

（三）血液

血液是由血浆和血细胞组成。血细胞分为：红细胞、白细胞、血小板。动脉血含氧多，呈鲜红色，流速快；静脉血含氧少，呈暗红色，流速慢。

功能：运输营养物质和代谢废物；参与体液调节；保持体内的水分、电解质、酸碱度和渗透压的平衡；防御或消除伤害性刺激；调节体温。

（四）淋巴循环

哺乳动物由广布全身的淋巴管网和淋巴器官（淋巴结、脾等）组成。最细的淋巴管叫毛细淋巴管，小肠区的毛细淋巴管叫乳糜管。毛细淋巴管集合成淋巴管网，再汇合成淋巴管，多为豆状，呈乳白色。淋巴结是淋巴的滤过装置，具有防御和吞噬侵入体内有害物质的作用。体内各组织器官都在淋巴结的“监控”之下，所以淋巴结出现病变，表明相应的组织器官受到有害因子的侵害。

七、泌尿系统

泌尿系统是猪体新陈代谢的重要环节之一。猪体在整个新陈代谢中所产生的有害物质一部分由肺、皮肤、肛门排出，而另一部分由泌尿系统排出体外。泌尿系统包括肾、输尿管、膀胱和尿道。公猪的泌尿生殖系统如图 2 – 12 所示。

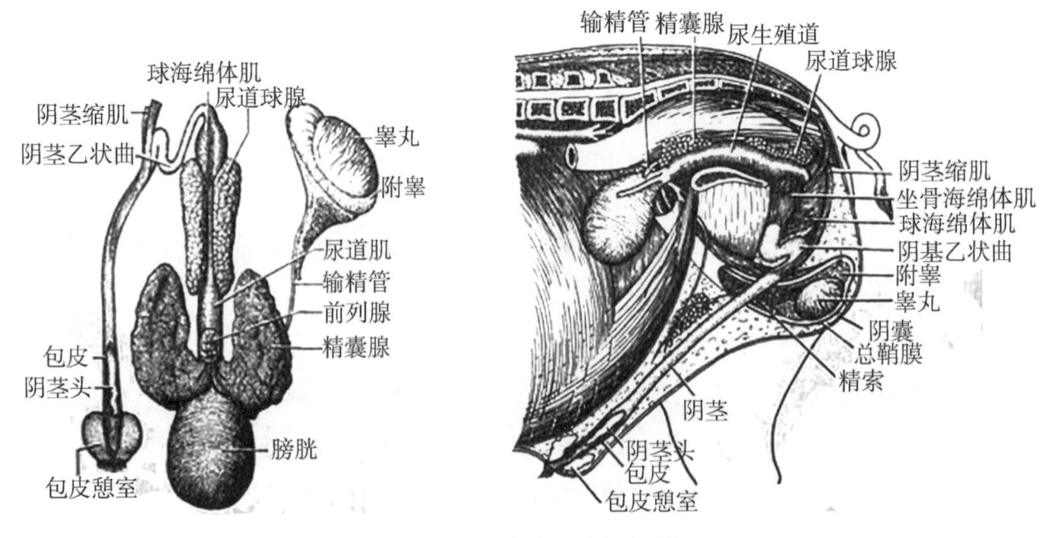

图 2 – 12 公猪的泌尿生殖系统

（一）肾脏

肾脏是一对分泌尿的器官，呈红褐色，似蚕豆形，位于腹腔的脂肪囊内，前四腰椎的横突下面。肾有肾门，在肾的内侧深凹部，它是血管、神经、淋巴和输尿管的出入门户。肾的背面外侧皮质呈棕红色，皮质下是髓质（色淡），两者均由许多肾小球和肾小管构成，凡流入肾脏的血液中的废物及有毒物，经肾小球的过滤和肾小管的再吸收后，便形成尿，进入肾盂，而后经输尿管进入膀胱经尿道排出。

（二）输尿管

从肾盂开始进入骨盆腔，开口于膀胱。

（三）膀胱

膀胱呈梨形，位于骨盆腔内耻骨上面，当积尿时前端可伸入腹腔。膀胱通向尿道，在连接处有膀胱括约肌。

（四）尿道

尿道分为骨盆部和阴茎部。骨盆部起源于膀胱颈。阴茎部由坐骨弓纵贯尿道海绵体至尿道的外门。

八、生殖系统

公猪生殖系统主要包括睾丸、副睾、阴囊、精索、输精管、阴茎、包皮、尿生殖道。

母猪生殖系统主要包括卵巢、输卵管、子宫、阴道和泌尿生殖前庭（雌性尿道、阴道前庭、阴门和阴蒂）。

九、内分泌系统

内分泌腺是很多种无分泌导管的腺体的总称。其分泌物称激素，直接进入血液、淋巴，随循环系统至全身各有关器官和组织，对猪的代谢、生长、发育、生殖等生理机能具有重要的作用。

内分泌腺主要有脑垂体、甲状腺、肾上腺、性腺。

（一）脑垂体

位于颅底蝶骨垂体窝内，是卵圆形暗红色小腺体。分前叶和后叶。其激素分为垂体前叶激素（包括生长激素、促性腺激素、生乳素、促肾上腺皮质激素和促甲状腺激素）和垂体后

叶激素(包括催产素、血管升压素和抗利尿素)。

(二)甲状腺

位于颈后部胸骨柄前上方与气管腹面之间,是两叶合一,呈红褐色。它分泌甲状腺素(含碘的氨基酸)能调节蛋白质、脂肪、盐、糖、水的代谢。

(三)肾上腺

位于两肾内侧,棕红色,分皮质和髓质。皮质分泌皮质激素可促进蛋白质、肝糖原的分解、抗刺激、抗过敏、促进钠、氯和水的重吸收,抑制对钾的重吸收。

髓质分泌肾上腺素和去甲肾上腺素。肾上腺素可以使心跳加强、加快,使小血管收缩,血压上升。去甲肾上腺素能使心跳增强,同时有收缩血管的作用。

(四)性腺

性腺是睾丸和卵巢分泌产生的雄性激素和雌性激素。

第二节　血液循环障碍常见的病理变化

血液和体液循环的主要功能是维持机体内环境平衡。但由于血液循环障碍常引起动物机体各脏器出现不同程度的病理变化和表现。其变化直接影响着肉品品质的优劣,食肉者的安全和人畜共患病及畜禽疫病的扩散和传染。所以正确地了解掌握并判断动物内脏器官的病理变化,是肉品品质检验人员必须掌握的基本知识和技能。

血液循环障碍是指机体受损害时,血液在心、血管内周而复始定向流动过程的障碍,表现血液成分和血管机能或结构的异常,往往给组织器官的生理功能和组织细胞结构造成严重的不良后果。

血液循环障碍分为全身性和局部性障碍两种。全身血液循环障碍发生于心功能衰竭,整个血管系统功能紊乱,使血液质和量的改变。局部性血液循环障碍是机体的某一部分或个别器官内血管的变化而引起的。如充血、贫血、出血等。

一、局部血液循环障碍

局部血液循环障碍可以从以下四方面的变化来讲。

（一）局部血量的异常

1. 充血

充血指由于小动脉扩张，机体局部组织或器官内动脉血的灌注量增多，引起动脉血含量增多，呈现红、肿、热、动脉搏动强，组织代谢和功能增强的变化。按充血的来源不同，分为动脉性和静脉性两种。

（1）动脉性充血（主动脉）：指流向器官或身体一定部位的血液增多，而静脉流出仍正常，简称充血。分生理性和病理性两种：

① 生理性充血：指器官组织活动性加强时，需要大量血液支配其功能，是一种正常的生理反应。如食后消化道充血。

② 病理性充血：是指在致病因子的作用下而引起的充血。如：a. 神经性充血：在物理性（冷、热、磨擦）、化学性（酸碱等）和生物致病因子作用下。如炎热的夏季长途运输即可导致皮肤充血。b. 侧枝性充血：发生于丧失了正常血液供应的器官和组织。c. 炎性充血：在致病因子刺激下，局部细动脉短暂地反射痉挛，细动脉和毛细血管扩张。d. 贫血后充血：指机体某部分因长期受压迫，使局部贫血，当压力突然除去时，该部动脉极度扩张引起充血。

充血的病理变化：小动脉和毛细血管扩张，使局部器官组织体积增大，呈鲜红色，局部温度升高。

（2）静脉性充血：静脉血液回流受阻，血液淤积于局部小静脉和毛细静脉血管内，致组织或器官含血量增加称静脉充血，又称淤血。

① 引起原因是静脉受压或静脉腔内阻塞，心功能不全（心力衰竭）、胸膜及肺脏的疾病，使肺循环障碍，右心室积血致静脉回流受阻可以引起机体各器官淤血。

② 静脉性充血的病理变化。

A. 急性淤血的器官体积增大，呈黑红、紫绀色，若发生在肺、胃、皮肤则伴有水肿。

B. 慢性淤血时，因缺氧和物质代谢障碍，实质细胞发生变性、萎缩、结缔组织增生，器官变硬（淤血硬化）。

淤血常发生于肺、肝、肾（常决定于淤血时间的长短）。在屠宰中常见到猪的肝淤血，肝体积增大、边缘钝圆、被膜紧张、质较实而脆、呈暗红色、切面多血。急性肝淤血，肝小叶呈暗红色，慢性肝淤血时，肝表面和切面均可见黄红相间（淤血与脂肪变性相间）状如槟榔肝的切面。故称“槟榔肝”或“豆蔻肝”。

2. 局部缺血

（1）定义：机体任何部位或器官的含血量不足称缺血，包括血液量减少或完全无血等一系列改变,因血液流出正常而流入不足引起。

(2)引起缺血的原因

① 压迫性缺血:发生于动脉血管受压时,如肿瘤、捆绑等。

② 闭塞性缺血:动脉管腔被栓子、血栓或血管内膜炎性增生而变厚、变窄或闭塞的结果。

③ 血管痉挛性缺血:见于动脉血管痉挛性收缩或寒冷、严重外伤及其他应激刺激引起血管痉挛收缩。

④ 侧枝性缺血:由于血液急骤地流入机体某部位,而在另外部位出现少血现象。

3. 梗死

(1)定义:由于动脉血流阻断引起相应部位的缺血性坏死称梗死。

(2)分类:根据梗死灶内含血量的不同,梗死可分为两种。

① 贫血性梗死(白色梗死),当动脉阻塞时,动脉分支发生痉挛性收缩,血液从梗死灶中排挤出去而呈现贫血状态(图 2－13)。多发生于心、肾、脑等器官。猪多发生肾贫血性梗死,其病变见新鲜梗死灶因吸收水分,局部稍肿胀,数日后梗死组织变干、变硬。梗死灶呈圆锥形,而切面是楔形、尖端指向闭塞的血管呈灰白色。

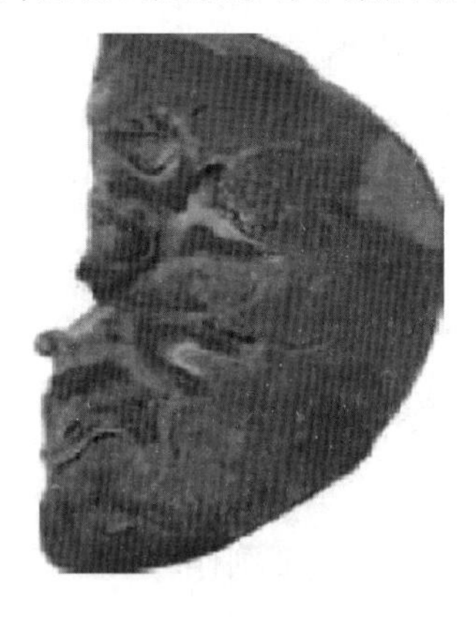

图 2－13　白色梗死

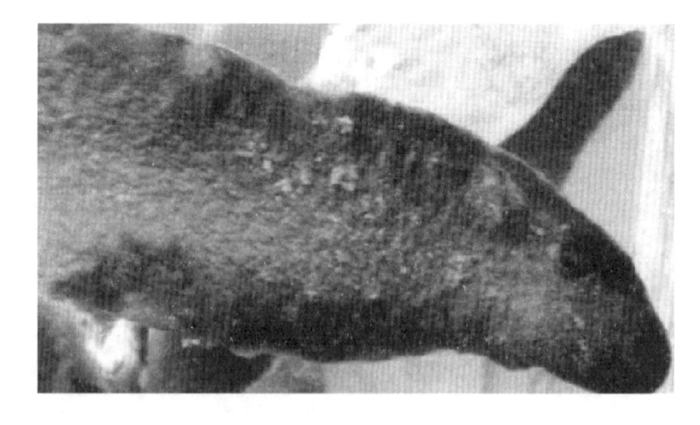

图 2－14　红色梗死

② 出血性梗死(红色梗死),梗死灶呈弥漫性出血,眼观表现暗红色,边界清楚(图 2－14)。多发生于肝、肺、肠道和脾脏。镜检见梗死区除组织坏死外,还有大量红细胞(出血)。

二、血液性质的改变

(1)血栓:血栓的形成是在心脏、血管内的血液某些成分形成固体团块的过程叫血栓形成,所形成的团块称血栓。

血栓形成主要决定于血管内膜的损伤,血液状态的改变(如血流缓慢或旋涡)及血流停滞这三方面的基本条件。

(2)栓塞:在循环的血流中有异常物质随血液运行至相应大小的血管而不能通过,引起血管腔阻塞的过程称栓塞,引起栓塞的异常物质称栓子,栓子运行的途径一般与血流方向一致,栓塞的种类很多,如血栓性栓塞、空气性栓塞、脂肪性栓塞、细菌性栓塞、寄生虫性栓塞等(砂粒肝、砂粒肺)。

三、血管通透性或完整性的改变

1. 出血

(1)定义:血液自心、血管腔逸出到体外、体腔或组织间隙称出血。

(2)分类:

① 按流出部位分:

内出血——血液流入体腔或组织间隙(如脑出血、内脏出血)

外出血——血液流出体外。

② 按机制划分:

破裂性出血:均使血管破裂,常见的病变如炎症和恶性肿瘤。

漏出性出血:如血小板减少症的患畜。

漏出性出血是由于毛细血管的通透性增高,血液通过扩大的内皮细胞间隙和受损的血管基底膜而漏出管腔外。

(3)出血的病理变化:

① 内出血:可以发生在机体内任何部位。有腹腔积血、心包积血、脑血肿、腹膜下血肿、皮下血肿等。在麻电时如果电压过高或电流过强,也可以使肺、肾、肌肉内出现点状出血,从而影响肉品质量。

② 外出血:使血量减少,造成机体大量缺血而死亡。

2. 水肿

(1)定义:在组织间隙内组织间液的异常增多称水肿。

(2)分类:积水和浮肿两种。

① 积水:组织间液在胸腔、心腔、腹腔、脑室等的浆膜腔内称积水。

② 浮肿:水肿发生于皮下时称浮肿。

(3)引起水肿原因:有毒、有害物质化学介质使微血管壁的通透性增高;淋巴回流受阻,淋巴液淤积;水、钠潴留及组织胶体渗透压升高,增强嗜水性等因素均可引起水肿。

(4)水肿的病理变化:

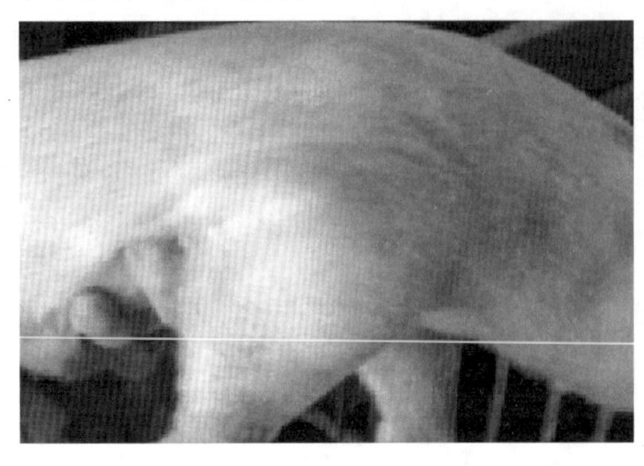
图 2－15　皮肤水肿

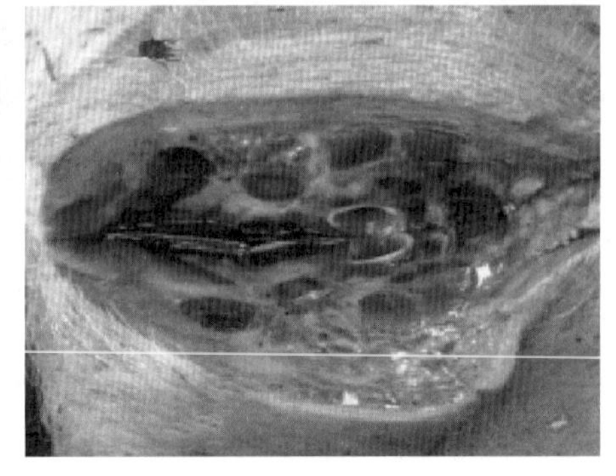
图 2－16　结蹄组织水肿

① 皮肤水肿:见皮肤变厚、肿胀,似面团状,指压留下压痕(图 2－15)。

② 肌肉结缔组织水肿:皮下结缔组织呈现黄白色胶冻状,并流出淡黄色透明液(图 2－16)。

③ 黏膜水肿:见黏膜呈局限性弥漫性肿胀呈水泡。

④ 肺水肿:体积增大、重量增加、色苍白,如同时存在淤血时,则呈暗红色。切面灰黄色或暗红色,有泡状液体流出。肺门淋巴结潮红、肿胀、湿润。

四、细胞和组织损伤与修复

1. 坏死

(1)定义:活机体内局部细胞和组织的病理性死亡称坏死。它是组织细胞物质代谢障碍的最严重表现,是一种不可复性的严重变质性病变。可发生在整个肢体或器官的一部分,也有时只发生于部分组织或细胞。

(2)坏死的种类和病理变化:一般坏死组织缺乏光泽、比较浑浊,丧失正常的弹性,手控或切断后组织回缩不良。

① 凝固性坏死:主要是缺血所造成的坏死。使组织蛋白发生凝固,水分被吸收,呈现出灰白色或灰黄色,质地干燥坚实、无光泽,病健界限清楚。如肾脏的贫血性梗死,结核病病灶的干酪样坏死和血肌病横纹肌蜡样坏死。

② 液化性坏死:多是坏死组织含水分多或是溶解酶的作用使组织发生溶解液化所致成液化性坏死。如化脓就是常见的液化性坏死。常见于中枢神经系统,如因脑、骨髓含蛋白质及凝固酶较少,而含水分和磷脂类物质多,而组织坏死不易凝固而所致。脑组织坏死(又称脑软化)。

③ 坏疽:坏疽是坏死组织受外界环境影响,坏死灶继续被腐败菌感染而所致。多发于体表或与外界相通的内脏器官(消化道、呼吸道)。分为干性坏疽(皮肤),湿性坏疽(消化道、呼吸道),气性坏疽(深部组织创伤,如阉割、刺伤)。

2. 萎缩

萎缩指已经发育正常的组织器官，由于病因作用使细胞体积缩小和数量减少，导致组织器官的体积缩小，功能减退的病理状态称萎缩。萎缩时其组织、器官的机能降低或消失。器官的萎缩是由组成器官的主质细胞体积变小或减少所致。分为生理性萎缩和病理性萎缩两种。

（1）生理性萎缩：随年龄的增长、发育、某些组织、器官的生理功能减退和代谢过程逐渐降低所发生萎缩。如动物生长发育停止时生理状态的萎缩；母畜的子宫、乳腺，公畜的睾丸等萎缩。

（2）病理性萎缩：指组织和器官受某些致病因子的作用所发生的萎缩，与年龄和发育无关。病理性萎缩又分为全身性和局部性两种。

① 全身性萎缩：由于长期饲料不足，严重的慢性消耗性疾病，慢性消化道疾病、寄生虫病、造血器官疾病等所引起机体各器官和组织所呈现的不同程度萎缩。

② 局部性萎缩：由局部原因引起的。在神经受伤时会发生神经性萎缩；局部血液循环障碍可引起血管源性萎缩；内分泌机能障碍可引起内分泌性萎缩。如卵巢摘除或患病会使子宫与外生殖器萎缩；因压迫而发生压迫性萎缩，如慢性肝淤血时，肝的毛细血管长期压迫而引起肝萎缩。

第三节　炎　症

炎症：动物机体对抗病因损伤促进组织修复的以防御为主的血管应答与细胞应答。其典型临床表现为发炎组织红、肿、热、痛和机能障碍。炎症是一种常见的病理过程。

一、炎症的局部病理性变化

无论何种炎症，其局部都有变质、渗出和增生三种基本病理变化。一般早期以变质、渗出变化为主，后期以增生为主。

（1）炎症的变质：炎症的局部组织发生的变性和坏死称变质。

① 实质细胞变质：常见颗粒变性、水泡变性、脂肪变性和坏死。

② 间质细胞变质：常见间质黏性变性、透明变性、淀粉变性和胶原变性（肿胀、断裂和溶解）。

（2）炎症的渗出：炎症局部组织血管内的液体、蛋白质和白细胞通过血管壁进入间质和浆膜腔或体表、黏膜表面的过程称渗出。渗出的成分在局部具有防御作用，也是炎症的重要标志。

(3)炎症的增生:炎症区损伤组织的修复过程。当炎症后期或由急性转为慢性时,增生性变化往往是炎症的突出表现。

二、炎症的分类与病理变化

炎症一般分为急性炎症和慢性炎症两大类。

急性炎症:起始急、时间短、局部症状明显,常以渗出性变质为主。

慢性炎症:病程时间长、发展缓慢,是致病因子持续存在并损伤组织的根本原因。

(一)急性炎症

1. 急性炎症的病理变化

(1)血管反应及血液动力学的改变:主要表现局部呈炎性充血(动脉充血),以后血流速度缓慢,呈现淤血至血停滞。

(2)渗出液和渗出物:有浆液性渗出液、纤维素性渗出液和细胞性渗出物。

2. 急性炎症的细胞反应

在急性炎症过程中,炎灶内所渗出的细胞是以中性粒细胞为主,嗜酸性粒细胞和单核细胞也参与。

(1)中性粒细胞:在炎症早期最先出现,特别是化脓性细菌感染时中性粒细胞特别多。该细胞活动能力强,主要是吞噬细菌,也能吞噬小的组织碎片。

(2)嗜酸性粒细胞:具有变形运动能力,在炎症早期可以游出。如猪在食盐中毒时,脑骨髓液及脑内血管的周围可见嗜酸性粒细胞增多。

(3)单核细胞:炎灶中的单核细胞主要来自循环血液中的单核细胞。当单核细胞进入炎灶之后,中性粒细胞逐渐消失。它能运动、能吞噬病原体及中性粒细胞,不能吞噬较大的组织碎片、异物。还参与特异的免疫反应。

3. 急性炎症的分类

急性炎症以渗出性变化为主,按渗出物所含蛋白质的质和量以及其中有形成分含量不同可分为:

(1)浆液性炎:以渗出大量浆液为特征的炎症(见图2-17)。

皮肤发生浆液性炎时,皮肤常形成疹样结节或水泡,高出皮肤表面。如口蹄疫、痘症、烧伤等。

浆膜发生浆液性炎时,可见浆膜血管充血、粗糙、无光泽、有大量的淡黄色稍浑浊的浆液蓄积在浆膜腔中形成积液。如:胸腔积液、心包腔积液。

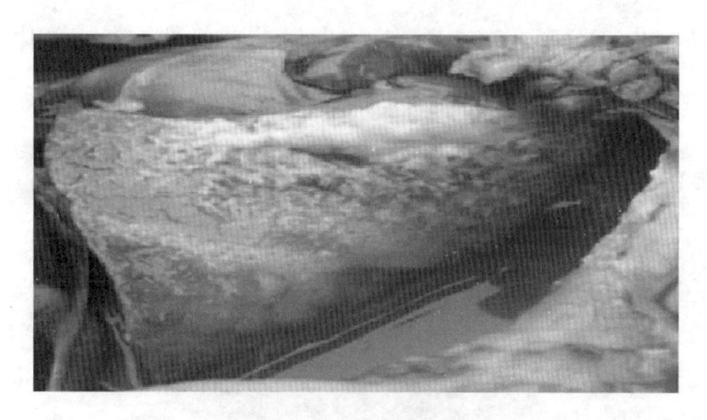

图2－17　浆液性炎症

（2）纤维素性炎：特点是渗出物主要为大量纤维蛋白，多发生在黏膜、浆膜和肺等部位。按炎症组织坏死程度又可分为浮膜性炎和固膜性炎。

① 浮膜性炎：发生于黏膜浆膜表层的纤维素性炎（图2－18）。如牛的纤维素性肠炎，牛、猪肺疫等传染病呈现出纤维素性肺炎。

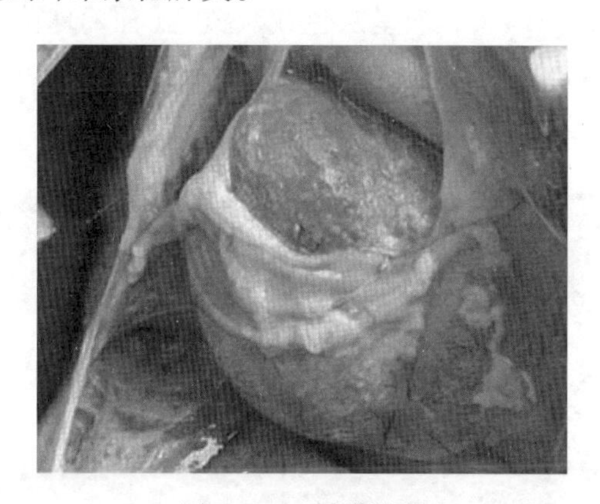

图2－18　浮膜性炎

② 固膜性炎：一种发生于黏膜深层的纤维素渗出为主的炎症（又称纤维素性坏死炎）。常发生在肠道。如猪瘟的肠黏膜“纽扣状”溃疡（图2－19a）、副伤寒的肠“糠肤状”溃疡（图2－19b）。

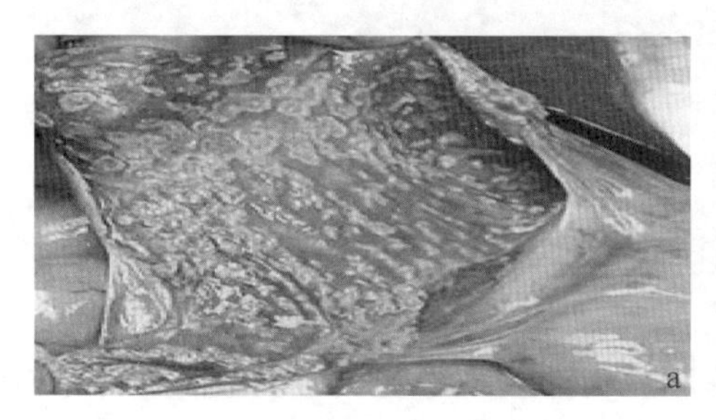

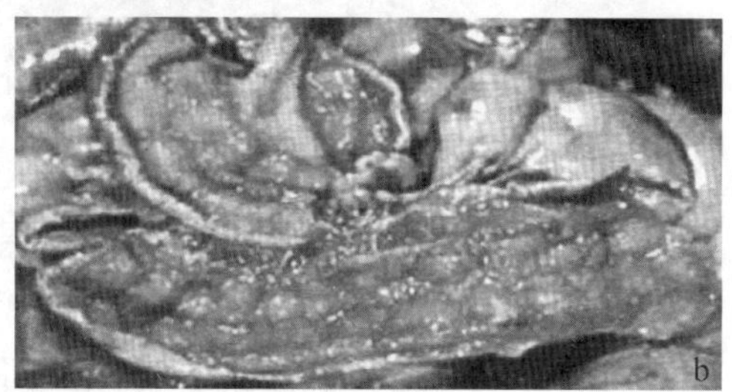

图2－19　固膜性炎（a.“纽机状”溃疡；b.“糠肤状”溃疡）

（3）卡他性炎：常发生于黏膜的，以大量渗出物流出为特征的一种炎症（图2－20）。渗出物是浆液和黏液,其中也有脱落的上皮组织和少量的白细胞,常见消化道和呼吸道。如猪瘟、流感,也有吸入刺激性气体。

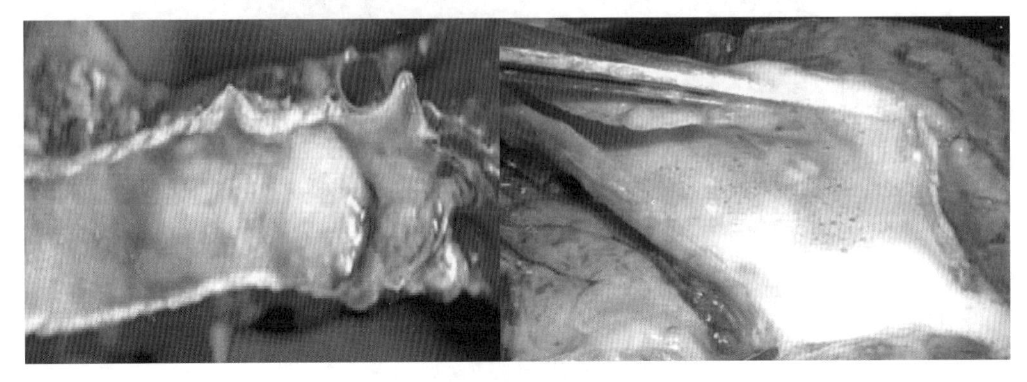

图 2－20　卡他炎症

(4)化脓性炎:渗出液中含有大量的嗜中性粒细胞并伴有不同密度的组织坏死和脓液形成为特征的一种炎症(图 2－21)。脓液呈灰色或灰黄色(葡萄球菌)且混浊,有的呈浅绿色的凝乳状(见于绿脓杆菌感染),也有的稀薄(见链球菌感染),还有的有恶臭味(见于腐败菌感染)。

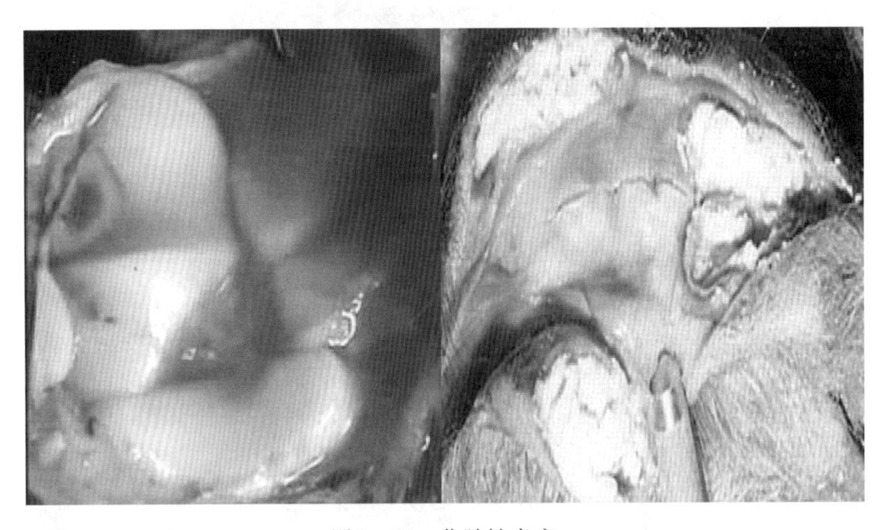

图 2－21　化脓性炎症

根据发生的部位可分为五种类型:

① 脓肿:主要由金黄色葡萄球菌感染引起,发生有局限性,如皮肤和内脏(肺、肝、肾、心、脑等)。

② 蜂窝织炎:多由链球菌感染引起,指皮下和肌肉间的结缔组织所发生的一种弥漫性化脓性炎症。发展迅速与周围正常组织无明显的分界。

③ 表面化脓或蓄脓:化脓只向组织表面渗出,而不向深部组织浸润。如化脓性尿道炎、

化脓性支气管炎。

④ 出血性炎：指有大量红细胞渗出为主要特征的炎症。所以渗出液呈血红色，严重时炎症区组织均呈血红色。它多和其他炎症混合感染，如组织素性出血炎。

动物多发生于各种传染病、中毒和真菌性疾病。如炭疽、猪瘟、巴氏杆菌病等。

⑤ 坏死性炎：以组织变质、坏死为主要特征的炎症称坏死性炎。如恶性口蹄疫的心肌炎、见心肌纤维坏死。

（二）慢性炎症

(1)定义：病程经过的时间长，发展缓慢的炎症称慢性炎症。

(2)原因：致病菌持续存在并损伤组织。

(3)慢性炎症的形态特征。

① 组织增生：主要是间质内纤维结缔组织的增生，这是器官的实质成分破坏后出现的修复过程，也是肉芽组织形成的基础。

② 炎症中的细胞：除了上纤维细胞外，还有巨噬细胞、上皮细胞、多核巨细胞和淋巴细胞等。

(4)慢性炎症的类型：慢性炎症以组织增生为特征。根据增生形态又可分为非特异性和特异性两大类：

① 非特异性炎症：增生的组织在形态结构上无特殊性。只是组织损伤修补的过程，增生的纤维结缔组织是早期一些幼稚的肉芽组织，以后逐渐成熟，成为细胞稀少、富有胶原纤维的疤痕组织，从而使局部硬化和皱缩，如慢性间质性肾炎、肝片吸虫引起的慢性肝炎。

② 特异性炎症：局部主要由巨噬细胞增生构成境界清楚的结节病灶为特征的慢性炎症。如结核结节。

三、炎症的结局

炎症的结局主要决定于机体的抵抗力和反应特性，致炎因子的性质、刺激强度、作用时间长短等因素。

1. 消散

清除致炎因子，少量的坏死物和渗出物被溶解吸收。炎区净化后，轻度损伤的组织通过周围健康细胞的再生达到修复。如急性支气管炎的痊愈。

2. 肉芽组织增生或机化

在炎症过程中，如炎性灶的坏死范围较广，则由肉芽组织修复，留下疤痕，不能完全恢复组织原有的结构和功能。如心包腔、胸腔、腹腔内的渗出物，吸收缓慢，则从周围组织增生的纤维结缔组织可侵入,将渗出物机化,形成粘连。如肺和胸腔粘连等。

3. 迁延不愈,转为慢性

因致炎因子不能在短期内清除,仍存在于机体内并不断损伤组织,使炎症不能愈好,使急性转为慢性。

4. 蔓延扩散,形成败血症

在机体抵抗力下降或病原微生物毒力强、数量多的情况下,病原微生物又不断繁殖,并直接沿组织间隙向周围组织、器官蔓延或经淋巴、血液向全身扩散,引起败血症、脓毒症、毒血症、虫血症等。

(1)败血症:病原菌在机体的局部感染后,不断繁殖并进入血液,在血液中继续繁殖,产生毒素,引起各实质器官的严重病变与全身反应的综合征。

(2)脓毒败血症:由化脓菌引起的败血症可进一步发展成脓毒败血症。在一定的器官形成脓肿,如肺脓肿、肝脓肿、肾脓肿。

(3)菌血症:病原菌经过血液到达各个器官过程中,血液中出现一次性病原菌,它不在血液中生长繁殖,称菌血症。病原若为寄生原虫称为虫血症。

(4)毒血症:病原菌在机体的局部生长时产生的毒素进入血液到达全身,引起中毒症状称毒血症。临床上出现高烧、寒战等中毒症状。同时伴有心、肝、肾的坏死,严重时还会出现中毒性休克。

第四节　宰前检验与处理

屠宰的生猪自进厂到屠宰前所实施的兽医卫生检验及处理称宰前检验和处理。宰前检验与宰中检验互补,是缺一不可的重要内容。

一、宰前检验的意义

宰前检验和处理是保证肉品卫生质量的重要环节之一,通过宰前检验贯彻执行病、健隔离,病、健分宰;降低死亡率、减少损失;防止肉品污染。通过宰前检验可以检出宰中难以发现的人畜共患病和家畜疾病(如狂犬病、破伤风、中毒性疾病),防止疫病的传播。

二、宰前检验程序和要点

猪宰前检验的重点在于发现口蹄疫、猪水泡病、猪瘟、非洲猪瘟、猪丹毒、猪肺疫、炭疽、猪链球菌病、猪高致病性蓝耳病。

1. 宰前检验程序和方法

(1)进厂检验:包括验收检验;病、健分群和个体检查。

(2)待宰检验:包括圈存检验和急宰检验,在待宰检验的健康猪群中再仔细观其外貌和精神状态。

(3)送宰检验:为了最大限度地控制病猪进入屠宰环节。

(4)急宰检验:必要时开出急宰证明送去急宰。

2. 宰前检验的方法

一般采用群体检验和个体检验相结合的方法,通常是用看、摸、听、检四种方法进行。

群体检验:观察其静态、动态、采食饮水情况(图2-22)。

个体检验:对群检剔除出的可疑猪只检查其精神状态和姿势、呼吸状态、可视黏膜、皮肤和被毛、口腔及饮食状态、排泄、体温等。

方法:

(1)看:看神经状态、皮毛、姿态步样、呼吸以及采食情况。

(2)听:听嘶叫声、咳嗽声、呼吸声。

(3)摸:用手去触摸猪体各部位,如皮肤、耳根、尾根和胸腹部。

(4)检:主要指对可疑猪进行测体温,这对早期诊断和发现传染病有重要的作用。

图2-22 群体检查

三、宰前检验后的处理

根据检验的结果,按照"预防为主"和"就地处理"的原则,分别处理。范围包括病猪、尸体、圈舍、场地、分泌物、排泄物及运输工具、被污染物的处理。

1. 准宰

经检验认为健康合格的猪只准于屠宰。

2. 禁宰

被确诊为患有恶性传染病或国家规定应销毁的病死畜禽根据《农业农村部关于做好动物疫情报告等有关工作的通知》(农医发〔2018〕22 号)和《病死及病害动物无害化处理技术规范》(农医发〔2017〕25 号)的有关规定处理,限制移动,禁止常规宰杀。

按规程中与猪有关的同群猪全部隔离观察测温。凡恶性传染病的、体温正常的应指定地点屠宰。体温不正常的隔离观察,直到确诊为非恶性传染病时方可屠宰。

3. 急宰

确认为无碍肉品卫生的普通病患猪及一般传染病而有死亡危险的,可签发急宰证书,送急宰间急宰;凡有恶性传染病或国家规定销毁处理的同群猪,在体温不高的情况下,可在急宰间集中进行屠宰,肉品经无害化处理后利用。

4. 缓宰

经检查确认为一般性传染病或其他疾病具有治愈的可能,或有疑似传染病而未确诊的猪只可缓宰,但必须考虑有无隔离条件和经济价值。

5. 物理性致死畜尸的处理

凡物理性致死的畜尸,如挤压、水淹、触电、斗殴等造成死亡的畜尸,经检肉质良好,并在死后 2 h 内取出全部内脏,其胴体经无害化处理后可供食用。

6. 记录

将当日的检验结果和处理情况详细记录、统计。

7. 报备

发现传染病特别是恶性传染病(如口蹄疫、非洲猪瘟),要立即向主管上级和驻场官方兽医报告疫情,并采取必要的限制措施。

第五节　宰后检验与处理

一、宰后检验的意义

宰后检验是宰前检验的继续,对保证肉品卫生质量,防止人畜共患病的传播,保证食肉安全具有重要意义。宰后检验是应用动物病理学和实验室诊断技术,在宰后屠宰解体的状态下直接观察胴体、脏器呈现出的病理变化和异常现象,进行综合判断。因而是检出有害肉品和劣质肉的主要手段。

二、宰后检验的基本方法和要求

1. 方法

以感官检验和剖检检验为主,必要时辅助于实验室检验(细菌学、血清学、组织病理、理化等)相结合的综合方法。

(1)视检:观检屠体皮肤、肌肉、胸腹膜、脂肪、骨、关节、天然孔及各脏器的色泽、大小、形态和组织性状等是否正常。如猪丹毒、猪瘟。

(2)剖检:借助检验工具剖开胴体和脏器的受检部位或应检部位,检查深层的组织和应检部位有无异常。通过对淋巴结、肌肉的剖检确诊其正常与病变状态。

(3)触检:借助检验工具触压或用手去触摸,以判断组织器官的弹性和软硬度。

(4)嗅检:用鼻子去闻各种气味来判断。

2. 检验要求

因为宰后检验不同于一般的尸体检验,它是在生产流水作业线上瞬时对屠畜健康状况作出较准确的判断。因此要求检验人员必须具有广泛的专业知识和熟练的操作技术,而且还必须具备高度的责任心,既不能漏检,也不能错检或不检。在检验时还必须做到以下几点:

(1)检验人员必须遵循一定的程序和顺序,迅速准确地检验胴体和器脏,不能漏检和错检,更不能不检。

(2)为保证肉品卫生质量和商品价值,检验必须在规定部位,不能随便乱切刀口,损坏商品完整性,防止刀口被污染。

(3)肌肉应顺肌纤维切开。不能横断、造成哆开,招致细菌侵入。

(4)应检淋巴结纵向切开。发现不明显病变时,应将淋巴结摘下,纵向切开观察。

(5)当切开病变器官或组织部位时,要防止病变组织污染产品,场地、设备、器材和手臂(检验人员配备两套刀具,以便消毒用)。

(6) 检验人员在检验中要认真仔细,并注意做好自我防护。

三、宰后检验程序

猪的宰后检验一般分为以下几个环节:头部检验、体表检验、内脏检验、胴体检验、寄生虫检验、摘除有害腺体、实验室检验、宰后复检、宰后检验结果处理。

1. 头部检验

(1)剖检两侧的下颌淋巴结。主要检验猪的局部性咽型炭疽、结核病和淋巴结化脓。其病理变化见炭疽病和结核病。方法在放血后进行，沿放血刀口切开(图2－23)。

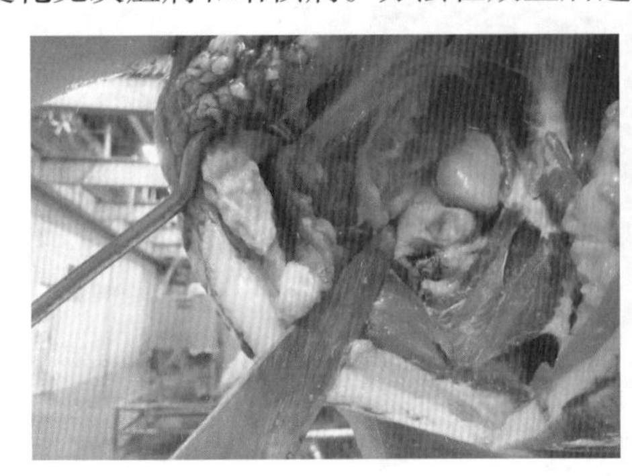
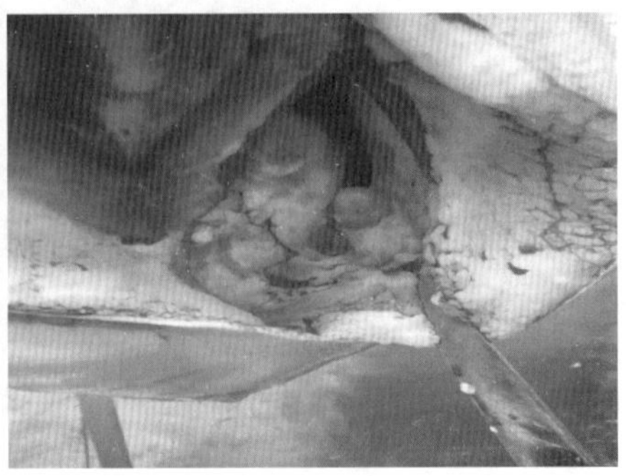

图2－23　左右两侧下颌淋巴结剖检

(2)剖检头部的两侧咬肌，主要检查猪囊虫(图2－24)。

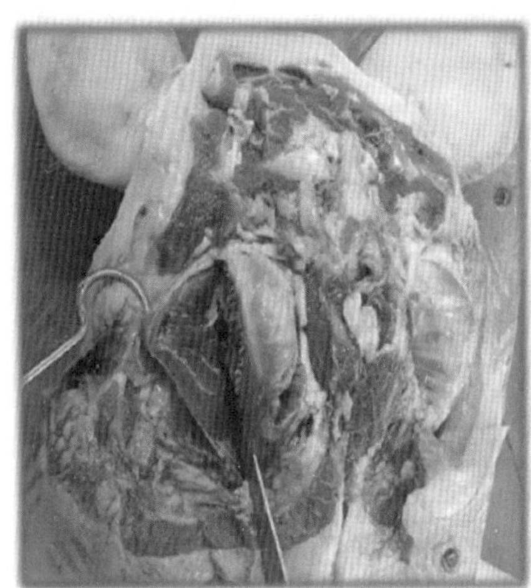
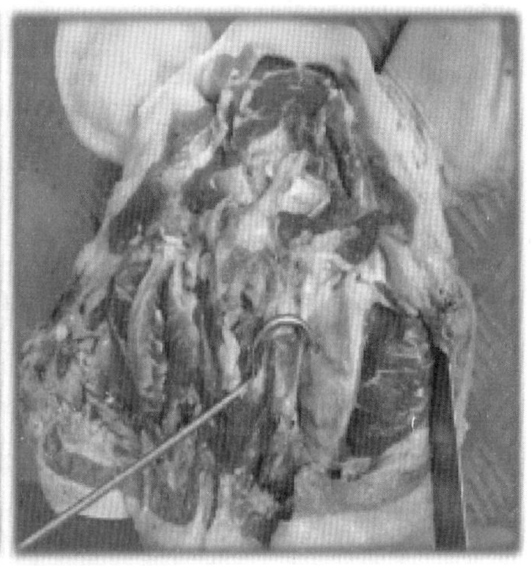

图2－24　猪囊尾蚴病

(3)注意观察鼻盘、唇、齿龈及眼结膜，主要检口蹄疫。口蹄疫病见图2－25。

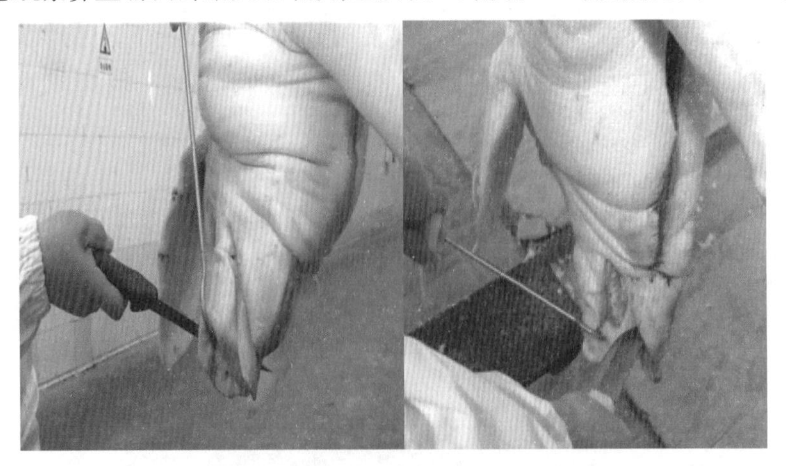

图2－25　口蹄疫病

2. 体表检验

在烫毛后，解体前进行检查，目的是检查传染病（如：猪丹毒、猪瘟、口蹄疫），如果是传染病即时作记号或剔出。其次是检查皮肤色素沉淀、皮肤机械损伤、湿疹、虫叮咬，如毛及毛根和修割面是否符合 GB 9959. 1—2001《鲜、冻片猪肉标准》，（图 2－26、2－27、2－28）。

图 2－26　体表检查

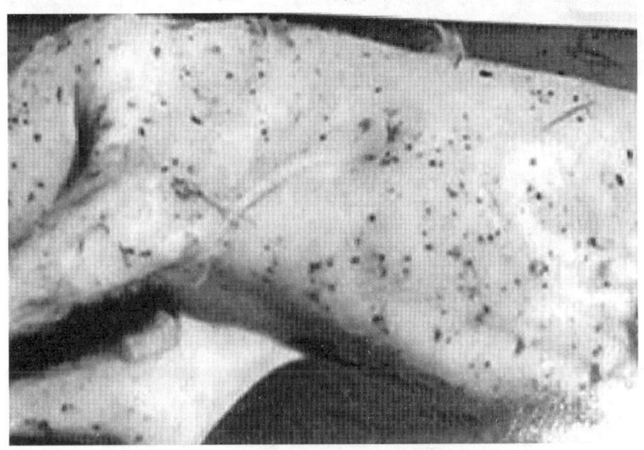

图 2－27　猪瘟皮肤表面点状出血

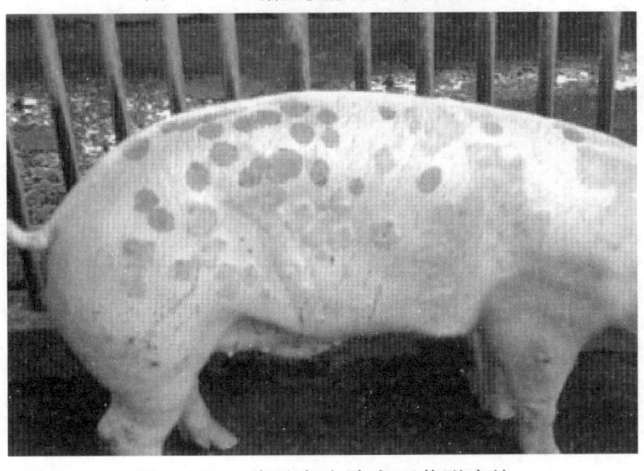

图 2－28　猪丹毒皮肤表面菱形疹块

3. 内脏检验

开膛后进行，先是脾脏、肠系膜、胃，其次是心、肝、肺、肾、肠、膀胱。

（1）脾脏检查：左手从猪右侧进入，在胃的侧面提出脾脏，视其形态、大小及色泽、弹性、硬度（图2－29）。注意脾炭疽和猪瘟、脾病变。

图2－29 脾脏检查

（2）肠系膜淋巴结病理变化（图2－30）。

① 猪瘟肠系膜淋巴结病变见猪瘟病。

② 肠型炭疽：症状见炭疽病。

③ 肠系膜结核（多由禽型结核杆菌所引起），其病变特征是淋巴呈不同程度的肿大、坚实，有一个以上较大而硬的干酪样区。

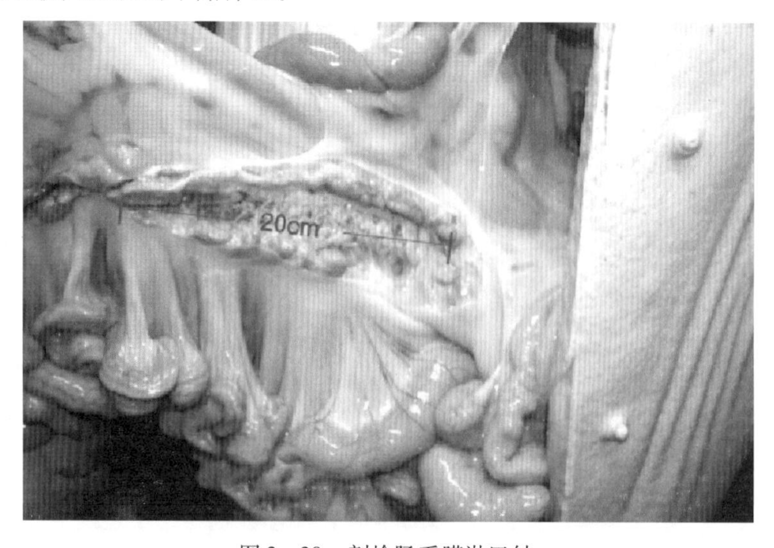

图2－30 剖检肠系膜淋巴结

(3)胃、肠、膀胱检查,以病变状态定病。

4. 胴体检验

(1)腹股沟浅淋巴结,在最后一对乳头稍上方的皮下脂肪内中,它主要是收集猪体后半部下方和侧方的表层组织及乳房,外生殖器官的淋巴液。必要时剖检位于腹主动脉分出髂外动脉附近,旋髂深动脉起始部前方的髂内淋巴结。(图2－31)

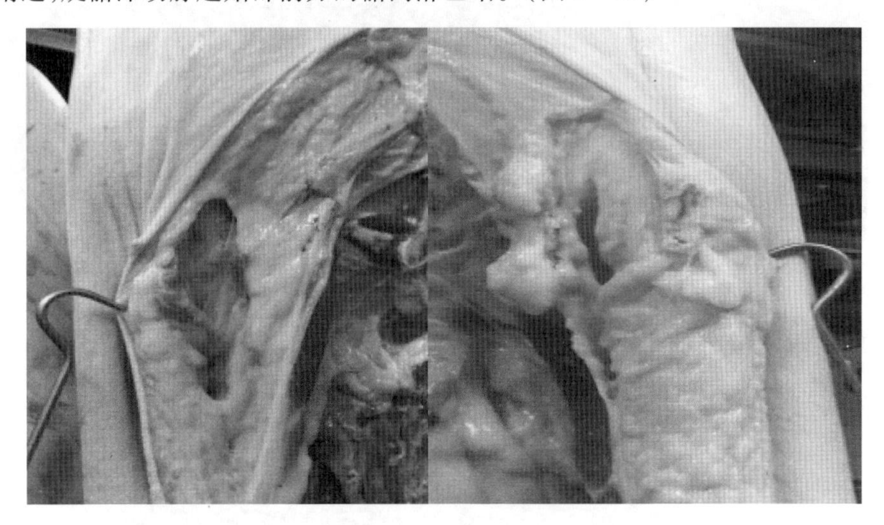

图2－31　左右腹股沟浅淋巴结

(2)肾:位于腹腔脂肪内(腹膜外的脂肪囊内),在前四腰椎横突的下面(图2－31)。

肾常见的病变:

① 肾淤血多由猪肺病等传染病引起,也见于长途运输、疲劳或饲养管理不善、放血不良等情况引起。见肾脏稍肿大,表面是暗红色或蓝紫色、切面流出多量暗红色血液、皮质部呈红黄色、髓质部呈暗紫色,两层界线明显。

处理:轻度淤血,高温处理后出厂;严重的化制;患传染病应按传染病处理。

② 肾出血见于猪瘟、猪丹毒等传染病。见肾表面和切面存散发的点状出血。

患猪瘟的猪的肾一般不肿大,色淡或呈土黄色(贫血肾),出血点可见肾的任何部分。多少与出血点大小都不一样。

患猪丹毒的猪的肾脏稍肿大,肾出血一般表现在肾的皮质部,肾充血而色鲜,出血点大小均匀。

处理:一般的轻度出血、数量很少则可不受限制出厂,出血点较多,应高温处理。严重的出血点,由于传染病、败血病、中毒引起的肾出血,按各种疾病的规定处理。

③ 肿瘤、癌变的全部销毁。

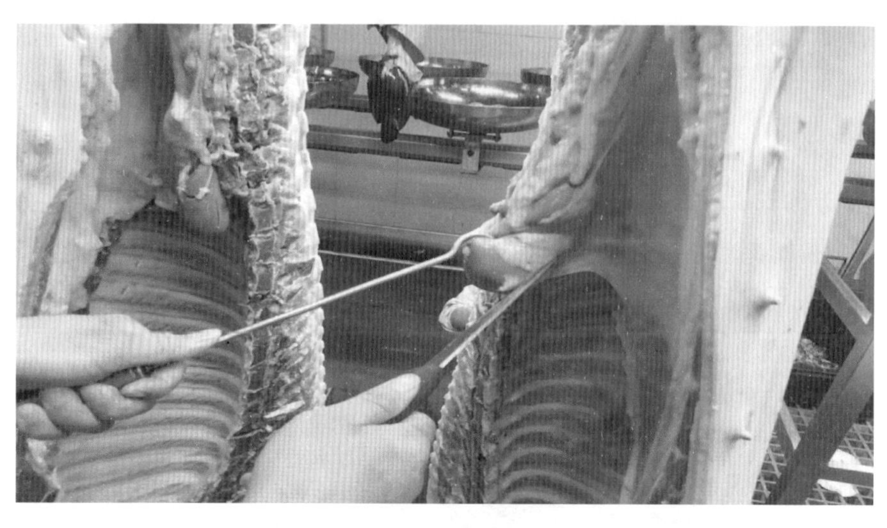

图 2－32　肾脏检查

（4）腰肌：位于腰椎内脊柱两侧，主要是检猪囊虫病（图 2－33）。

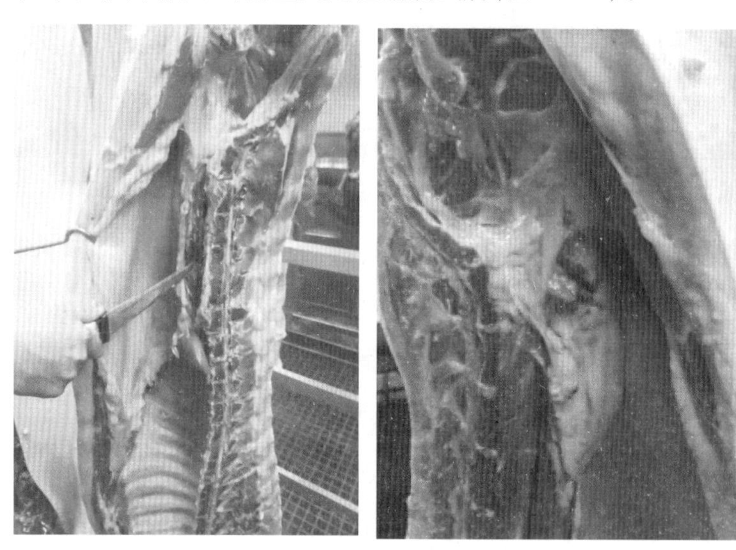

图 2－33　左右两侧腰肌检查

5. 寄生虫检验

主要检验旋毛虫（图 2－34）。在膈肌角采样不少于 30 g，在日光灯下撕去表面的肌膜，眼观如果有针尖大小发亮的小圆点，用眼科剪剪下、压片、低倍镜检（图 2－35），见横纹肌中有螺旋的虫体。

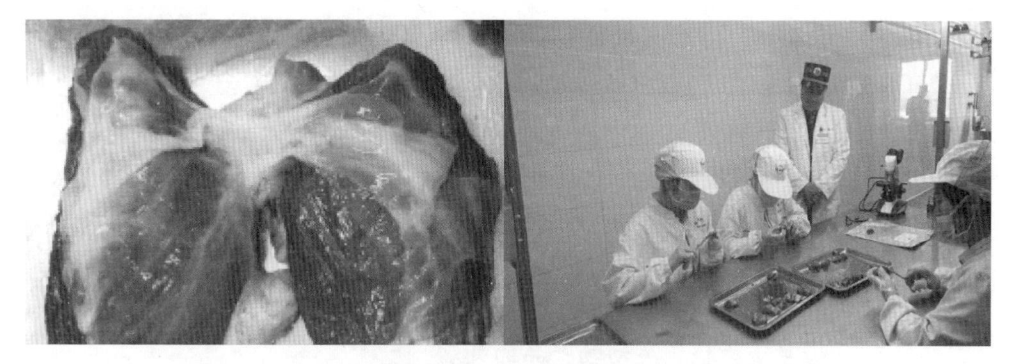

图2-34　旋毛虫检查

图2-35　旋毛虫镜检

6. 实验室检验

7. 复检

对前面胴体各环节的检验判定再仔细的进行一次全面的复查，其目的是最大限度的控制有害肉和劣质肉出厂。

8. 盖章

根据综合判断结果，盖以合格章、高温章、销毁章、非食用章、化制章、复制章。盖检印所用的颜料和化学药品要符合对人体无害、易于印染在组织表面、颜色鲜艳、快干且不起皱、烹调或加工时易于褪色等原则。

四、宰后检验的处理

（一）宰后检验的处理原则

1. 准予食用

（1）必须是保证食用安全无害，保障人类健康。

（2）有利于防止动物疫病传播；防止人畜共患病的传染。

(3)胴体、内脏经检,综合判断,符合 GB 9959.1—2001《鲜、冻片猪肉》和 GB 9959.2—2001《分割鲜冻猪瘦肉》标准,盖合格章后方可出厂。

2. 无害化处理

对于国家规定的染疫动物及其产品、病死毒死或者死因不明的动物尸体、经检验对人畜健康有危害的动物和病害动物产品、国家规定的其他应该进行无害化处理的动物和动物产品,应根据《病死及病害动物无害化处理技术规范》(农医发〔2017〕25 号)进行无害化处理。

(二)病死及病害动物和相关动物产品的处理

1. 焚烧法

适用对象:国家规定的染疫动物及其产品、病死或者死因不明的动物尸体,屠宰前确认的病害动物、屠宰过程中经检疫或肉品品质检验确认为不可食用的动物产品,以及其他应当进行无害化处理的动物及动物产品。

(1)直接焚烧法

① 技术工艺

A. 可视情况对病死及病害动物和相关动物产品进行破碎等预处理。

B. 将病死及病害动物和相关动物产品或破碎产物,投至焚烧炉本体燃烧室,经充分氧化、热解,产生的高温烟气进入二次燃烧室继续燃烧,产生的炉渣经出渣机排出。

C. 燃烧室温度≥850℃。燃烧所产生的烟气从最后的助燃空气喷射口或燃烧器出口到换热面或烟道冷风引射口之间的停留时间≥2 s。焚烧炉出口烟气中氧含量应为 6% ~10%(干气)。

D. 二次燃烧室出口烟气经余热利用系统、烟气净化系统处理,达到 GB 16297 要求后排放。

E. 焚烧炉渣与除尘设备收集的焚烧飞灰应分别收集、贮存和运输。焚烧炉渣按一般固体废物处理或作资源化利用;焚烧飞灰和其他尾气净化装置收集的固体废物需按 GB 5085.3 要求作危险废物鉴定,如属于危险废物,则按 GB 18484 和 GB 18597 要求处理。

② 操作注意事项

A. 严格控制焚烧进料频率和重量,使病死及病害动物和相关动物产品能够充分与空气接触,保证完全燃烧。

B. 燃烧室内应保持负压状态,避免焚烧过程中发生烟气泄露。

C. 二次燃烧室顶部设紧急排放烟囱,应急时开启。

D. 烟气净化系统,包括急冷塔、引风机等设施。

(2)炭化焚烧法

① 技术工艺

A. 病死及病害动物和相关动物产品投至热解炭化室，在无氧情况下经充分热解，产生的热解烟气进入二次燃烧室继续燃烧，产生的固体碳化物残渣经热解炭化室排出。

B. 热解温度≥600℃，二次燃烧室温度≥850℃，焚烧后烟气在850℃以上停留时间≥2 s。

C. 烟气经过热解炭化室热能回收后，降至600℃左右，经烟气净化系统处理，达到GB 16297要求后排放。

② 操作注意事项

A. 应检查热解炭化系统的炉门密封性，以保证热解炭化室的隔氧状态。

B. 应定期检查和清理热解气输出管道，以免发生阻塞。

C. 热解炭化室顶部需设置与大气相连的防爆口，热解炭化室内压力过大时可自动开启泄压。

D. 应根据处理物种类、体积等严格控制热解的温度、升温速度及物料在热解炭化室里的停留时间。

2. 化制法

适用对象：不得用于患有炭疽等芽孢杆菌类疫病，以及牛海绵状脑病、痒病的染疫动物及产品、组织的处理。其他适用对象同焚烧法。

(1)干化法

① 技术工艺

A. 可视情况对病死及病害动物和相关动物产品进行破碎等预处理。

B. 病死及病害动物和相关动物产品或破碎产物输送入高温高压灭菌容器。

C. 处理物中心温度≥140℃，压力≥0.5 MPa(绝对压力)，时间≥4 h(具体处理时间随处理物种类和体积大小而设定)。

D. 加热烘干产生的热蒸汽经废气处理系统后排出。

E. 加热烘干产生的动物尸体残渣传输至压榨系统处理。

② 操作注意事项

A. 搅拌系统的工作时间应以烘干剩余物基本不含水分为宜，根据处理物量的多少，适当延长或缩短搅拌时间。

B. 应使用合理的污水处理系统，有效去除有机物、氨氮，达到GB 8978要求。

C. 应使用合理的废气处理系统，有效吸收处理过程中动物尸体腐败产生的恶臭气体，达到GB 16297要求后排放。

D. 高温高压灭菌容器操作人员应符合相关专业要求，持证上岗。

E. 处理结束后，需对墙面、地面及其相关工具进行彻底清洗消毒。

(2)湿化法

① 技术工艺

A. 可视情况对病死及病害动物和相关动物产品进行破碎预处理。

B. 将病死及病害动物和相关动物产品或破碎产物送入高温高压容器，总质量不得超过容器总承受力的五分之四。

C. 处理物中心温度≥135℃，压力≥0.3 MPa(绝对压力)，处理时间≥30 min(具体处理时间随处理物种类和体积大小而设定)。

D. 高温高压结束后，对处理产物进行初次固液分离。

E. 固体物经破碎处理后，送入烘干系统；液体部分送入油水分离系统处理。

② 操作注意事项

A. 高温高压容器操作人员应符合相关专业要求，持证上岗。

B. 处理结束后，需对墙面、地面及其相关工具进行彻底清洗消毒。

C. 冷凝排放水应冷却后排放，产生的废水应经污水处理系统处理，达到 GB 8978 要求。

D. 处理车间废气应通过安装自动喷淋消毒系统、排风系统和高效微粒空气过滤器(HEPA 过滤器)等进行处理，达到 GB 16297 要求后排放。

3. 高温法

适用对象：不得用于患有炭疽等芽孢杆菌类疫病，以及牛海绵状脑病、痒病的染疫动物及产品、组织的处理。

(1)技术工艺

① 可视情况对病死及病害动物和相关动物产品进行破碎等预处理。处理物或破碎产物体积(长×宽×高)≤125 cm^3(5 cm×5 cm×5 cm)。

② 向容器内输入油脂，容器夹层经导热油或其他介质加热。

③ 将病死及病害动物和相关动物产品或破碎产物输送入容器内，与油脂混合。常压状态下，维持容器内部温度≥180℃，持续时间≥2.5h(具体处理时间随处理物种类和体积大小而设定)。

④ 加热产生的热蒸汽经废气处理系统后排出。

⑤ 加热产生的动物尸体残渣传输至压榨系统处理。

(2)操作注意事项

① 搅拌系统的工作时间应以烘干剩余物基本不含水分为宜，根据处理物量的多少，适当延长或缩短搅拌时间。

② 应使用合理的污水处理系统，有效去除有机物、氨氮，达到 GB 8978 要求。

③ 应使用合理的废气处理系统,有效吸收处理过程中动物尸体腐败产生的恶臭气体,达到 GB 16297 要求后排放。

④ 高温高压灭菌容器操作人员应符合相关专业要求,持证上岗。

⑤ 处理结束后,需对墙面、地面及其相关工具进行彻底清洗消毒。

4. 深埋法

适用对象:发生动物疫情或自然灾害等突发事件时病死及病害动物的应急处理,以及边远和交通不便地区零星病死畜禽的处理。不得用于患有炭疽等芽孢杆菌类疫病,以及牛海绵状脑病、痒病的染疫动物及产品、组织的处理。

(1)选址要求

① 应选择地势高燥,处于下风向的地点。

② 应远离学校、公共场所、居民住宅区、村庄、动物饲养和屠宰场所、饮用水源地、河流等地区。

(2)技术工艺

① 深埋坑体容积以实际处理动物尸体及相关动物产品数量确定。

② 深埋坑底应高出地下水位 1.5 m 以上,要防渗、防漏。

③ 坑底撒一层厚度为 2 ~5 cm 的生石灰或漂白粉等消毒药。

④ 将动物尸体及相关动物产品投入坑内,最上层距离地表 1.5 m 以上。

⑤ 生石灰或漂白粉等消毒药消毒。

⑥ 覆盖距地表 20 ~30 cm,厚度不少于 1.0 ~1.2 m 的覆土。

(3)操作注意事项

① 深埋覆土不要太实,以免腐败产气造成气泡冒出和液体渗漏。

② 深埋后,在深埋处设置警示标识。

③ 深埋后,第一周内应每日巡查 1 次,第二周起应每周巡查 1 次,连续巡查 3 个月,深埋坑塌陷处应及时加盖覆土。

④ 深埋后,立即用氯制剂、漂白粉或生石灰等消毒药对深埋场所进行 1 次彻底消毒。第一周内应每日消毒 1 次,第二周起应每周消毒 1 次,连续消毒三周以上。

5. 化学处理法

硫酸分解法的适用对象:不得用于患有炭疽等芽孢杆菌类疫病,以及牛海绵状脑病、痒病的染疫动物及产品、组织的处理。

① 技术工艺

A. 可视情况对病死及病害动物和相关动物产品进行破碎等预处理。

B. 将病死及病害动物和相关动物产品或破碎产物,投至耐酸的水解罐中,按每吨处理物加入水 150 ~ 300 kg,后加入 98% 的浓硫酸 300 ~ 400 kg(具体加入水和浓硫酸量随处理物的含水量而设定)。

C. 密闭水解罐,加热使水解罐内升至 100 ~ 108℃,维持压力≥0.15 MPa,反应时间≥4 h,至罐体内的病死及病害动物和相关动物产品完全分解为液态。

② 操作注意事项

A. 处理中使用的强酸应按国家危险化学品安全管理、易制毒化学品管理有关规定执行,操作人员应做好个人防护。

B. 水解过程中要先将水加入到耐酸的水解罐中,然后加入浓硫酸。

C. 控制处理物总体积不得超过容器容量的 70%。

D. 酸解反应的容器及储存酸解液的容器均要求耐强酸。

6. 化学消毒法

适用对象:适用于被病原微生物污染或可疑被污染的动物皮毛消毒。

① 盐酸食盐溶液消毒法

A. 用 2.5% 盐酸溶液和 15% 食盐水溶液等量混合,将皮张浸泡在此溶液中,并使溶液温度保持在 30℃左右,浸泡 40 h,1 m^2 的皮张用 10 L 消毒液(或按 100 mL 25% 食盐水溶液中加入盐酸 1 mL 配制消毒液,在室温 15℃条件下浸泡 48 h,皮张与消毒液之比为 1:4)。

B. 浸泡后捞出沥干,放入 2%(或 1%)氢氧化钠溶液中,以中和皮张上的酸,再用水冲洗后晾干。

② 过氧乙酸消毒法

A. 将皮毛放入新鲜配制的 2% 过氧乙酸溶液中浸泡 30 min。

B. 将皮毛捞出,用水冲洗后晾干。

③ 碱盐液浸泡消毒法

A. 将皮毛浸入 5% 碱盐液(饱和盐水内加 5% 氢氧化钠)中,室温(18 ~ 25℃)浸泡 24 h,并随时加以搅拌。

B. 取出皮毛挂起,待碱盐液流净,放入 5% 盐酸液内浸泡,使皮上的酸碱中和。

C. 将皮毛捞出,用水冲洗后晾干。

7. 收集转运要求

(1)包装

① 包装材料应符合密闭、防水、防渗、防破损、耐腐蚀等要求。

② 包装材料的容积、尺寸和数量应与需处理病死及病害动物和相关动物产品的体积、数量相匹配。

③ 包装后应进行密封。

④ 使用后，一次性包装材料应作销毁处理，可循环使用的包装材料应进行清洗消毒。

（2）暂存

① 采用冷冻或冷藏方式进行暂存，防止无害化处理前病死及病害动物和相关动物产品腐败。

② 暂存场所应能防水、防渗、防鼠、防盗，易于清洗和消毒。

③ 暂存场所应设置明显警示标识。

④ 应定期对暂存场所及周边环境进行清洗消毒。

（3）转运

① 可选择符合 GB 19217 条件的车辆或专用封闭箱式运载车辆。车厢四壁及底部应使用耐腐蚀材料，并采取防渗措施。

② 专用转运车辆应加施明显标识，并加装车载定位系统，记录转运时间和路径等信息。

③ 车辆驶离暂存、养殖等场所前，应对车轮及车厢外部进行消毒。

④ 转运车辆应尽量避免进入人口密集区。

⑤ 若转运途中发生渗漏，应重新包装、消毒后运输。

⑥ 卸载后，应对转运车辆及相关工具等进行彻底清洗、消毒。

（4）其他要求

① 人员防护

A. 病死及病害动物和相关动物产品的收集、暂存、转运、无害化处理操作的工作人员应经过专门培训，掌握相应的动物防疫知识。

B. 工作人员在操作过程中应穿戴防护服、口罩、护目镜、胶鞋及手套等防护用具。

C. 工作人员应使用专用的收集工具、包装用品、转运工具、清洗工具、消毒器材等。

D. 工作完毕后，应对一次性防护用品作销毁处理，对循环使用的防护用品消毒处理。

② 记录要求

病死及病害动物和相关动物产品的收集、暂存、转运、无害化处理等环节应建有台账和记录。有条件的地方应保存转运车辆行车信息和相关环节视频记录。

③ 暂存环节台账和记录

A. 接收台账和记录应包括病死及病害动物和相关动物产品来源场（户）、种类、数量、动物标识号、死亡原因、消毒方法、收集时间、经办人员等。

B. 运出台账和记录应包括运输人员、联系方式、转运时间、车牌号、病死及病害动物和相关动物产品种类、数量、动物标识号、消毒方法、转运目的地以及经办人员等。

④ 处理环节台账和记录

A. 接收台账和记录应包括病死及病害动物和相关动物产品来源、种类、数量、动物标识号、转运人员、联系方式、车牌号、接收时间及经手人员等。

B. 处理台账和记录应包括处理时间、处理方式、处理数量及操作人员等。

C. 涉及病死及病害动物和相关动物产品无害化处理的台账和记录至少要保存两年。

第六节 主要传染病的检验

一、传染病的概念、特点及引发的条件

家畜传染病严重地阻碍畜牧业的生产，并造成较大的经济损失。某些人畜共患的传染病，如布氏杆菌病、结核病、炭疽、钩端螺旋体病等还直接危害着人类的健康。因此正确地认识、防止传染病的发生是兽医工作者的责任，也是肉品品质检验人员的责任。

家畜传染病学是研究家畜、家禽传染病的发生和发展的规律，以及预防和消灭传染病的方法。

（一）传染和传染病的概念

1. 传染

动物机体对侵入体内并进行繁殖的病原微生物所产生的一系列反应的总称。传染过程是病原微生物与机体在一定环境条件影响下相互作用、相互斗争的一种复杂的生物学过程。

2. 传染病

指由特定病原微生物引起的具有一定潜伏期和临床表现，并具有传染性的疾病称为传染病。

(1)特点

① 由病原微生物引起的。每种传染病都有它特异的病原微生物。

② 传染病都具有传染性和流行性。

③ 大多数传染病愈后具有终生免疫或一定时期免疫。

④ 被感染的机体能出现特异性反应。

⑤具有传染病特征的临床症状。

(2)引起传染病发生的条件

① 必须具有病原微生物。

② 必须具有一定的传染途径。（直接：交配、舔咬。如狂犬病；间接：通过被污染物、饲料、饮水，通过土壤，通过空气，通过活的传播者而传播。）

③ 必须具有能传染的易感动物。

(3)诊断

① 流行病学调查。

② 查出致病微生物。

③ 临床症状(潜伏期、病理过程)和死体剖检。

(4)预防措施:

① 封锁疫区、报告疫情。

② 迅速诊断病畜、隔离,病畜处理。

③紧急免疫接种。

④ 消毒。

⑤ 解除封锁。

二、几种传染病及处理

(一)猪瘟

猪瘟是由猪瘟病毒引起的一种急性高度接触性的传染病。其特征为急性经过,高热稽留,死亡率高和小血管壁变性引起的出血,梗死和坏死等变化。分为急性和慢性两种。急性型为败血型,慢性型以纤维素坏死肠炎为特征。病猪几乎全部死亡。猪瘟病毒可感染各年龄段的家猪、野猪。其病毒对人和其他动物无致病性。但在猪瘟发病的过程中常会有猪霍乱沙门氏菌、猪副伤寒沙门氏菌、巴氏杆菌继发感染。所以必须合理地处理病猪、病肉及其副产品,既防止疫病的传播,又防止引起人的食物中毒事故的发生。

1. 猪瘟的宰后检验

(1)急性型

① 在颈部、腹部和四肢的内侧面,均有暗红色或紫红色小出血点,有时会融合成血斑。

② 喉黏膜(尤其是会厌软骨)有大小不等的出血点。肾皮质色泽变淡,有点状出血。

③ 内脏各器官出血,脾不肿大,有的见出血性梗塞,以边缘最为多见。

④ 全身淋巴轻度肿大、外观暗红色或黑红色,切面边缘出血,向内浸润形成灰白色坏死灶,视大理石样外观。

(2)慢性型

由于病程长,多有继发性细菌感染,因此宰后见胴体消瘦、肾缩小,表面稍膜粘连有出血点。大肠有钮扣状溃疡。

2. 处理

按照《病死及病害动物无害化处理技术规范》(农医法〔2017〕25 号)规定的要求进行处理。

(二)非洲猪瘟

非洲猪瘟(简称:ASF)是由非洲猪瘟病毒感染家猪和各种野猪(如非洲野猪、欧洲野猪等)而引起的一种急性、出血性、烈性传染病。世界动物卫生组织(OIE)将其列为法定报告动物疫病,我国也将其列为一类动物疫病。其特征是发病过程短,最急性和急性感染死亡率高达 100%,临床表现为发热(达 40 ~42℃),心跳加快,呼吸困难,部分咳嗽,眼、鼻有浆液性或粘液性脓性分泌物,皮肤发绀,淋巴结、肾、胃肠黏膜明显出血,非洲猪瘟临床症状与猪瘟症状相似,只能依靠实验室监测确诊。2018 年 8 月 3 日,中国确诊首例非洲猪瘟疫情。

1. 病理临床表现

在耳、鼻、腋下、腹、会阴、尾、脚无毛部分呈界线明显的紫色斑,耳朵紫斑部分常肿胀,中心深暗色分散性出血,边缘褪色,尤其在腿及腹壁皮肤肉眼可见到。切开胸腹腔、心包、胸膜、腹膜上有许多澄清、黄或带血色液体,尤其在腹部内脏或肠系膜上表皮部分,小血管受到影响更甚,于内脏浆液膜可见到棕色转变成浅红色之瘀斑,即所谓的麸斑,尤其于小肠更多,直肠壁深处有暗色出血现象,肾脏有弥漫性出血情形,胸膜下水肿特别明显,及心包出血。

(1)在淋巴结上有猪瘟罕见的某种程度的出血现象,上表皮或切面似血肿的结节较淋巴结多。

(2)脾脏肿大,髓质肿胀区呈深紫黑色,切面突起,淋巴滤胞小而少,有 7% 猪脾脏发生小而暗红色突起三角形栓塞情形。

(3)循环系统中心包液特别多,少数病例中呈混浊且含有纤维蛋白,但多数心包下及次心内膜充血。

(4)呼吸系统中喉、会厌有瘀斑充血及扩散性出血,比猪瘟更甚,瘀斑又发生於气管前三分之一处,镜检下肠有充血而没有出血病灶,肺泡则呈现出血现象,淋巴球呈破裂。

(5)肝用肉眼检查显正常,充血暗色或斑点大多异常,近胆部分组织有充血及水肿现象,小叶间结缔组织有淋巴细胞、浆细胞(Plasma Cell)及间质细胞浸润,同时淋巴球之核破裂为其特征。

2. 处理

发现非洲猪瘟,应立即封锁现场,按照《农业农村部关于做好动物疫情报告等有关工作的通知》(农医发〔2018〕22 号)向上级领导和驻场官方兽医上报疫情。执行上级农业部门的疫情防控规定按照《病死及病害动物无害化处理技术规范》(农医发〔2017〕25 号)的要求进行处理。

（三）猪丹毒

由猪丹毒杆菌引起的一种猪的传染病（也是人畜共患的传染病），分为急性（败血型）、亚急性（疹块型）、慢性（化脓性关节炎和心内膜炎、菜花心）。

1. 猪丹毒的宰后检验

（1）急性：烫毛后在耳根、颈部、背、胸腹、四肢出现不规则的淡红色充血区，多时可融合在一起，略高于皮肤的红斑；也有弥漫性整个背部全发红称“大红袍”。皮下脂肪发红，全身淋巴结充血肿大，切面多汁，呈玫瑰红色或紫红色出血、呈放射状。脾充血增大，樱桃红色，质地松软，切面外翻肾脏淤血肿大，呈深红或紫红色，并伴有大小不等的出血点。

（2）亚急型：通常在颈部、背部和胸两侧腿外侧的皮肤上出现大小不等的圆型、方型、菱形高于皮肤的疹块，呈暗红色，中央色苍白。病程较长的疹块坏死结痂或剥落，活畜脱毛。淋巴结肿大，切面多汁，有云雾状出血。肺充血，水肿。肾轻度肿胀，表面伴有出血点和灰白色梗塞性坏死灶。

（3）慢性：皮肤常发生坏死，呈方形或菱形凹陷，皮肤上形成硬结痂皮，在关节和心内膜上有疣状物。活畜跛行、关节变形、运动障碍、四肢水肿，在左心的二尖瓣处长出菜花心。

2. 处理

按照《病死及病害动物无害化处理技术规范》（农医发〔2017〕25 号）规定的要求进行处理。

（四）猪巴氏杆菌病（猪称猪肺疫、禽称禽霍乱）

猪巴氏杆菌病是由多杀性巴氏杆菌引起的一种急性出血和败血症为主的散发性或地方性的多种畜禽和野生动物的传染病。巴氏杆菌是一种条件性致病菌，广泛地存在于各种动物的上呼吸道黏膜。

1. 发病原因

猪经过长途运输、气候变化、饲养条件的改变、过度的挤压等不良条件影响下，使动物机体抵抗力降低、呼吸道黏膜的巴氏杆菌大量繁殖，毒力增强，从而引起内源性感染。

2. 传染途径

病猪排出强毒的病原菌、感染其他猪、引起散发性或地方性流行。又可以继发其他传染病如猪瘟、猪喘气病等。

3. 临床病理表现

（1）最急性的呈现急性败血症，突然死亡。或者呼吸极端困难（因喉头炎症、使颈部组织高度水肿)窒息死亡。

(2)急性型主要表现为纤维素性肺炎。病情严重后表现呼吸极度困难,呈犬坐姿势,可视黏膜发绀,心跳加快,心率衰弱,卧地不起,多窒息而死。

(3)慢性型表现为猪持续咳嗽、呼吸困难、表现慢性肺炎、胃肠炎。

4. 宰后检验病理变化

(1)最急性型

① 全身淋巴结有不同程度的浆液性、出血性炎症,颌下淋巴结及咽背淋巴结最严重,甚至发生坏死和化脓。

② 颈部皮下红肿,咽喉部及周围组织急性出血性浆液性炎,切开会流出淡黄红色的透明水肿液或淡黄色的胶样浸润。

③ 全身黏膜、浆膜出血。

(2)急性型

① 浆膜、黏膜实质器官出血。

② 肺脏的主要特征是典型的纤维素性胸膜炎。

(3)慢性型

病猪消瘦,肺组织有坏死或者化脓、胸膜粗糙、有的和心包粘连在一起。支气管和肠系膜淋巴结肿大、出血、切面有坏死灶。

5. 处理

按照《病死及病害动物无害化处理技术规范》(农医发〔2017〕25 号)规定的要求进行处理。

(五)结核病

结核病是由结核分枝杆菌群引起的人畜共患的慢性消耗性传染病。特征是在机体的组织中形成结核结节(肉芽肿)和干酪样坏死灶、钙化灶。在屠畜中最常见的是牛,猪、鸡也发生。

结核分枝杆菌群从形态的不同可分为三个生物型。牛型结核杆菌:牛结核的病原体,也可感染人和其他动物;人型结核杆菌:人和其他动物结核病的病原体(牛、猪);禽型结核杆菌:禽类结核病的病原体,也能传染给猪和牛。

人的牛型结核主要是通过饮用患有结核病牛的生牛奶引起,也可通过肉感染。

1. 宰前检验

全身消瘦、贫血、咳嗽、呼吸迫促、肺音粗利、有啰音。特别是早上运动后更明显。乳房结核时可摸到乳房处有无热无痛的硬块,乳房淋巴结肿大。肠结核时,猪只为顽固性腹泻。

2. 宰后鉴定

胴体消瘦，器官和组织上形成结节（这是结核病的特征性变化），结核结节大小不一，呈半透明的灰白色圆形。结核病可分为局部性和全身性两种。猪多见于颈部和肠系膜淋巴结。

（1）分类

① 局部性结核病：指个别脏器或小循环的一部分脏器发病，如肺、肋膜、腹腔、颈淋巴结。

② 全身性结核病：指在两个以上不同体腔内的个别器官或前后躯体不同的部位发病。

（2）淋巴结核：多见于下颌淋巴结、支气管、肠系膜、肝、脾胃淋巴结。轻者呈现出淋巴结稍肿大，切面有粟粒大或针尖大的浑浊的灰白色病灶。重者病灶可增大数倍、结节被膜增厚、粗糙、切面见大小不等结节和增生的灰白色淋巴组织交织，形成灰白色或淡黄色斑纹。

（3）肺结核：猪的肺结核不多见，仅在淘汰的公母猪时能检出。见肺实质凹凸不平，有大小不等的结节。高出肺表面。胸膜粗糙增厚，有的与肋胸膜粘连。猪的肺结核可由人型、牛型和禽型杆菌感染引起。

（4）肝脾结核：在肝脾的被膜表面和切面上有散在的或者密布的灰白色圆形结节，坚硬、中心干酪样。

3. 结核病的处理

按照《病死及病害动物无害化处理技术规范》（农医发〔2017〕25 号）规定的要求进行销毁。

（六）炭疽

炭疽是由炭疽杆菌引起的各种家畜、野生动物的一种急性、热性、败血性人畜共患的传染病。其病理变化的特点是败血症变化，脾脏显著肿大，皮下和浆膜下结缔组织出血性浸润，血液凝固不良。家畜中以牛、羊、马最易感染。并多表现为急性败血性经过。猪具有一定的抵抗力，败血性罕见，多为局部感染，通常是慢性经过。人感染往往是直接接触病畜尸体或被炭疽菌污染的畜产品结果。故常发生于屠宰、制革、梳毛等工作人员。人如食入患炭疽的病肉或被炭疽杆菌污染的饮水，很可能引起肠炭疽。

1. 宰后鉴定

猪慢性局部性炭疽主要见于下颌淋巴结。肠系膜淋巴结和十二指肠及空肠的前段（肠炭疽）。

（1）猪的咽型炭疽：常见一侧或两侧颌下淋巴结肿大数倍，刀切时感到硬而脆。切面干燥脆而硬、有均匀的深砖红色，质地粗糙无光，上面有暗红色或紫黑色的凹陷坏死病灶。淋巴周围有程度不同的黄色胶样浸润。如果病程较长、淋巴切面由深砖红色变为淡红色或淡灰色，淋巴周围胶样浸润液减少。有的淋巴结坏死、化脓。下颌淋巴结发生炭疽时，剖检扁桃体，也会呈现出和下颌淋巴结同样病变。

(2)猪肠型炭疽：常见于十二指肠和空肠前段或整肠系膜淋巴结(变化同上)。并有从淋巴结向肠管呈点线状出血。

(3)猪肺炭疽：多见于膈叶，叶上有大小不等的实质呈暗红色，切面呈樱桃红或山楂糕样。质地脆而致密，并有呈灰色病灶。支气管和膈淋巴结肿大，周围有胶样浸润液，其他部分水肿，间质增宽。

(4)脾炭疽：略。

2. 炭疽病的处理

(1)炭疽病畜或疑似炭疽的活畜不准急宰，全部销毁。

(2)宰后检出时，其患畜胴体、内脏、皮毛、血应于当天用不漏水容器运去销毁。

(3)被污染或疑似被污染的胴体、内脏应在6 h内作高温处理，超过者销毁。

(4)化验室镜检，仍不能确诊的，进行培养和动物接种，确定后按上处理。

(5)对有关人员、工作服、工具、用具彻底消毒，被污染的场地工具也要彻底消毒。

（七）口蹄疫

口蹄疫是由口蹄疫病毒引起的偶蹄动物急性发热性接触性的人畜共患的传染病。牛、羊、猪及野生动物均能感染，人也可感染(人感染是饮用了未经消毒的乳及乳制品；另则是从事饲养、护理动物或挤奶工作人员)。本病因感染动物多、传播快、发病率高，因此往往具有大的流行特点。本病的死亡率不高，但消灭和预防难度大。

1. 宰前检验

主要是口腔黏膜，吻突、蹄叉、蹄冠部的皮肤及乳房等处的皮肤上发生水泡凸起、泡内含液体(液体中有病毒)，后破溃呈红色糜烂区，行走跛行。常见下车或圈舍有血渍。

2. 宰后鉴定

放血后首先检查蹄冠、蹄叉、吻突、口腔周围和乳房周围的皮肤上是否有水泡和溃烂、化脓。剖检时查心脏、因恶性口蹄疫会侵害心脏、引起心肌的变性和坏死，形成“虎斑心”。

3. 处理

(1)在猪群中发现，应立即封锁现场，上报疫情。确诊后按《病死及病害动物无害化处理技术规范》(农医发〔2017〕25 号)规定，猪群全部销毁。凡病猪停留过的厂地、被污染的工具彻底消毒，粪便、污水彻底消毒。

(2)宰后检出者、胴体、内脏、血液、污物立即销毁。车间、工具、工人工作服彻底消毒。

接触人员进行防护。注意卫生消毒。

(3)与病畜的同群猪或可疑胴体、内脏、应高温处理后出场。

(八)猪钩端螺旋体病

猪钩端螺旋体病是由钩端螺旋体引起的一种人畜共患的自然疫源性的传染病。很多野生动物和家畜都是重要的宿主,其中以鼠类和猪带菌情况最多。钩端螺旋体是介于细菌和原生动物之间的一类螺旋状的微生物。具有较多的血清型。猪最多是由波摩那型钩端螺旋体引起。急性者有短期发热、贫血、黄疸、出血、血红蛋白尿、流产、皮肤坏死等。猪多表现为慢性间质性肾炎。

人常以接触病死畜及其产品,或者是接触了被病畜污染过的水源而发病。

1. 宰后鉴定

根据宰后检验的病变可分为黄疸型和非黄疸型。

(1)黄疸型:急性或亚急性经过。皮肤、黏膜、浆膜、皮下组织、脂肪和关节液均发黄,有油脂样光泽。肝门淋巴结显著肿大,肝脏稍肿大、质脆、似棕黄色或泥黄色,肝包膜下有黄豆大或粟粒大的出血性病灶。肝小叶有黄绿色胆汁淤积成小点。肾脏淤血肿大发黄,特别是肾盂黄染明显。膀胱内有深黄色尿液贮留,尿液浑浊有黄绿色胶样凝固状物,暗镜检可查出钩端螺旋体。

(2)非黄疸型:全身性黄疸不明显。主要表现在肾脏病变肾包膜不易剥离,肾表面有多数大小不等的圆型灰白斑块稍高于肾表面,切面成楔状,尖端伸入髓质部。有的肾明显变小。

2. 处理

(1)确诊为黄疸型的病尸按《病死及病害动物无害化处理技术规范》(农医发〔2017〕25号)处理。

(2)皮张彻底消毒后出场。

(3)在屠宰加工病猪,处理被尿污染的杂物,注意个人防护。

三、几种主要的寄生虫病

(一)猪囊尾蚴

猪囊尾蚴又称“米猪肉”“米身子”或“豆猪肉”是由有钩绦虫的幼虫——猪囊尾蚴引起的人、猪共患寄生虫病。

1. 致病原因

猪囊尾蚴是寄生在人小肠里有钩绦虫的幼虫,成虫寄生于人小肠里,而幼虫寄生于人和猪的肌肉、脑、皮下等组织内。所以人即是中间宿主也是终末宿主。囊尾蚴病是由有钩绦虫或无钩绦虫的幼虫侵害猪、牛、羊、骆驼，而引起猪囊尾蚴病，牛、羊囊尾蚴病。除羊以外，猪、牛、骆驼的囊尾蚴都可以感染人。

2. 生活史

猪吃了患有钩绦虫病病人的粪便，粪便里有虫卵，在猪的横纹肌、心肌发育成囊尾蚴。当人们误食了患囊尾蚴的病肉或者未煮熟的囊尾蚴的病肉，在人的小肠里发育成有钩绦虫。人小肠里一般有一条，也有数条，一般 1 m 长，最长的有 8 m 长。

3. 形态

（1）猪肉绦虫：头部有两排角质钩和四个吸盘，所以它能牢固地生活在人的小肠里，成带状节片形，成熟一段由尾部脱落一段，随大便排出体外，每个节片上有数千个虫卵。

（2）猪囊尾蚴：为一个半透明乳白色的囊包。似半个黄豆或绿豆大（生长时间长短不一）中间有个白色悬垂状的头节。寄生在全身横纹肌、心肌上。最多是肩胛肌。

4. 宰后鉴定

（1）检验咬肌、腰肌、心肌、舌肌。必要时剖检股部内侧肌和肩胛外侧肌。

（2）部分在发育过程中因某些因素，可能死亡、被钙化。

5. 处理

按照《病死及病害动物无害化处理技术规范》（农医发〔2017〕25 号）规定的要求进行销毁。

（二）猪旋毛虫病

猪旋毛虫病是由线虫纲毛首目毛形科的旋毛虫引起的人、畜和野生动物的共患寄生虫病。特征是发热、肌肉疼痛的急性肌炎。

1. 病因

旋毛虫病是一种自然疫源性疾病，它的自然宿主几乎蔓延到每一种哺乳动物。成虫寄生于人和动物肠道内称肠旋毛虫。幼虫寄生于人或动物肌肉中，称肌旋毛虫。本病对人危害严重、死亡率高。

2. 生活史

（1）猪感染旋毛虫是由于吃了另一动物肌肉中活的旋毛虫包囊，最大可能是患旋毛虫死的鼠肉，或者是含有旋毛虫包囊的碎猪肉或泔水被猪食入。一般活猪无明显临床表现，都是在屠宰后检验发现。

（2）人感染旋毛虫主要是食入生的或未煮熟的含旋毛虫包囊的猪肉或其他肉（如狗肉）。肠旋毛虫引起肠炎，幼虫进入组织移行可引起血管炎、肌肉炎和高热。

3. 形态

成虫:附在肠黏膜上,呈短的白细丝状。

幼虫:在肌纤维间形成色囊、囊肉呈旋转状卷曲,外被纺锤形纤维素包囊所包围。

4. 宰后鉴定

猪体与头统一编号,在开膛取出内脏后,在膈肌角采样不少于30 g,撕去肌膜肉眼观察,见肌纤维上有针尖大发亮的小圆点、剪下后压片镜检。一般用40倍显微镜仔细观察,发现仿缍形包囊,内有1~2条螺旋状卷曲的幼虫则是旋毛虫。寄生时间较长时机体的防卫机能增强,使包囊内幼虫钙化。眼观见一个较大的白点。

5. 处理

胴体、内脏、头蹄均应化制。

(三)猪住肉孢子虫

由于住肉孢子虫寄生于中间宿主(猪、牛、羊、马和人等)的肌肉间而引起的疾病;它的有性繁殖是在猫、犬、狐、狼和人终宿主肠壁进行。所以终宿主的粪便中的卵囊或被终宿主粪便污染的饲料被中间宿主食入后即可感染住肉孢子虫病。

住肉孢子虫是一种细胞内寄生虫。品种很多,猪住肉孢子虫有三种:猪猫、猪人、猪犬住肉孢子虫。对猪都有致病作用。活猪表现腹泻跛行、生长缓慢、心肌炎、呼吸困难。

1. 宰后鉴定

(1)由于虫体较小,多与旋毛虫检验同步进行。检查时是腹斜肌、大腿肌、肋间肌、咽肌、膈肌等。

(2)与肌纤维平行的白色长形似毛根状小体。镜检虫体呈灰色小仿缍形,内含无数半月状胞子。钙化时见黑色杆状。轻度感染的肌肉、色泽、硬度无明显变化。重度感染时,虫体密集肌肉发生变性发炎,色淡似开水烫过的肉。

2. 处理

按照《病死及病害动物无害化处理技术规范》(农医发〔2017〕25号)规定的要求进行。

(四)猪弓形体病

由龚地弓形体引起的宿主相当广泛的人畜共患病。猪、牛、羊、鸡、鸭、兔均可感染,但多见于猪。人可因生食或接触患有本病的肉类而感染。也可因长期与病猫接触感染卵囊而发病,因为弓形虫的终末宿主是猫,中间宿主是人和易感动物。

1. 感染途径

弓形体病主要是通过猫排出的卵囊污染饲料、饮水、蔬菜和其他食品而传播。人和动物还可经呼吸道、眼、皮肤感染。

2. 宰后鉴定

猪常表现急性感染。潜伏期3~7 d。症状似猪瘟。

(1)体表、耳、颈、背腰、下腹后肢等皮肤出现紫红色斑块。

(2)体表淋巴结肿大,尤其是腹股沟淋巴结肿大明显。

(3)肺充血水肿,膨大呈淡红色。

(4)肝肿大,上有淡黄色或灰白色的坏死灶。

3. 处理

(1)有病变的内脏和有退化性病变的胴体销毁。

(2)胴体和头蹄高温处理按《病死及病害动物无害化处理技术规范》(农医发〔2017〕25号)规定。

(五) 棘球蚴病

棘球蚴病是由绦虫纲圆叶目带科棘球属的棘球绦虫幼虫感染而引起人畜共患的绦虫蚴病,棘球绦虫有细粒棘球绦虫和多房棘球绦虫两种,两者都是小型绦虫,主要寄生在狐、狗、狼、猫等肉食动物的小肠内,虫卵随粪便排出。猪、牛、羊等家畜多因吞食了被虫卵污染的饲草和饮水而感染。人常因与狗、猫接触,其排出的虫卵污染手、食物而感染。而狗、猫等患棘球绦虫病是因生食入患棘球蚴病动物的内脏而感染。因此,在宰后检验中加强对病变内脏处理,在兽医公共卫生上具有重要意义。

1. 宰后鉴定

(1)肝、肺,或者脾受害器官体积增大,表面不平,有的在表面可见半球状隆起的包囊、囊壁较厚,压有波动感。有的寄生多个。使包囊周围实质萎缩。

(2)切开包囊:有淡黄液体外流,其中有白色圆形头节。每个头节在终宿主体内均能发育成一条棘球绦虫。

(3)当棘球生长死亡时,见包囊壁增厚,颜色变深、囊液浑浊或干酪样、头节消失。

2. 处理

(1)严重的整个器官销毁。

(2)如果在肌肉中检出,相应肌肉销毁。

第三章　牛羊宰前和宰后检验及处理

牛羊宰前和宰后检验的目的是为了检出人畜共患病的病牛、羊及其产品；检出有毒有害的肉品；防止牛羊疫病的传播与食肉中毒事故的发生；确保牛羊产品的卫生质量，保障消费者的食肉安全；促进畜牧业发展；维护国家出口肉食信誉。

第一节　牛羊的解剖生理

牛羊的解剖生理是研究牛羊躯体各部位的形态、结构作用和特性的科学，只有知道正常的生理解剖，才能将病理状态了解得更清楚，做出正确的判断和处理。

一、畜体躯体的基本构造

同猪

二、牛羊躯体的基本构造

（一）各部位的名称和体腔

(1)牛、羊从体表可分为头、颈、躯干、尾、四肢。

(2)体腔：胸腔、腹腔和骨盆腔。

① 胸腔：前壁是第一胸椎第一肋骨和胸骨柄，顶壁是胸椎和肌肉，两侧壁和底壁是肋骨和肌肉，后壁是横膈膜。胸腔内有心包囊、心脏、肺、食道、气管、大血管和神经。

② 腹腔：前壁为横膈膜，后端与骨盆腔相通，顶壁是腰椎、腰肌和膈肌脚，两侧壁和底壁是腹肌。腹腔内有胃、肠、肝、脾、肾、胰脏以及输尿管、卵巢、输卵管和部分子宫。

③ 骨盆腔：位于骨盆内，腔内有直肠、输尿管、膀胱、子宫（部分）、阴道、尿道、公猪的输

精管、副性腺。

（二）运动系统

包括骨骼和肌肉两部分。

(1)骨骼:由骨和骨关节组成构造畜体的支架。全身骨骼分为中轴骨(头骨、躯干骨)、四肢骨和内腔骨(图3－1)。

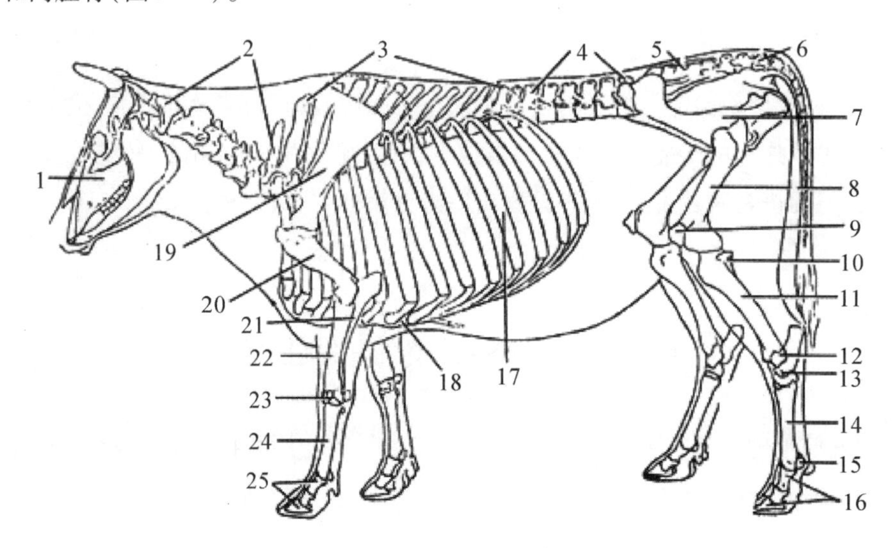

1. 头骨 2. 颈椎 3. 胸椎 4. 腰椎 5. 荐骨 6. 尾椎 7. 髋骨 8. 股骨 9. 膝盖骨 10. 腓骨 11. 胫骨 12. 踝骨 13. 跗骨 14. 跖骨 15. 近籽骨 16. 趾骨 17. 肋骨 18. 胸骨 19. 肩胛骨 20. 臂骨 21. 尺骨 22. 桡骨 23. 腕骨 24. 掌骨 25. 指骨

图3－1 牛全身骨骼

(2)肌肉:由许多纤维和疏松结缔组织构成。由于肌肉所处的位置和功能不同其形状和大小有所不同(图3－2)。肌肉占牲畜体重组织的30%～50%。

① 分类:从形态上看,可分为板状肌、多裂肌、环形肌和纺锤肌。按肌肉所处部位可分为皮肌、头部肌、躯干肌和四肢肌。

② 色泽和化学组成:牛肌肉呈微棕红色、水牛肉深红色、羊肉呈暗红色,肌肉的化学成分主要包括水为75%、蛋白质为16%～25%、矿物质为1.0%～1.5%。

③ 肌肉的新鲜度:肌肉的新鲜度可用pH来判定,新鲜牛肉pH为6.5～6.8(有时可达到7.2)、绵羊肉pH为5.6～6.2、新鲜猪肉pH为6.2～6.4。

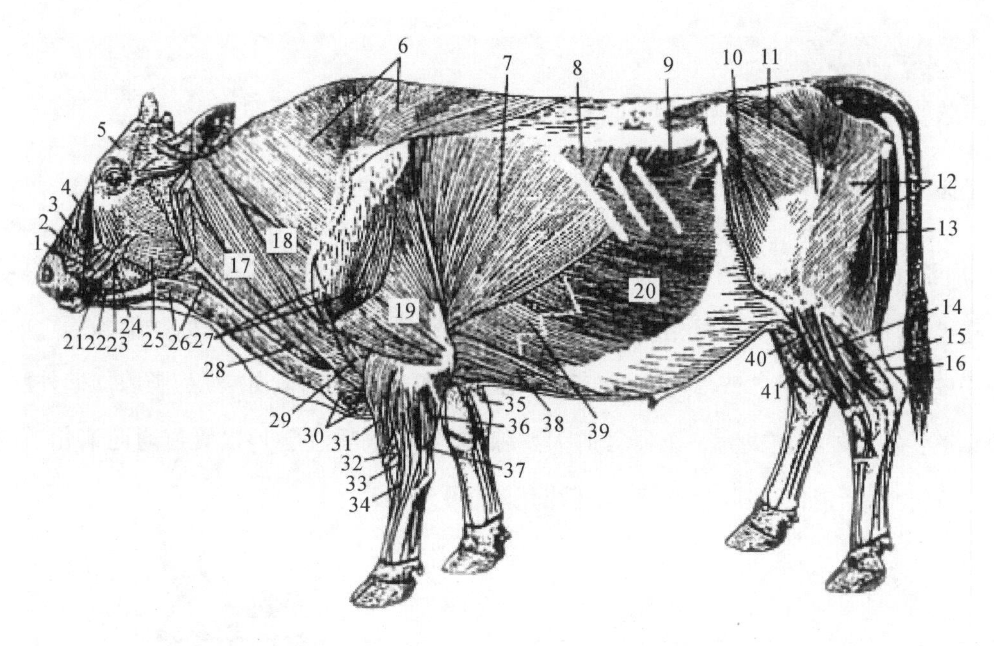

1. 上唇降肌 2. 犬齿肌 3. 上唇固有提肌 4. 鼻唇提肌 5. 额皮肌 6. 斜方肌 7. 背阔肌 8. 后背侧锯肌 9. 腹内斜肌 10. 阔筋膜张肌 11. 臀中肌 12. 臀股二头肌 13. 半腱肌 14. 趾外侧伸肌 15. 趾深屈肌 16. 跟健 17. 臂头肌 18. 肩胛横突肌 19. 臂三头肌 20. 腹外斜肌 21. 口轮匝肌 22. 下唇降肌 23. 颧肌 24. 颊肌 25. 咬肌 26. 胸头肌 27. 三角肌 28. 颈外静脉 29. 臂肌 30. 胸浅肌 31. 腕桡侧伸肌 32. 腕斜伸肌 33. 指内侧伸肌 34. 指总伸肌 35. 腕尺侧屈肌 36. 腕尺侧伸肌(腕外屈肌) 37. 指外侧伸肌 38. 升胸肌 39. 胸腹侧锯肌 40. 第3腓骨肌 41. 腓骨长肌

图3-2 牛全身肌肉图

(三)皮肤及衍生物

1.皮肤

覆盖动物全身的体表,是感觉器官和保护机体的屏障,并有调节体温、排泄和分泌的作用。由表皮、真皮和皮下组织构成。

(1)表皮:位于皮肤的最外层,具有保护作用。

(2)真皮:位于皮肤的第二层。有大量的毛细血管、淋巴管和神经纤维网。

(3)皮下组织:皮肤最深层的结缔组织,连接肌肉。聚集大量的脂肪组织(在牲畜大量缺草期有重大的意义),并有保护体温的作用。

2. 皮肤的衍生物

皮肤的衍生物是毛、枕、蹄、角、皮腺等(枕指蹄底厚而软的角质物)。

(四)消化系统

(1)消化系统结构:由消化道和消化腺两部分组成。消化道是食物通过的管道,食物从嘴里吃进去,经咽、食管、胃、肠、肛门排出。消化腺是实质性器官,如肝、胰、唾液腺等。消化腺分为壁内腺和壁外腺。壁内腺是分布于消化道管壁的小型腺体,如胃腺、肠腺。壁外腺位于消化道管壁以外独立成为一个器官的大型腺体(肝、胰、唾液腺),以管道通向消化道内。功能是吃进食物,消化、吸收食物营养,排出残渣(图 3-3)。

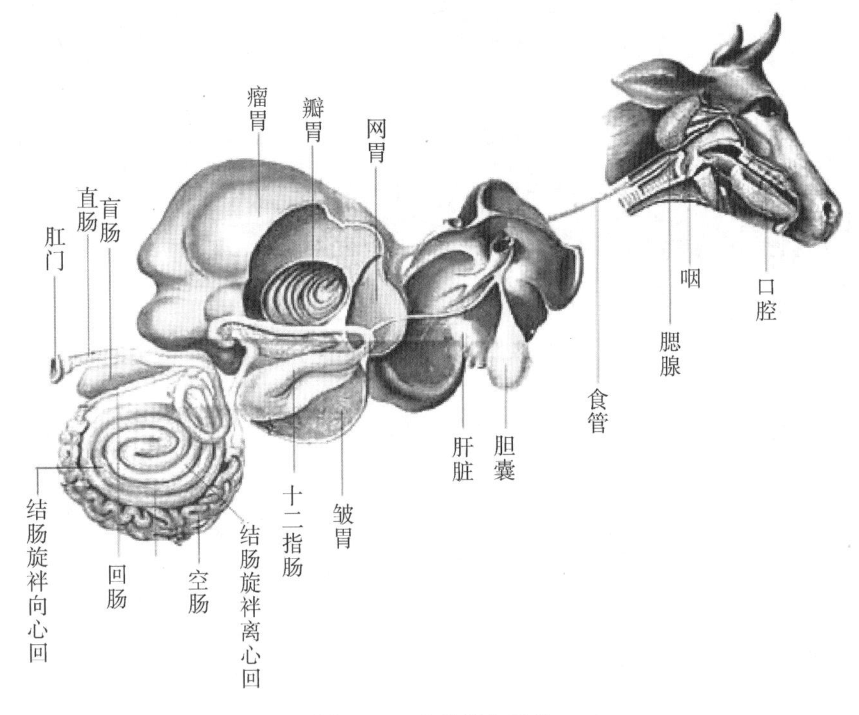

图 3-3　牛的消化系统

(2)口腔的组成:包括口腔前庭、固有口腔、齿、舌(图 3-4)。

① 鼻镜:牛、羊的唇与鼻孔之间无毛部分叫鼻镜,鼻唇腺可分泌液体而使鼻镜润湿。

② 舌:包括舌根、舌体、舌尖。

③ 齿:牛羊缺上切齿,而以切齿板代替,有 32 个齿。

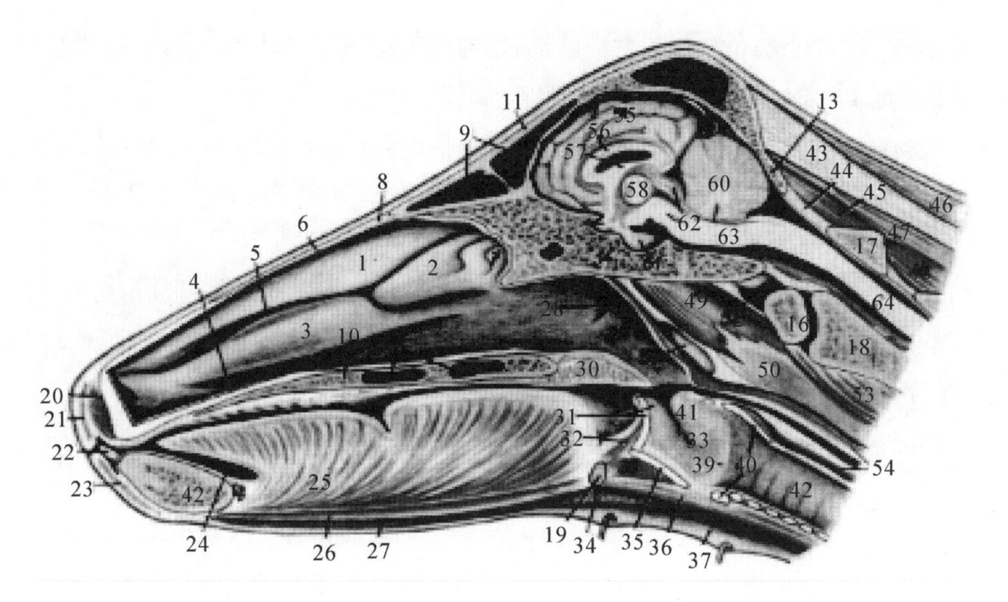

1. 上鼻甲　2. 中鼻甲　3. 下鼻甲　4. 上鼻道　5. 中鼻道　6. 上鼻道　7. 筛骨迷路　8. 鼻骨　9. 额前窦　10. 额后窦　11. 额骨　12. 下颌骨　13. 枕骨　14. 蝶骨(底蝶骨和前蝶骨)　15. 上颌骨的腭突(硬腭)　16. 腭窦　17. 寰椎　18. 枢椎　19. 底舌骨　20. 鼻端开大肌　21. 鼻唇腺　22. 切齿　23. 唇腺　24. 口腔舌下隐窝　25. 舌(颏舌肌)　26. 颏舌骨肌　27. 下颌舌骨肌　28. 咽鼓管咽口　29. 咽腔　30. 软腭(腭腺)　31. 会厌　32. 舌骨会厌肌　33. 肩胛舌骨肌　34. 下颌腺　35. 甲状软骨　36. 胸骨舌骨肌　37. 颈腹侧褶　38. 喉腔　39. 声襞　40. 环状软骨　41. 杓软骨　42. 气管　43. 项韧带索状部　44. 寰枕背侧腰　45. 头背侧小直肌　46. 斜方肌和夹肌　47. 头背侧大直肌　48. 头后斜肌　49. 头长肌(右侧)　50. 头长肌(左侧)

图3－4　口腔的组成图

(3)咽:消化管和呼吸道的公共通道。

(4)食道:食物通过的肌膜性管道,起于喉咽部,连接咽和胃。

(5)胃:牛羊胃为多室胃。包括瘤胃、网胃、瓣胃、皱胃。前三个胃无黏液腺体。

① 瘤胃(一胃):成年牛的瘤胃最大,占胃总容积的80%,几乎占腹腔的左半部,下部 超过中线占右半部分的小部分 ,上接食道与网胃交通。在胃的内壁有粗大的皱壁形成食道沟,胃黏膜有许多的乳头。

② 网胃(二胃也称百叶):呈瓣形,在四个胃中最小,成年牛约占胃容积的5%。上方有瘤网孔与瘤胃相通,借食道沟与食道相通。右上方有网瓣孔与瓣胃相通。

③ 瓣胃(三胃):占胃总容积7% ~8%。前连网胃、后经半皱孔与皱胃相通,胃黏膜形成百余片平行的皱褶,瓣上有短的角质化乳头,所以俗称百叶。

④ 皱胃(四胃):约占胃总容积的7% ~8%,呈长而弯曲的梨状体,位于瘤胃的右侧大部分位于剑状软骨部,小部分位于右季肋部,前部与瓣胃相连,后部与小肠相通,黏膜潮红,内有幽门腺,是真正起消化作用的胃。

(6)小肠:牛、羊小肠位部位于右季肋部、髂部和腹沟部形成很多卷曲,牛肠长度27～49 m,羊肠长度17～34 m。在十二指肠有胆管、胰管的开口。

(7)大肠:牛、羊的盲肠较小,表面平滑,位于腹腔右半上方的1/3处。结肠也较小,位于腹壁右半部,无纵带和肠袋,弯曲回转形成圆盘。牛为一圈半到二圈的向心盘曲和离心盘曲。羊为三圈,直肠短而细,肛门不外突。

(8)肝脏:牛肝分叶不明显,但仍可借胆囊窝和圆韧带切迹分为三叶,圆韧带切迹左侧者为左叶,胆囊右侧者为右叶,两者之间为中叶。肝门位于脏面中部,门静脉、肝动脉、肝神经由此入肝,肝管、淋巴管由此出肝。

(9)胰脏:呈不正的四边形,位于右季肋部和腰下部。

(五)呼吸系统

(1)概念:家畜有机体在新陈代谢过程中,需要不断地吸入氧气,呼出二氧化碳,这种气体交换的过程称为呼吸。呼吸系统就是畜体与外界进行气体交换的器官。

(2)呼吸系统:包括鼻、咽、喉、气管和支气管、肺

① 鼻:鼻位于口腔背侧,既是气体出入肺的通道,又是嗅觉器官。鼻包括鼻腔和鼻旁窦。

② 咽、喉:咽为漏斗状的肌性器官,是消化道和呼吸道的共同通道,位于口腔和鼻腔的后方。分为鼻咽部、口咽部和喉咽部三部。喉位于下颌间隙的后方,头颈交界处的腹侧,悬于两个甲状舌骨之间,前端以喉口和咽相通,后端与气管相通。喉既是空气出入肺的通道,又是调节空气流量和发声的器官。喉由喉软骨、喉黏膜和喉肌构成。

③ 气管和支气管:气管和支气管是连接喉与肺之间的管道。气管为一圆筒状长管,由喉向后沿颈腹侧正中线而进入胸腔,然后经心前纵隔达心基的背侧,分为左、右两条主支气管,分别进入左、右肺。气管在分出左、右支气管之前,还分出一较小的气管支气管(也称右尖叶支气管),进入右肺前叶。

④ 肺是进行气体交换的地方,其他是气体通过的地方。

(六)循环系统

循环是家畜在生命活动中,血液和淋巴液在管中流动不息,把营养物质带给全身各个组织,并把分解产物从组织中带至适当器官而排出。循环系统分为血液循环和淋巴循环(图3-5)。

(1)血液循环:由心脏、血管和血液组成。

① 心脏:位于胸腔两肺之间,偏于左侧些呈圆锥形。由心外膜、心肌和心内膜组成。心

肌在左心室处后。纵隔把心脏分成左、右不相通的两部心腔。二尖瓣把左心腔分成上房下室两腔，三尖瓣把右心腔分为上房、下室两腔。

② 血管：分为动脉、静脉和毛细血管。

动脉：血液自心脏组织流出的管道。起自心室，逐渐分支，愈分愈细，最后形成毛细血管分布全身各部，进行组织与物质交换。动脉管壁厚而富有弹性，管内流动的是含氧的血。

静脉：血液自全身组织流回心脏的血管，较动脉管壁薄而粗，弹性较差。管里有瓣膜可以防止血液逆流，管内流动血是含二氧化碳的血。心跳频率：牛 50 ~ 70 次/min；羊 60 ~ 80 次/min。

③ 血液：由血浆、血球和血小板组成。动脉血含氧多，呈鲜红色，流速快。静脉血含氧少，呈暗红色，流速慢。血液的功能是运送营养物质和废物；运输内分泌素保持体内的水分、电解酸碱度和渗透压的平衡；抗御外来细菌的入侵。

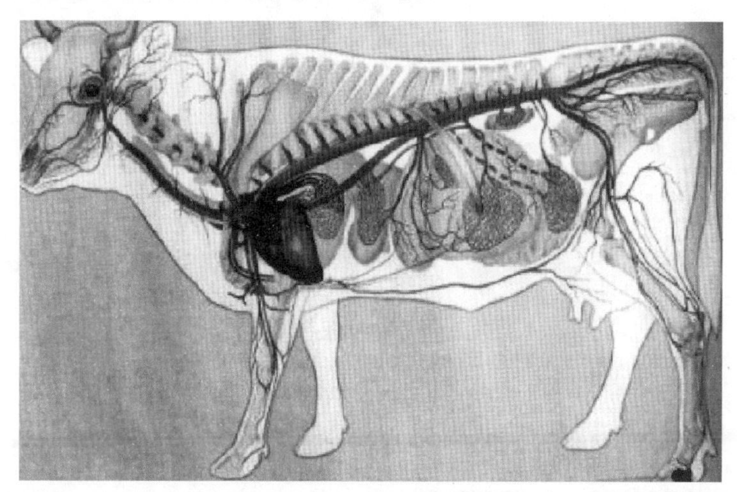

图 3 – 5　牛循环系统

(2)淋巴循环：血液循环的辅助部分。由淋巴结、淋巴管和淋巴液组成。淋巴结位于淋巴管通路上，多为豆状，呈乳白色，牛、羊有的呈扩散性黑色或褐色的色素沉积。它是淋巴的滤过装置，具有防御和吞噬侵入机体有害物质的作用。机体各组织器官都在淋巴结的监控之下，所以某淋巴结出现病变，说明相应的组织器官受到有害因素的侵害。

（七）泌尿系统

泌尿系统是牲畜新陈代谢的重要环节之一。牲畜新陈代谢中新产生的有害物质部分由肺、皮肤、肛门排出，而另一部分由泌尿系统排出体外。泌尿系统由肾脏、输尿管、膀胱、尿道组成（图 3 – 6）。

(1)肾脏：一对分泌尿的器官，呈红褐色，似蚕豆形，位于腹腔脂肪内。右肾高（第 2 与第

3 腰椎之间)左肾底(位于第 3 与第 4 腰椎之间),肾内侧凹部是肾门,是血管、神经、淋巴和输尿管的出入处。背面外侧是皮质,呈棕红色,皮质下是髓质,两者均由许多肾小球和肾小管构成,凡流入肾脏血液中的废物及有害物经肾小球滤过,肾小管自吸收后,形成尿液,进入肾盂,经输尿管进入膀胱,尿道排出。猪、羊、马的肾面平滑,牛的外表呈凹的肾叶。

(2)输尿管:从肾盂开始进入骨盆腔,将尿液流入膀胱。

(3)膀胱:呈梨形薄的肌质囊,位于骨盆腔内,积满尿时可以伸入腹腔。

(4)尿道:尿液的排出处。

(5)尿量:牛 6~20 kg/昼,羊 0.5~2.0 kg/昼。

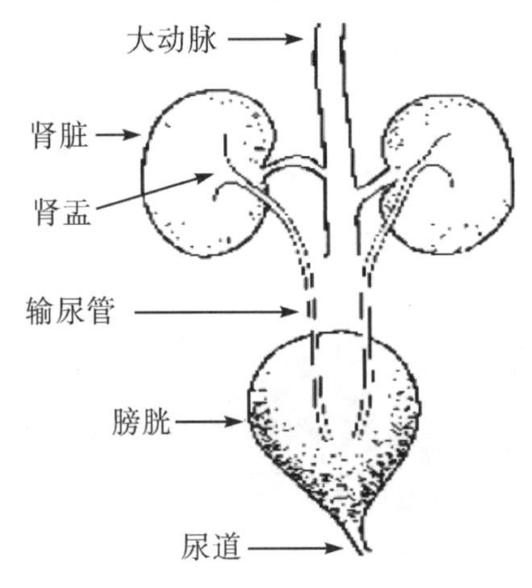

图 3-6　牛泌尿系统图

(八)生殖系统

略,基本同猪

(九)内分泌系统

内分泌腺是很多种无分泌导管的腺体的总称。将其分泌物称激素,激素直接进入血液淋巴,随循环系统流至全身各有关器官和组织,对牲畜的代谢、生长、发育、生殖等生理机能具有重要的作用。

内分泌腺主要有脑垂体、甲状腺、肾上腺、性腺。

(1)脑垂体:位于颅底蝶骨垂体窝内,是卵圆形暗红色小腺体。分前叶和后叶。其激素分为垂体前叶激素(包括生长激素、促性腺激素、生乳素、促肾上腺皮质激素和促甲状腺激素)和垂体后叶激素(包括催产素、血管升压素和抗利尿素)。

(2)甲状腺:位于颈后部胸骨柄前上方与气管腹面之间,两叶合一,呈红褐色。它分泌甲状腺素(含碘的氨基酸)能调节蛋白质、脂肪、盐、糖、水的代谢。

(3)肾上腺:位于两肾内侧,棕红色,分皮质和髓质。皮质分泌皮质激素可促进蛋白质、肝糖原的分解、抗刺激、抗过敏、促进钠、氯和水的重吸收,抑制对钾的重吸收。髓质分泌肾上腺素和去甲肾上腺素。肾上腺素可以使心跳加强、加快,使小血管收缩,血压上升。去甲肾上腺素能使心跳增强,同时有收缩血管的作用。

(4)性腺:睾丸和卵巢分泌产生的雄性激素和雌性激素。

第二节 牛羊的宰前检验及处理

宰前检验是牲畜进厂到屠宰前所实施的兽医卫生检验及处理。宰前检验与宰后检验互补,是缺一不可的主要内容。

一、宰前检验的意义

(1)宰前检验和处理是保证肉品卫生质量的重要环节之一,通过宰前检验可以贯彻执行病健隔离、分宰,降低死亡率,减少损失,防止肉品污染。

(2)通过宰前检验,可以检出宰后检验难以发现的人畜共患病和家畜疾病(如破伤风、中毒),防止疫病的传播。

(3)防止违章屠宰,通过宰前检验可以及时检出国家规定禁止屠宰的牲畜。

二、屠宰前的管理

屠宰前的管理包括宰前休息、停食给水 、淋浴和病死牲畜的处理。

1. 宰前休息管理

目的是保证宰后能得到质量好的肉品。

(1)经过充分休息可以降低宰后肉的带菌率:因为动物在长途运输过程中机体的抵抗力降低(因运输中牲畜的生理机能代谢受到抑制),致使一些细菌特别是肠道菌乘机进入血液和各组织器官。(如经5昼夜铁路运输的牲畜,卸车即宰,肝脏的带菌率为73%,肌肉的带菌率为30%,经24 h休息后再宰,肝脏的带菌率降至50%,肌肉降至10%)

(2)增加肉品的糖原含量,便于肉的成熟:在运输中由于环境的变化,家畜的精神紧张与恐惧,会大量地消耗畜体中的糖原,这样就影响了肉的成熟。所以休息可以使糖原分解为乳酸和葡萄糖,来补充运输中肌肉所消耗的肌糖原,这样宰的肉既利于成熟,又能耐藏,也减少应激综合征。

(3)经过休息可以排出机体内过多的代谢产物:在运输途中由于精神紧张和恐惧,使机体的代谢产物增多并蓄积体内,即影响肉品的卫生质量。

2. 停食管理

牛、羊停食24 h,但必须保证充分地饮水到宰前3 h,其意义在于:

(1)可以节约饲料:因进入牛胃的饲料会经过40 h以上才能消化,所以停食不会影响畜肉的营养,停食既节约饲料和劳力,又能排空胃肠的物质,便于屠宰后剖腹清膛和冲洗内脏。

(2)有利于放血充分:在停食期,足够的饮水可以冲淡血液,利于放血完全。

(3)便于操作:停食给水,保持畜肉足够的水分,这样剥皮加工等操作方便。

3. 宰前淋浴

除去体表污物,减少宰杀中污染,并有利于放血完全。

三、宰前检验及处理

宰前检验包括验收检验、待宰检验和送宰检验。所采用的方法是视、听、触、检等。

(一)步骤程序

1. 验收检验

(1)卸车前应索取产地检验合格证(产地动物检验机构出具),并临车观察。无异常表现,证、货相符准予卸车。

(2)卸车后查看动物外貌、行走姿势、精神状态。合格的送待宰圈,可疑的送隔离圈,如经饮水、休息恢复正常的可送待宰圈;病畜和伤残的牛、羊送急宰间或无害化处理间处理。

2. 待宰检验

在休息停食给水期,卫生检验人员应经常深入圈舍中。进行动、静的观察。防止病畜漏检。

3. 送宰检验

(1)牛、羊送宰前必须经过一次群检。有条件的正规厂应该在测温巷道中,对牛逐头测量体温(牛37.5℃~39.5℃),羊可以进行抽测(羊38.5℃~40.0℃),经检合格的,由检验人员签发宰前检验合格证书,准予宰杀。

(2)如果体温高,无病态的可先送隔离圈观察,恢复正常后再最后送宰。

(3)病畜由检验人员签发急宰证,送急宰间处理。

(4)死畜不得屠宰,送无害化处理间处理。

(二)宰前检验的方法

1. 群检

(1)静态观察:在动物自由休息时用静看、静听的方法仔细观察畜体的营养、体表及被毛状况;头、尾的姿势和对外界的刺激反应;呼吸及鼻、眼的分泌物的变化;粪、尿的性状和反刍的机能状态等。

(2)动态观察:动物在自由运动或强制运动时,观察其姿势体态等。并注意运动后的呼吸排泄是否改变。

(3)饮水的观察:注意牲畜是否正常饮水或者不饮水,反刍或想食而又不能吞咽。

2. 个体检查

指的是经群查后挑出的病畜和可疑的屠畜的检查。必要时要进行实验室检验。常用视、听、触、检的方法:

(1)视检

观看屠畜的营养、发育、精神、被毛、皮肤状况;看行走姿势和步态;看呼吸是否正常,牛患肺结核时,会出现血性鼻液;看可视黏膜,牛、羊眼结膜淡红色;观看粪便是否正常。

(2)听诊

听屠畜有无异常的叫声、咳嗽(干性是上呼吸道炎病,湿性时肺部炎病)。用听诊器听心音、肺音和胃肠音。

(3)触诊

① 查体表:角根、耳根、皮肤的温度来判断牲畜的体温变化。如果升高,见于一些热性病。

② 触摸:皮肤的弹性。如在重度胃肠炎时会脱水、营养不良,均能降低皮肤的弹性。如果皮肤局部有肿块,其大小、形态、硬度不同或表现红、肿、热、痛等现象,说明有病症。如牛的出血性败血症时,在颈部、喉头等会发生炎性水肿。

③ 对内脏的触诊:如牛的直肠检查。

(4)测体温、呼吸、脉搏

表3-1 屠畜正常体温、呼吸、脉搏一览表

畜 别	体温/℃	呼吸/次/min	脉搏/次/min
猪	38.0~40.0	12~20	60~80
牛	37.5~39.5	10~30	40~80
绵羊、山羊	30.0~40.0	12~20	70~80
马	37.5~38.5	8~16	26~44
鸡	40.0~42.0	15~30	140
兔	38.5~39.5	50~60	120~140

3. 实验室检验

包括血、尿、粪的常规检查和病理检查;微生物学和血清学的诊断。如口蹄疫,可疑结核病时应做皮肤(内)变态反应,可疑布鲁氏病时应做试管凝集反应等。

第三节 牛羊宰后检验及处理

宰后检验指对送宰的屠畜进入屠宰间经放血、剥皮。取内脏、劈半全过程的检验、盖章及处理。包括头部、内脏、胴体、复验和盖章等。

一、宰后检验的意义

宰后检验是宰前检验的继续,对保证肉品卫生质量,控制动物疫病,防止人畜共患病的传播,保证食肉安全具有重要意义。其应用动物病理学和实验室诊断技术,在屠宰解体的状态直接观察胴体、脏器所呈现出的病理变化和异常现象进行判断。因而是检出有害肉和劣质肉的主要手段。

二、宰后检验的基本方法和要求

1. 基本方法

是以感官检验和剖解检验为主,必要时辅助与实验室检验(细菌学、血清学病理和理化等)相结合的综合方法。采用视检、剖检、触检和嗅检。

(1)视检:观察屠体的皮肤、肌肉、胸腹膜、脂肪、骨、关节和脏器的色泽、大小、形状和变化。

(2)剖检:剖检淋巴结、脏器和肌组织的变化确诊病态和正常态。

(3)触检:触摸组织器官的弹性、软硬度。

(4)嗅检:嗅组织和器官的气味。

2. 要求

宰后检验不同于一般的尸体剖解,它是在生产流水线上瞬时对屠畜健康状况作出较准确的判断。因此要求检验人员必须具备广泛且丰富的专业知识和熟练的操作技能;高度的责任心,不能漏检、错检或不检。

(1)遵循一定的程序和顺序,进行屠体和脏器检验,不能漏检、错检和不检。

(2)为保证肉品的卫生质量和商品的完整性,检验特定的部位,顺肌纤维切开,不能横切。

(3)淋巴结要求纵向切开。发现不明显淋巴结摘下细检。

(4)切开病变器官和组织部位时要防止病变组织污染产品、场地、设备和手臂。检验人员在检验中除认真工作外,还要有自我保护意识。

(5)应为检验人员配备两套工具。

三、宰后检验的程序

宰后检验包括头部检验、内脏检验、胴体检验和复检盖章。要求头、屠体、内脏和皮张应统一编号,对照检验。肉品检验的着眼点应该是淋巴结。

(一)淋巴结的选择及常见病变

1. 牛、羊头部的淋巴结的选择

颌下淋巴结:位于下颌间隙中,在胸头肌前端和颌下腺下部之间。呈卵圆形约 3 cm × 3 cm。主要收集头腹侧面的肌肉和骨、鼻腔、口腔前部及唾液腺。

2. 牛羊胴体淋巴结选择

(1)颈浅淋巴结:牛、羊叫肩前淋巴结,位于肩关节上方,臂头肌和肩胛横突肌的深部。表面可触及,长 1 ~ 10 cm,收集颈部、胸部、前肢的肌肉、皮肤的淋巴液,是胴体前半部大部组织的淋巴总汇。

(2)额内淋巴结:位于额外动脉起始部与腹动脉之间的夹角中,约有 1 ~ 4 个。收集腰部、骨盆部、股部的肌肉,骨盆腔器官及额外淋巴结、坐骨淋巴结、肛门直肠淋巴结,是机体后半躯的淋巴总汇处。

(3)腹股沟浅淋巴结,公畜为阴囊淋巴结,母畜为乳房淋巴结。公畜位于阴茎背侧精索后方,长约 3 ~ 6 cm(收集阴囊、包皮、阴茎和股部、小腿部皮肤淋巴液)。母畜位于乳房基部的后上方皮下,长约 6 ~ 10 cm(收集乳房、外生殖器和股部小腿部皮肤的淋巴液。)

3. 牛、羊内脏淋巴结的选择(图 3 - 7)

(1)纵隔淋巴结:共有五组。及纵隔前、后两组,纵隔背腹两组和隔中淋巴结。常剖解纵隔中和纵隔后淋巴结,在肺摘除时常留在肺上易检。

① 纵隔中淋巴结:位于动脉弓的左侧,食管的背侧。收集食道、心脏、肺、支气管背侧淋巴液。

② 纵隔后淋巴结:位于主动脉弓的后方,食道部的上方,与膈相接,食管裂孔的背侧。收集心、肺、食管、气管、隔膜、肝、胃、脾的部分淋巴液。

③ 肠系膜淋巴结:包括十二指肠、肠系膜前、空肠、盲肠、结肠、肠系膜后淋巴结。一般空肠淋巴结末端部分,位于空肠系膜中 10 ~ 15 个,大小不等 。牛的最长 120 cm,羊的 10 cm,呈链条状排列。收集空肠、回肠、小肠系膜淋巴液。

4. 病变

略,基本同猪

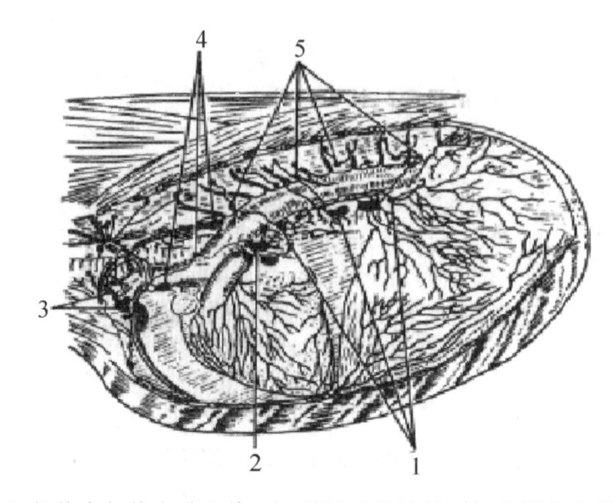

1. 纵隔后淋巴结　2. 气管支气管左琳巴结　3. 颈深后淋巴结　4. 纵隔前淋巴结　5. 纵隔中淋巴结

图3-7　牛胸腔淋巴结图

(二)宰后检验的程序

1. 头部检验

(1)牛的头部检验

① 首先观察唇、齿牙龈及舌面有无水疱、溃疡或者烂斑(注意牛瘟和口蹄疫)。

② 触摸舌体观察上下颌的状态(注意放线菌)。

③ 剖检咽喉内侧淋巴结和颌下淋巴结。

④ 观察咽喉黏膜和扁桃体(注意结核炭疽)。

⑤ 沿舌系带纵向切开舌肌,切开内外咬肌(注意囊虫,水牛注意舌肌上住肉孢子虫)。

(2)羊的头部检验:注意检皮肤、唇和口腔黏膜(注意有无痘疮或溃疡)。

2. 内脏检验

在胴体剖腹前后检验人员应观察被摘除的乳房、生殖器和膀胱有无异常。随后相应的对摘出胃肠和心肺进行全面的对照观察和触检,如果发现化脓性乳房炎,生殖器官肿瘤和其他病变时,该胴体和内脏推入病道,由专业人员对照检验和处理。

(1)胃肠检验

① 先看胃浆膜上有无结节增生物,有无创伤性胃炎。

② 再拉出脾脏看是否正常。将小肠展开,检验肠系膜淋巴结有无肿大、出血和干酪样变性。

③ 清洗后对胃肠结膜进行检验和处理。

(2)心脏检验

① 检验心包和心脏是否有创伤性心包炎、心肌炎和心外膜出血,是否有寄生虫。

② 切开心肌看是否有心内膜炎。

③ 当发现心脏上生有蕈状肿瘤或红白相间,隆起于心肌表面的白血病病变时,应将胴体推入病道处理。

(3)肝脏检验

① 观察肝脏的色泽、大小是否正常,触检弹性。

② 如果见肿大的肝门淋巴结和粗大的胆管,应切开肝脏,看有无肝淤血、肝硬变、肝脓肿,坏死,是否患有肝片吸血病。

③ 当发现可疑肝癌、胆管癌时,应将该胴体入病道处理。

(4)肺脏检验

① 观察其色泽、大小是否正常,并触检。

② 切检硬变部分,检是否有淤血、水肿、小叶性、大叶性肺炎和寄生虫。

③ 检验纵隔淋巴结和支气管淋巴结,有无肿大、出血、干酪变性和钙化结节病灶。如肺结核病。

④ 检出肺有肿瘤或纵隔淋巴结异常肿大时,应将胴体入病道处理。

3. 胴体检验

(1)牛的胴体检验在剥皮后进行

① 观察整体和四肢有无异常,有无淤血、出血和化脓的病灶,股部如果有注射痕迹,应将注射部位的深层组织和残留物挖除干净。

② 两侧腹股沟浅淋巴结(必要时检查髂下淋巴结)是否有淤血、出血、水肿等变状。

③ 检验股部内侧肌,内腰肌,肩胛外侧肌有无寄生虫泡囊。

④ 检验肾脏是否正常有无出血、充血、坏死、肿瘤等变状。

⑤ 检验腹膜是否有炎症,脂肪坏死和黄染。

(2)羊的胴体检验以感官检验为主,触检为辅

① 看体表有无病变,是否带毛。

② 胸腹腔中是否有炎症和肿瘤病变。内腰肌,腹内侧肌是否有寄生虫。

③ 肾脏是否有病变。如出血、肿大、变形等。

④ 实验室检验。

⑤ 有毒、有害腺体摘除。

在检验中应摘除甲状腺、肾上腺和病变淋巴。

4. 复检盖章及处理

(1) 复检

① 牛复检应在劈半后进行，根据初检结果进行全面复检。

A. 有无漏检，错检的。

B. 内外伤是否修割干净，是否有胆汁污染。

C. 椎骨中有无化脓，钙化灶病变，骨髓有无褐变和溶血现象，有无化脓性。

D. 肌组织有无变性，水肿，膈肌有无肿瘤和白血病变。

E. 肾上腺是否摘除。

② 羊复检

A. 有无漏检，错检的。

B. 肾脏是否正常。

C. 内外伤是否修割干净，有无带毛。

(2) 盖章、处理

① 经检验符合肉品卫生安全规定的肉品，加盖肉品品质检验合格章，准予出厂，准予食用。盖检印章所用的颜料和化学药品要符合对人体无害、易于印染在组织表面、颜色鲜艳、快干且不起皱，烹调或加工时易于褪色等原则。

② 对检验不合格的肉品处理

A. 有条件食用的，按规定盖章后进行无害化处理。

发现创伤性的心包炎，在心包极度增厚，被绒毛样纤维蛋白覆盖，与周围组织膈肌、肝发生粘连的，割除病变组织后，应高温处理后出厂(场)。

发现牛的神经纤维瘤，腋下神经粗大，水肿呈黄色时，将有病的神经割除干净，肉可用于复制加工原料。

发现牛的脂肪坏死，在肾脏和胰脏周围、大网膜和肠管等处，有手指头大或拳头大，不透明灰白色或黄褐色的脂肪坏死凝块，其中含有钙化灶或结晶体等，可将脂肪坏死凝块修割干净后，肉可不受限制出厂。

B. 经检应化制和销毁的都应在检验人员现场指导下进行处理。

C. 化制和销毁方法。

一种是湿法化制，利用湿化机，将整个的胴体和修割下的病料投入化制(熬成工业油)；另一种是焚烧法，将整个机体和修割下的病料投入焚烧炉内，烧毁呈炭化。

5. 登记(记录)

将每天的屠宰头数、产地、畜主、宰前、宰后检验出的病畜和不合格肉的处理情况进行登记。

第四节　牛羊主要病变的检验

一、主要传染病的检验

传染病的概念和必须具备的条件

(1)传染是动物机体对侵入体内并进行繁殖的病原微生物所产生的一系列反应的总称。传染过程是病原微生物与机体在一定环境条件影响下相互作用、相互斗争的一种复杂的生物学过程。

(2)传染病:凡是由病原微生物引起具有一定潜伏期和临床表现,并具有传染性的疾病称传染病。

① 特点

A. 由病原微生物与机体相互作用引起。每种传染病都有它特异的病原微生物。

B. 传染病都具有传染性和流行性。

C. 大多数传染病愈后具有终生免疫或一定时期免疫。

D. 传染病都具有独特的临床表现,都有一定的潜伏期,有一定的病理过程;大多数均表现发热和炎症。

② 引起传染病发生的条件

A. 必须具有病原微生物。

B. 必须具有一定的传染途径。包括直接接触,通过交配、舔咬等方式,如狂犬病;间接接触,通过被污染物、饲料、饮水、土壤、空气、活的传播者而传播。

C. 必须具有能传染的易感动物。

③ 诊断

A. 流行病学调查。

B. 查出致病微生物。

C. 临床症状(潜伏期、病理过程)和尸体剖检。

④ 预防措施:包括疫苗注射、封锁疫情、报告疫情,迅速诊断病畜,发现患病或疑似病畜进行隔离或扑杀处理。进行彻底的清洗消毒。

二、几种传染病的检验和处理

(一)炭疽(人畜共患病)

炭疽是由炭疽杆菌引起散发性或地方性的人畜共患的急性热性传染病。一般马、牛、羊易感染且常呈急性败血性症状。

1. 病原

炭疽杆菌，革兰氏阳性竹节状大杆菌。

2. 症状

经消化道传染，潜伏期为1～5 d。

(1)羊：绵羊的易感性最大。多数呈急性经过，往往在几分钟内突然死亡，症状不明显。

急性型：病羊步伐不稳，呼吸困难，体温高达41℃以上，全身发抖，磨牙，心跳剧烈，天然孔流出带有气泡的暗红色血液，一般几小时死亡，病亡率很高，山羊症状比绵羊轻。

(2)牛：易感染，症状为急性型，病牛体温高达41℃～42℃，脉搏增快，呼吸急促，食减，精神兴奋，惊慌不安。鸣叫，慢慢变为抑郁，全身发抖，黏膜发紫，继而死亡。呈慢性经过的牛，开始不明显，只有体温升高。症状渐显，和急性相仿，颈、胸、腰、外阴等处水肿。

3. 剖检

牛羊全身各部有出血，以胸膜处最显著。脾脏特别肿大，比正常的大3～4倍，质脆，切开流出黑红色煤焦油样血液，尸僵不全。天然孔流出含有气泡的血液，血液不易凝固。可疑炭疽死亡的尸体，严禁随地解剖。

4. 诊断

因该病常和气肿疽、恶性水肿、出血性败血症等相混淆，故临床上仅就通过表现进行诊断是很不确切的。加上可疑炭疽病死亡的又不能进行剖检，因而确诊更困难。唯一可靠的方法是采料(耳尖血或肝、肾，脾组织)送实验室做血清学和细菌检验(表3－2)。

表3－2 炭疽、气肿疽、恶性水肿、出血性败血病的鉴别诊断表

病名区别	气肿疽	恶性水肿	出血性败血病	炭疽
病因	气肿疽梭菌在组织内不形成长链，无荚膜，尸体内外均能形成芽孢，革兰氏阳性菌	腐败梭菌，肝表面触片呈无节长丝状，无荚膜革兰氏阳性菌	巴氏杆菌，两极着色细小，球杆菌，兰氏阴性菌	炭疽杆菌。菌体粗大，呈竹节状，尸体内形成荚膜，但不产生芽孢，革兰氏阳性菌
流行形式	多呈地方性	散发	散发或地方性	多呈散发
易感动物	主要为3岁以下的牛	马、绵羊易感，牛少见浮肿	各种家畜	各种家畜
皮下肿胀	多在肌肉丰满部位，气肿性，有捻发音	部位不定，气肿性，初有捻发音，但不如气肿疽显著	多在头颈、咽喉、前胸、硬痛，无捻发音	多在颈，胸，腰，外阴部位，触诊浮肿，无捻发音

续表

病名区别	气肿疽	恶性水肿	出血性败血病	炭疽
血液	无显著变化	凝固不全	无显著变化	凝固不全，呈煤焦油状
脾肿大	一般不肿大	肿大	一般不肿大	显著肿大
坏死状	有	无	无	无
炭疽沉淀反应	阴性	阴性	阴性阳性	

5. 卫生处理

(1)宰前检出时，采取不放血方法扑杀，尸体销毁。

(2)确诊的胴体、内脏、皮毛及血必须销毁。被污染的胴体和副产品化制后作工业用。

(3)宰后发现时，应立即停产，封锁现场，工作人员原地不动，通知采样，划清污染范围加以控制。

(4)为防止病原扩散，应将未被接触的胴体和内脏迅速由车间转移。

(5)立即对现场彻底消毒，用20%的漂白粉液、10%的NaOH溶液或5%甲醛溶液对地面、设备、墙壁进行消毒。

全部工作6 h内完成。全套器具和用具应在5%的碱水煮沸30 min(盖锅)。

（二）结核病（人畜共患病）

1. 病原

由结核分支杆菌引起的一种慢性传染病。特征是患畜渐进性的衰弱及在组织中、器官内形成结核结节和干酪样坏死病灶。常见于牛，次为猪和鸡，羊少见。

(1)分型：牛型、人型、禽型。

(2)抵抗：对外界干燥环境中抵抗力非常强，在痰里可存活4~7个月。在粪、土壤、水中可生存5~6个月。在奶中可生存9~10 d。对高温和消毒药抵抗力不强，在70℃的温度中15 min可杀死。5%的碳酸24 h内可以灭活，4%的甲醛液中12 h内可以杀死。

2. 症状

主要是经呼吸道和消化道感染，潜伏期数月至数年。

牛结核病：常见肺结核、乳结核和肠结核三种。

(1)在活畜表现：肺结核时患畜渐消瘦，呈短促的干性或湿性咳嗽。特别是早晨运动及饮水后。鼻腔常流出淡黄色的黏液且食欲不振。被毛粗糙无光，体温不变，听诊肺部有啰音。

乳结核时乳房淋巴结肿大，先有局限性不热不痛，弥漫性硬结。乳汁稀薄，量少。

肠结核时顽固性腹泻，粪中常带有黏性脓液。

(2)剖检：除淋巴结具其相似病变以外，肺及其他脏器可呈白色或黄色针尖大到鸡蛋大结节，结节中心坏死，呈干酪样坏死物质。慢性的有钙化点。

腹膜结核时见腹膜上呈白色坚硬的珠粒样结节。

肝、肾、脾、睾丸有时也可以出现结核结节。

3. 诊断

除临床症状诊断外，必须实验室确诊，并注意是局部性的结核(指个别脏器或小循环的一部分脏器发病。如肺、胸膜或腹膜结核)，或全身性的结核：指菌经淋巴或血液向全身散播，引起其他组织器官的结核病变。

4. 鉴别诊断

注意和放线菌病、寄生虫结节、伪结核、真菌性肉芽肿的区别。

(1)与放线菌病肉芽肿的区别

结核病病灶的切面平滑，内含干酪样坏死物并钙化。肺、乳腺、肝和淋巴结等器官的放线菌病的肉芽结节类似结核结节，但主要由柔软的组织形成，断面显著地隆突，中含有灰黄色浓汁，无干酪样坏死，常混杂着黄色硫磺颗粒状或沙粒状放线菌菌块。

(2)与寄生虫结节的区别

① 肺、肝等器官发现因棘球幼虫死亡而凝块或钙化的结节(形似结核结节)易从包膜上刮下。

② 牛的肠系膜淋巴结内有时发现因锯形舌状虫或吸虫幼虫引起的坏死状(外形似结核结节)，但病状内含有淡黄色或灰白色脓样物或钙化沉着，镜检可见活的虫体或虫体残骸。

③ 与伪结核的区别：伪结核时淋巴结不肿大，病灶内含黄绿色无臭的干酪样脓汁，软似油灰状，经久后变干成层，切面呈轮层状(似洋葱的断面)。脓肿周围常有厚厚的结缔组织包囊。

④ 与真菌性肉芽肿区别：宰后检验在肺，胸腹膜或牛瘤胃会发现有真菌性肉芽肿结节(似结核结节)。但不见干酪样坏死，也很少钙化。镜检可见真菌孢子或菌丝，相应的淋巴结也无结核病变。

5. 卫生处理

(1)患全身性结核病的胴体，内脏全部作工业用或销毁。

(2)发生局部性病变，病变部位割下做工业用或销毁，其他无害化处理。

(三)口蹄疫

口蹄疫是由口蹄疫病毒引起偶蹄动物的一种急性，热性高度接触性的传染病。

特征是口、鼻黏膜、蹄冠、蹄叉以及乳房皮肤发生浆液性水疱溃疡。该病传播快，对畜牧业发展威胁较大。牛尤其是犊牛对口蹄疫病毒最易感，骆驼、绵羊、山羊次之，猪也可感染发病，偶见于人和其他动物。所以我国将其列为一类传染病。

1. 病原

潜伏期为 1 ~2 d。分为 A、O、C、南非 1、南非 2、南非 3 和亚洲 1 型。对不良环境的抵抗力较强。在土壤中能活几个月，在寒冷冰冻的条件下生存时间更长。对热的抵抗力不强，煮沸很快杀死，3% 的 NaOH，3% 的草灰水，3% 的福尔马林对病毒杀伤力高，现用的 5% 的过氧乙酸效果更好。

2. 症状（宰前）

主要侵入途径是消化道黏膜和蹄部皮肤的创伤。病程 8 ~12 d，死亡率 2% 左右。

（1）牛的症状：在牛口腔黏膜上出现原发性水疱，开始牛体温升高 40℃ ~41℃，精神萎靡，食欲减退，流涎，1 ~3 d 水疱渐大而破裂，形成浅圆形的红色烂斑。这时蹄部发红、肿、热、疼，1 ~2 d 后蹄汊也出水疱随后破裂，结痂跛行，严重的蹄壳脱落，不能走，乳畜在乳房皮肤也出现水疱，糜烂结痂的症状。犊牛则可引起心肌炎而死亡。

（2）羊：对本病易染性较低，症状与牛相似，但较轻微，水疱较少，并很快消失，绵羊主要在蹄部见水疱，偶尔也出现在口腔黏膜，山羊多易于口腔黏膜水疱。

3. 宰后

除口腔、蹄部、乳房等外表症状外，食道也能见到水疱和烂斑，牛的第一胃有糜烂，胃肠出血性炎症，肺有浆液性浸润，心包内有浑浊的黏性液体，心肌纤维发生脂肪变性而柔软，扩张，严重的形成不整齐的斑点或灰白色的条纹，形成虎皮斑纹，称“虎斑心”。

4. 鉴别

（1）与牛瘟的区别

① 牛瘟的舌背面没有水疱和边缘整齐的烂斑，而是在舌下的黏膜，齿龈等处出现灰白色，坚实的小结节，继而破溃，彼此融合。形成边缘不整齐的烂斑，往往覆有灰黄色，糠麸样假膜。

② 牛瘟常伴发出血性，纤维性与坏死性胃肠炎，所以出现急性腹泻，血便，恶臭。口蹄疫只有幼畜有胃肠炎。

③ 牛瘟无蹄，乳房皮肤病变。

④ 牛瘟只有牛感染，而羊极少感染。

（2）与传染性水疱病区别：传染性水疱病特征是在牛口腔，舌面发生不大的水疱，且易愈合，马属动物易感染。

（3）与牛恶性卡他热区别：牛恶性卡他热只在口腔黏膜上有糜烂，鼻黏膜和鼻镜上有坏死过程,但发生前不形成水疱,该病可见角膜混浊。而口蹄疫无此病变。

(4)与猪水疱病区别:症状相似,但不感染牛羊。

5. 卫生处理

(1)宰前确诊的病畜和同群畜全部扑杀销毁。

(2)宰后检出的胴体、内脏及其副产品,被污染的胴体、内脏和副产品均应全部销毁。

(四)布鲁氏菌病(人畜共患病)

1. 病原

由布鲁氏杆菌引起的人畜共患的慢性传染病。在家畜中以牛、羊、猪较易感染。其主要特征是流产、不育和关节炎、睾丸炎。

2. 症状

怀孕母牛常于妊娠6~8个月发生流产、产死胎或弱胎,流产后常排出污秽的灰色或棕色恶露。有的发生胎衣滞留,出现子宫内膜炎,阴道流出不洁棕红色渗出物。乳腺受到损害引起泌乳量下降,重者可使乳汁完全变质,乳房硬化,甚至丧失泌乳能力;也有伴发关节炎。公牛主要表现为睾丸和副睾丸炎。孕羊流产,可发关节炎和滑液囊炎。公羊发生睾丸炎。

3. 剖检

可见胎儿败血症变化,组织器官(子宫、乳房、胎衣、睾丸及副睾)的炎性反应(渗出、坏死、化脓或干酪化)及细胞增生形成肉芽肿(结节由上皮样细胞及巨噬细胞组成)至瘢痕化。

4. 卫生处理

全部销毁

(五)牛瘟(烂肠瘟)

是由牛瘟病毒引起的牛的一种急性败血性传染病。特征为黏膜坏死性炎症变化。

1. 宰前检验

患牛体温升高达40℃~41℃。除一般全身症状外,特征是口腔黏膜的变化。初期流涎、口角齿龈唇、颊内面和硬腭黏膜弥漫性充血、潮红、上有粟粒大灰白色或黄色水疱性小结节,进而溃烂或融合,形成边缘不整齐的暗红色烂斑,上覆灰黄色屑状坏死物,似撒了一层麸皮。

后期发生剧烈的腹泻、大便失禁。粪便稀薄带血液。眼、鼻黏膜潮红或溃烂,流出浆液性脓性分泌物。

2. 宰后检验

主要特征是损坏消化道、口腔、唇内、舌下等,症状同前。瓣胃中有大量食物,真胃空虚。幽门区和皱壁处显著充血,并有麸皮样膜或褐色痂皮溃疡。

肝、肾、心实质变性,上呼吸道也被覆假膜,并有溃斑。确诊需做补体结合试验和荧光抗体试验。

3. 卫生处理

确诊患牛的整个尸体、内脏均销毁。

(六)气肿疽(鸣疽又名黑腿病)

气肿疽是由气肿疽酸菌引起的牛羊的一种急性败血性传染病,猪很少见。一般是 8 个月至 4 周岁(很少见水牛、绵羊、骆驼、猪,马不感染)。

1. 病因

气肿疽梭菌,具有周鞭毛、能运动、无荚膜。在体内形成芽孢,位于中央或近端。革兰氏阳性菌,心、肝、脾涂片见两端钝圆。长 3 ~6 μm、宽 0.5 ~0.7 μm 的小杆菌。

对热和消毒药抵抗力不强。在风干的皮张中可存在 18 年。在 100℃水中 20 min 死亡。3 %的福尔马林溶液中 15 min 失活,在 0.2% 的升汞中 10 min 可失活。

2. 症状(宰前)

体温升高 41℃ ~42℃,反刍停止,脉搏增加。牛羊多在肌肉丰满的臀部、后股及胸部呈现炎性水肿,起初浮肿坚实、疼痛、发热,中心变冷,手按有捻发音,无痛感,发病如果在四肢,行走困难、跛行或卧地不起。多于 1 ~3 d 很快死亡,病愈者很少。

3. 剖检(宰后)

病变的肌肉发生出血性坏死炎症。肿胀部皮下结缔组织浸润浆液性出血性胶样渗出物,含有气泡、弥散的出血点。病变肌肉暗红色或黑色,切面干燥、易碎、呈海绵样多孔状,按压有捻发音。病变区发出特殊的酸败油气味。淋巴结被浆液性血样液所浸润,出血。

4. 鉴别诊断

必须和炭疽、恶性水肿区别开。

(1)炭疽病:脾显著增大,脾髓软化,血凝不良,水肿部无捻发音和气泡。

(2)恶性水肿:相似难鉴别,只是恶性水肿一般在牛的产后感染,确诊靠实验室诊断。

5. 卫生处理

(1)宰前发现,禁止屠宰。

(2)宰后发现,全部尸体、内脏销毁。被污染的进行无害化处理,皮和骨消毒后利用。

(七)恶性水肿

由腐败菌引起的骡、驴、猪、牛的一种热性毒血症。羊少见,呈地方性散布,多经外伤传染。

1. 病原

该病由腐败梭菌引起，两端钝圆，长 2 ~ 3 μm，宽 0.8 ~ 1.1 μm，无荚膜，有周鞭毛能运动，革兰氏阳菌。在菌体中央或偏端形成芽孢，涂色镜检为长丝菌体。

2. 宰前检验

因是创伤性感染，所以病畜在创伤部周围呈弥漫性水肿、热痛，后变冷无痛无气肿，指压有捻发音，切面流出带气泡腐臭、红棕色的液体。往往是分娩感染，如果发生于生殖道时，见阴户肿胀，阴道黏膜坏死，会阴和腹下部水肿。严重的全身发热，呼吸困难，黏膜出血、发绀，有腹泻。最后发展为毒血症而死。羊得分娩性恶性水肿时症状与牛类相似。

3. 宰后检验

皮下有黄褐色浸润，肌肉暗褐色，韧性降低、易于撕断，肌肉间也含有气泡，发生特异性的败油气味。脾和淋巴肿大。

（八）放线菌病（大颌病）

由放线菌引起的一种伴有肉芽组织化脓性病变。特征为在头颈部皮肤、下颌骨和舌部发生放线菌肿。此病以牛最常见。

1. 宰前检验

（1）牛：在头、颌部皮肤、下颌骨出现放线菌肿病灶硬而有痛感。病灶皮肤破溃后流出硫磺颗粒的脓汁，还可形成瘘管。舌唇感染、流涎、咀嚼困难。病久了舌变得硬肿，有“木舌病”之称。

（2）羊：症状基本同牛。

2. 宰后检验

下颌骨肿胀、骨质疏松，常有黄绿色的颗粒状脓汁流出。舌背面有小结节或溃烂、舌硬，乳房变成坚硬的肿块，并形成瘘管、坏死。确诊需要细菌鉴定。

3. 卫生处理

（1）患病的胴体、内脏、骨骼全部作工业用或销毁。

（2）局部在头和内脏作工业用或销毁。

（3）病变只发生在头部淋巴结时，淋巴结销毁，头部不受限制出厂。

（九）羊快疫

羊快疫是由腐败梭菌引起的羊的一种急性传染病，多在春和秋冬季发生。一般呈地方性流行。特征为发病突然，病程短促，真胃黏膜呈出血性坏死性炎症。绵羊多发，一般在 6 月龄至 2 岁间。

病原是腐败梭菌,长2 ~4 μm,有鞭毛,可运动,能产生芽胞,革兰氏阴性菌,死尸肝脏涂片镜检见丝状排列菌。可作诊断的重要依据。该菌为厌氧菌,所以在厌氧肉汤内培养可迅速产生大量气体。

该菌如果侵入牛羊皮肤伤口,可引起恶性水肿。经消化道感染,在气候骤变、多雨和冰霜季节是本病的诱导因素。

1. 宰前检验

该病是突发病,常在症状未出现之前死亡,所以病羊常死于赶运,放牧途中或圈舍(多为肥壮的羊只)。慢性病畜有昏迷状态,磨牙和牙关紧闭,呼吸困难。行走时后躯摇摆、腹痛、膨气、泄稀便,死前卧地啃土。有时在鼻和粪便中见带血的泡沫。也有的排出油黑色或蛋清样恶臭的稀便。

2. 宰后检验

尸体迅速地腐败,腹部鼓气,皮下出血或有胶样浸润,血凝不良。皱胃和十二指肠黏膜充血,出血水肿,甚至形成溃疡,肠内充满大量气体。前胃黏膜自行脱落,瓣胃内容物多干硬。肝肿大质脆呈土黄色或煮熟样,在浆膜下可见到黑红色界限明显的斑点,切开可见淡黄色碗豆大至核桃大的病灶。胆囊肿大、充满大量的胆汁。大多数病例腹水带血,肺充血,脾一般无明显变化。

3. 鉴别

多与羊肠毒血症和炭疽混淆,特别是可与羊猝狙混合感染。确诊要进行病原分离和实验动物感染试验。荧光抗体实验可用于快速诊断。

4. 卫生处理

确诊后,整个胴体、内脏销毁。

(十)羊肠毒血症(软肾病)、传染性肠毒血症

该病是绵羊的一种急性传染病,呈现毒血症。

1. 病原

由D型魏氏梭菌在羊肠道中大量繁殖,产生毒素所引起,故称肠毒血症。山羊也能感染,牛、猪也感染。

该菌是一种厌氧大杆菌,革兰氏阳性菌,在动物体外能形成荚膜,也能形成芽胞。一般消毒药物能杀死繁殖体,但芽胞的抵抗力较强,在95℃的温度下,2.5 h才能杀死。

动物采食和饮水时经消化道感染(多数羊胃肠中就有该菌存在,但不引起病,在饲料突然改变,特别是吃了大量多汁的青绿饲料及丰富的蛋白饲料,使肠活动机能降低,菌群大量繁殖产生毒素,引发病变)

2. 宰前检验

突然发病,病程短 1 ~2 h 死亡。病羊表现不安,犬坐或不时地呈现出排粪状的腹痛、腹膨、间或腹泻、排出黄褐色水便,离群呆立、间或独自奔跑或卧地。濒死期,步态不稳,呼吸加快,全身肌肉颤抖、磨牙、卧地痉挛、左右翻滚、头向后仰、口腔黏膜苍白、鼻流白沫、四肢、耳尖发冷。

3. 宰后症状

(1)皮下肌肉出血,可在无毛处出现暗红色斑点。

(2)胸、腹、心包腔积液,心内外膜出血、心脏扩张,心肌松软。

(3)特别是小肠黏膜严重出血, 整个肠段呈红褐色溃疡,故有“血肠子病”之称。肠系膜淋巴结急性肿大,肠系膜胶样浸润。

(4)肾脏软化,实质呈红色软泥状。

(5)肝肿大成灰土状,质地脆弱,被膜下有带状、点状出血。

(6)脾肿大,但不软。

(7)全身淋巴结肿大,呈炎症,表面湿润,切面呈黑褐色。

4. 确诊

从肠道或肾中分离出 D 型荚膜梭菌。

5. 卫生处理

销毁。

(十一)蓝舌病

由蓝舌病毒引起的反刍动物的一种虫媒性传染病,主要发生于绵羊,牛感染是由绵羊病的传染,其特征是发热,血红细胞减少,口腔、鼻腔和胃肠道黏膜发生溃疡性炎症。山羊症状较轻。

1. 宰前症状

初期体温可达 40.5℃ ~41.5℃,稽留 2 ~3 d。见精神萎靡、厌食。几天后口、唇、舌黏膜青紫色糜烂,并带有恶臭。鼻液增多,鼻孔周围形成干痂,呼吸困难,出现鼾声。时而蹄冠、蹄叶发炎、跛行。也有便秘或腹泻,甚至便中带血,牛一般不表现症状。

2. 宰后症状

病变主要在口腔、瘤胃、心、肌肉、皮肤和蹄部。口腔症状同宰前,瘤胃暗红。心肌、呼吸道、消化道、泌尿道黏膜见出血点。皮肤潮红,常见斑状疹块区。蹄冠出血。

3. 确诊

分离病毒和补体结合试验等。

4. 卫生处理

销毁。

三、寄生虫病检验

（一）牛囊虫病

1. 病原

寄生于人肠道中的无钩绦虫的幼虫所致的疾病。绦虫成虫寄生于人的小肠里，而幼虫寄生于人和牛的肌肉、脑、皮下等组织内。人可感染牛囊尾虫蚴病。

2. 生活史

牛吃了被患绦虫病人类粪便污染的饲草后而感染。牛的囊虫和猪的囊虫外形相似。囊泡为白色椭圆形，大小如黄豆粒。牛囊虫寄生密度比猪的低，常为散发的，寄生部位主要是咬肌、舌肌、颈部肌肉、肋间肌、心肌、膈肌等。

3. 检验部位

咬肌、舌肌、深腰肌。

4. 卫生处理

销毁或化制。

（二）绵羊囊虫病

1. 病原

由绵羊带绦虫的幼虫引起（人不感染），其成虫寄生于肉食动物肠道。如心肌、膈肌，还可寄生于咬肌。

2. 生活史

寄生在羊小肠内的成虫，其孕卵节片成熟脱落后随粪便排出。节片中含有大量虫卵，它们被螨吞食后，就在螨体内孵化发育成似囊尾蚴。当山羊吃了带有螨的草后，就会被感染而发生绦虫病。羊的囊虫的囊泡称圆形或卵圆形，较猪的小。

3. 检验部位

膈肌、心肌。

4. 卫生处理

销毁或化制。

第四章　兽医卫生实验室检验

第一节　实验室工作基本知识

一、实验室工作人员一般注意事项

(1)工作时,应穿白色工作衣帽,必要时戴口罩,工作衣应挂在固定地方,不可随便携带至别处,且须经常更换、洗涤,在检验烈性传染病工作后或被病原微生物污染时,应及时消毒,然后洗涤。

(2)实验室应保持清洁,保持安静工作环境,禁止在室内吸烟及饮食。

(3)当发生病原微生物溅污地面、台面,衣着和器械时,应立即进行消毒。

(4)实验室内各种培养基,培养物、溶液、试剂等,均应加以标记,注明内容、名称、浓度、配制日期。

(5)凡盛过病原微生物或沾有病原微生物的器皿和废弃培养物应先消毒,再行洗涤。

(6)每次检验,须作完整和详细记录,检验完毕,将结果写出报告。

(7)工作完毕,应用肥皂水洗手,必要时先消毒,然后再用水冲洗。

(8)实验室常备用的易燃药品如酒精、乙醚等,应远离火焰,放在阴暗处,严防失火,危险药品要妥善专人保管。

(9)工作人员下班时,须巡视门窗、水、电及火源一遍,以确保安全。

(10)实验室的仪器、设备使用时,必须严格遵循操作规程,定期检查和保养。

二、玻璃器皿的洗涤、干燥与保存

器皿的洁净程度,直接影响肉食品理化检验结果的准确度和精确度。因此,器皿的洗涤、干燥与保存,应列为理化检验工作中一个重要环节。

（一）器皿的洗涤

1. 最常用的洗涤剂

（1）肥皂水与去污粉：凡能用刷子直接刷洗的器皿，如烧杯、三角瓶、试剂瓶、试管等，可用肥皂水或去污粉浸泡后再洗刷，可除去污垢，并能使脂肪、蛋白质及其他黏着性物质溶解。

（2）铬酸洗液（又称强酸氧化剂洗液）：该液是用重铬酸钾（$K_2Cr_2O_7$）和浓硫酸（H_2SO_4）配成。因 $K_2Cr_2O_7$ 在酸性溶液中有很强的氧化能力，可除去器皿表面的有机物质和污物，并对器皿的侵蚀作用极小。因此，铬酸洗液适用于精密的器皿洗涤，如容量瓶、滴定管、吸管等。但在使用前，应先将器皿经自来水冲洗和沥干，这样可以延长洗液的使用时间，否则会很快降低洗涤能力。新配制的洗液为红褐色，用久后变为黑绿色，失去洗涤力（表 4－1）。

表 4－1　铬酸洗液的配制方法

配制浓度	配制总量/mL	$K_2Cr_2O_7$（工业品）/g	蒸馏水/mL	H_2SO_4（工业品）/mL	步骤
5%	4 000	200	400	3 600	（1）先将 $K_2Cr_2O_7$ 放入水中加热溶解，待冷。 （2）再将 H_2SO_4 徐徐加入（1）所配溶液中（千万不能将水或 $K_2Cr_2O_7$ 液加入 H_2SO_4 中）。边加边用玻棒小心搅拌，并注意不要溅出！混匀，待冷却后，装入洗液瓶备用。
12%	5 000	600	1 000	3 400	

（3）碱性洗液：碱性洗液主要用于洗涤有油污物的器皿，一般采用长时间（24 h 以上）浸泡法或浸煮法。常配制成 5%～10% 碱性水溶液，如碳酸钠 Na_2CO_3（即纯碱液），碳酸氢钠（$NaHCO_3$，小苏打），氢氧化钠等。

（4）酸性洗液：根据器皿上的污垢性质，可直接配制酸性洗液应用。如，洗涤器皿上被玷污的氟化物，可配制 5%～10% 盐酸（HCl）液，浸泡去除氟的污染。又如配制 5% 的硝酸（HNO_3）液，可去除水银的污染，1∶1 硝酸水溶液，可除去器皿上的氯化物等等。

（5）乙二胺四乙酸二钠（EDTA—Na_2）洗液：将 EDTA—Na_2 配制成 5%～10% 溶液，加热煮沸，可洗涤器皿上沾污的白色沉着物，如钙、镁盐类。

（6）尿素洗液：配制成 45% 水溶液，可用于洗涤器皿上黏着的蛋白质，因该洗液是蛋白质的良好溶剂。

(7)有机溶剂:对带有油脂性污物严重的器皿,可用汽油、甲苯、二甲苯丙酮、酒精、三氯甲烷、乙醚等有机溶剂擦洗或浸泡。

2. 洗涤器皿的方法与注意事项

(1)一般器皿先用肥皂水或去污粉刷洗干净后,再用自来水冲洗5~6次,最后用蒸馏水冲洗1~2次即可。

(2)如久置不用或污垢难除的器皿,应先经自来水冲洗,待干燥后,再置于洗涤液(常用的为铬酸洗液)中,浸泡过夜,后取出,再按(1)清洗。

(3)器皿以洗液洗涤时,切勿用手直接拿取,一般要戴耐酸、耐碱的手套防腐蚀,以免烧伤皮肤。

(4)洗液浸泡器皿后,应倒回洗液瓶中,废水不要倒在水池里和下水道中,长久会腐蚀水池和下水道,应倒在废液缸中。

(二)器皿的干燥与保存

玻璃器皿如试管、烧杯和烧瓶等,经上述洗液洗涤干净后,都应倒置架上,任其自然干燥。如急用,可置烘箱中迅速干燥,待冷却取出后使用。

暂不用的器皿应防尘、防潮妥善保存,保存的一般方法是将洗净干燥的器皿倒置于专用多孔洞橱内、橱内隔板上衬垫干净的滤纸,橱门关闭好防尘。

有些仪器保存方法不同,如:

(1)移液管除要贴上专用标签外,还应在用完后,用干净的滤纸将两端卷起包好,放在专用架上;

(2)滴定管也应用纸套包好防尘,放于干燥箱内保存以备用;

(3)比色杯(皿)洗净干燥后应放在专用盒内或倒置在专用架上;

(4)带有磨口塞子的器皿,洗净干燥后,要衬纸加塞封存;

(5)专用成套器皿,如凯氏定氮装置、脂肪提取器,洗净后需加罩防尘。

三、试剂的基础知识及水质要求

肉食品理化检验所接触的除了仪器外,就是各种试剂,因此,这就需要了解有关试剂制备的普遍常识和必要的基础知识。

（一）化学试剂的规格

表4-2　一般化学试剂分为四级

级别	名称	简写	纯度和用途
一	优级纯(保证试剂)	GR	纯度高,杂质含量低,适用于研究和配制标准液
二	分析纯	AR	纯度较高,杂质含量较低,适用于定性定量分析
三	化学纯	CP	质量略低于二级,用途同上
四	实验试剂	LR	质量较低,用于一般定性检验

（二）化学试剂的配制

试剂配制是肉食品理化检验工作的基本技术之一,除要求熟悉各种天平的正确使用方法、试剂的名称、规格等以外,还必须有一定的程序和操作方法。

试剂配制的程序和方法如下

1. 配制试剂前的准备

配制人员首先查清实验所用试剂的组成、数量,然后取出相对应的试剂,仔细加以核对,以防发生误差。例如:邻甲苯胺与邻联甲苯胺、苹果酸与失水苹果酸(顺丁烯二酸)等。注意是否含结晶水,以及多少结晶水或无结晶水。还应注意试剂有无变质、潮解、变色等现象。

2. 试剂的称量

称量试剂要求准确与精确。这就要求具有熟练的技能,选择清洁干燥的器皿和器具,试剂一经取出,一般不宜放回原瓶,以免因吸管或药匙不洁而沾污整瓶试剂。试剂称后,应立即盖好、封好、放回原处,用具及操作台要收拾干净。

3. 试剂的配制

试剂称妥后,一般应先置于烧杯内,加少量水溶解,用玻璃棒搅拌后将玻璃棒紧靠烧杯口,使溶液沿玻璃棒流入定量瓶,以少量的水洗涤烧杯,一并加入定量瓶内,最后加水至刻度。

4. 试剂的装瓶

配好的试剂倒入试剂瓶中,按试剂的不同要求存放在无色或棕色试剂瓶,以及塑料瓶中,盖子或塞子不得沾染桌面上的污物,瓶口盖好或塞牢,不可漏气。

5. 试剂的标记

试剂瓶应贴上标签,注明试剂名称、浓度、配制日期。按试剂的存放要求分别置于室温或冰箱及干燥器等处。

（三）配制试剂水质的要求

在制备试剂时，最常用的是水，但对于实验室来讲，生活用水（即自来水）是达不到要求的，特殊注明者外，通常是用合乎规定的蒸馏水或离子交换水（以下简称水）。

蒸馏水，顾名思义，指蒸馏法而得的纯水。

无离子水是用离子交换法制备的纯水，也称为去离子水，目前各实验室广泛采用它为分析时用水。

实验室用水一定要符合国家标准 GB 6682 的规格要求（表 4－3）。

表 4－3　中国国家实验室用水标准

名称	一级	二级	三级
pH 范围（25℃）	—	—	5.0～7.5
电导率（25℃）/ms/m≤	0.01	0.10	0.50
比电阻（25℃）/MΩ，cm≥	10	1	0.2
可氧化物质（以 O 计）/mg/L <	—	0.08	0.40
吸光度（254nm，1cm 光程）≤	0.001	0.01	—
蒸发残渣（105±25℃）/mg/L ≤	—	1.0	2.0
可溶性硅（以 SiO2 计）/mg/L<	0.01	0.02	—

（四）溶液浓度的表示法

实验室溶液浓度通常用下列几种方法表示：

（1）重量/容量浓度（W/V）：mg/L、g/L、mg/100 mL、g/100 mL 等表示。

（2）容量/容量浓度（V/V）：即每 100 mL 溶液中所含溶质的毫升数。例如各种不同浓度酒精溶液的表示法。例如 75% 的酒精（医用酒精），表示 100 mL 溶液中含有 75 mL 酒精。

（3）重量/重量浓度（W/W）：即每 100 g 溶液中所含溶质的克数。

四、标准溶液的配制与标定

标准溶液是已知准确浓度的溶液，目前国际上使用物质的量浓度（mol/L）表示。标准溶液在食品理化分析中广泛应用，它是根据加入已知浓度和体积的标准溶液以求出被测物质的含量。因此，标准溶液必须准确可靠。其配制方法有两种，即直接法和间接法。

（一）直接法

如果使用的试剂是纯度较高的基准物质，就可以直接配成某种浓度的标准溶液。这需要将一定量（准确称取）烘干的基准物质溶解，并在容量瓶中稀释定容到一定体积，混匀后，就可以直接算出溶液的准确浓度。适合于这种方法配制的基准物质，必须具备以下条件：

（1）纯度高：杂质含量不得超过0.01%～0.02%，并且所含微量杂质不得影响测定。

（2）物质的组成要与化学式完全相符：若含结晶水，其结晶水含量应与化学式相符。

（3）性质稳定，组成固定：干燥过程中不发生变化与分解；称量时不吸湿，不吸收空气中的CO_2。

（二）间接法

如果有些试剂不符合上述基准物质的条件，就必须采用间接配制法。如NaOH易吸收空气中的水分和CO_2；HCL、I_2易挥发；H_2SO_4易吸水；$KMnO_4$易发生氧化还原反应等。遇到这种情况，应先配成接近所需浓度的溶液，再用基准物质精确地标定它的准确浓度；这种用基准物质准确地测定标准溶液浓度的操作过程称为"标定"。

（三）标准溶液浓度的标定

（1）用基准物质标定：准确称取一定量的基准物质，溶解后，用配制的标准溶液滴定到化学计量点。根据基准物质的重量及滴定使用标准溶液的体积，便可算出溶液的准确浓度。

（2）用标准溶液标定：准确吸取一定量的待标定溶液，用已知一定浓度标准溶液滴定；或者准确吸取已知一定浓度的标准溶液，用待标定溶液滴定。根据两种溶液所消耗的毫升数及标准溶液的浓度，求其待标定溶液的准确浓度。

五、样品的采集与取样

肉食品理化检验涉及的面很广，检验的项目与检验的样品种类繁多，对于检验结果的正确性，除了与分析方法和手段有着密切关系，同时与采样及样品处理的关系也极为密切，而且后者往往是肉食品理化检验成败的关键。

（一）采样与送检的原则

（1）采集样品和送检的时间以愈快愈新鲜愈好，因为样品放置时间过久其成分易挥发或破坏，甚至会引起样品的腐败变质，影响检验结果。如果不能及时送检的样品，可暂放冰箱内以减少某些成分损失的可能性。总之，样品在未分析以前，要遵循保持原有状态和成分不变的原则。

(2)采样必须有详细记录。如采集的肉食品品种、部位、取样量、取样方法、时间、地点、单位、送检人等。

(3)抽样待检的样品,一部分用于分析,按各种产品的特点要求,还要保存一定数量样品,以备复查或做其他指标检验。样品的存放,要按日期、批号、编号放好,便于查找。

(4)样品分析必须有详细记录,注明检验项目、方法、检验结果、时间及检验者等。

(二)采样与取样的方法

(1)采样:在肉食品中抽取有一定代表性的样品,供分析用,叫作采样或抽样。采样的方法很多,常用的有以下几种。

① 不定比例的抽样:在每批产品堆垛中随意从几处的上层、中层、下层和垛的四边、四角各取一定数量的样品,在进行分析时再进行混合取样。

② 定比例的抽样:按产品的批量,定出抽样的百分比。这种方法也适用于食品外包装为大件,而在大件中抽一定比例的小包装样品。

③ 定时抽样:在生产过程中,每隔一定时间抽一定数量的样品来检验。

④ 两级抽样:先由生产厂对每批产品进行抽样检验,经检验合格,再经国家商品检验部门或食品卫生部门等进行抽样检验。这种两级抽样方法适用于对出口肉食品检验,这对保证产品质量是有益的,也是应该建立的检验制度。

(2)取样:在抽取得样品中再选出有一定代表性的少量样品用于检验分析,选取此样品的工作叫取样。因为,抽样占批量产品的比例较大,不能全用于分析,必须再在抽样中取少量样品进行检验。

样品分析时取样的方法也较多,但常用的是四分法取样。其法是将各个抽样回来的样品,如为瘦猪肉,先进行充分混匀,然后用绞肉机绞成肉糜,堆为一堆,从正中划一“十”字,再将“十”字的对角两份分出来,混合均匀,再从正中划一“十”字,这样直至到达所需的分析量为止。

六、病料的采取和送检

(一)注意事项

(1)正确取样。取病理材料时,要有明确的目的。各种畜禽的病原体在体内各组织器官内含量有所不同。因此,不同的疾病要求采取不同的病料。如难以判定是什么病,就要全面地采取病料或采取病变表现明显的材料。以便送检化验。

（2）如有多数畜禽发病时，应选用症状和剖检变化都较为典型的病畜的病料，最好选用未经抗菌药物治疗的病例，否则在检验时可能影响检验结果。

（3）病畜急宰或死亡后，必要时采取病料，夏季不超过 4 h，冬季不超过 24 h，拖延时间过长，则组织容易发生变质、腐败，影响检验结果。

（4）剖检前，应先对病性、病史加以了解，并详细进行剖检前的检查。如可疑为炭疽时（如突然死亡、皮下水肿、天然孔出血、血液凝固不良、尸僵不全，尸体迅速膨胀等）禁止剖检，在严密消毒的情况下耳部取末梢血一滴，作涂片染色镜检。排除炭疽之后，方可剖检取材。

（5）为了减少污染机会，一般应先采取微生物学检验材料，然后再取病理组织学检验材料，除病理组织材料和胃肠内容物外，其病料，应以无菌手术采取后放在无菌器皿内。

（6）在采样进行细菌培养时，通常采心血和肝、脾等。先取一小棉球，蘸 95% 酒精，点燃后，在脏器的表面烧灼消毒，然后用无菌小刀，切一小口，以接种环自小口深处取材料接种。

（7）在屠宰车间生产过程中发现可疑为炭疽等烈性传染病和肿瘤时应立即采样送化验室检验，做进一步诊断，胴体应立即送入辅助轨道，待检验结果出来方可处理。

（8）凡是接触病料的手、器具、台面等均需彻底消毒。

（二）病料的采取

当畜禽发生疫病，凭临床、流行病学和尸体剖检，还不能确诊时，常需采取病料，进行微生物学、血清学和组织病理学的检验。

1. 生物学检验病料的采取

疑为某一传染病时，可根据其病的要求取材。取材应选择典型病变的部位。

2. 病理组织学材料的采取

根据宰后病理变化和微生物学检验不能确诊为某一疾病时采样，亦可与微生物学检验同时采样。取材应选择病变显著或可疑病灶，既要全面，又要具代表性，能显示病变的发展过程。在一块组织中，要包括病灶及其周围正常组织和器官的重要结构部分。在较大而重要的病变处，可分别在不同部位采取多块组织。一般在采取标本时，可先切稍大组织，待初步固定后再切小，切薄或修理固定。

（三）病料的保存与送检

如病料不能马上检验，或需寄送远方检测机构时，为使病料保持接近新鲜状态，应有适当的保存方法。无论细菌检验材料或病毒检验材料，最好的保存方法均为冷藏。即保存在冰箱中或放在装有冰块的送样箱中，迅速送检。也可加入化学保存剂保存，后送检。

无论是何种病料，送检时，必须附上尸体剖检记录或有关材料的送检单，并在送检单上说明送检目的和要求，组织的名称、数量及其他需要说明的问题。

第二节　国家标准规定的检测项目

一、《鲜(冻)畜禽产品》(GB 2707)

1. 感官要求

色泽正常无异味，具有产品应有的状态，无正常视力可见外来异物。

2. 理化指标

表 4－4　理化指标

项目	指标/mg/100 g
挥发性盐基氮	≤15

3. 污染物限量应符合 GB 2762 的规定，农药残留限量应符合 GB 2763 的规定，兽药残留应符合国家标准有关规定和公告。

二、《鲜冻猪肉及猪副产品第 1 部分 片猪肉》(GB 9959.1)

1. 感官要求

表 4－5　感官要求

项目	鲜片猪肉	冻片猪肉(解冻后)
色泽	肌肉色泽鲜红或深红，有光泽；脂肪呈乳白色或粉白色	肌肉有光泽，色鲜红；脂肪呈乳白，无霉点
弹性(组织状态)	指压后的凹陷立即恢复	肉质紧密，有坚实感
黏度	外表微干或微湿润，不粘手	外表及切面湿润，不粘手
气味	具有鲜猪肉正常气味。煮沸后肉汤透明澄清，脂肪团聚于液面，具有香味	具有冻猪肉正常气味。煮沸后肉汤透明澄清，脂肪团聚于液面，无异味

2. 食品安全指标

污染物限量应符合 GB 2762 的规定，农药残留限量应符合 GB 2763 的规定，兽药残留应符合国家标准有关规定和公告。

3. 抽样量及判定规则

表 4-6　抽样量及判定规则

批量范围/片	样本数量/片	合格判定数 A_C	不合格判定数 R_e
<1 200	5	0	1
1 201～35 000	8	1	2
>35 000	13	2	3

从样本中不同部位分别抽取 2 kg 作为检验样品。

三、《分割鲜、冻猪瘦肉》(GB 9959.2)

1. 感官要求

表 4-7　感官要求

项目	感官要求
色泽	肌肉色泽鲜红或深红，有光泽；脂肪呈乳白色或粉白色
组织状态	肉质紧密，有坚实感
煮沸后肉汤	透明澄清，脂肪团聚于液面，具有香味
气味	具有猪肉固有气味，无异味

2. 理化指标

表 4-8　理化指表

项　目	理化指标
水分/%	按 GB 18394—2020
挥发性盐基氮/mg/100 g	≤15
汞(以汞计)/mg/kg	≤0.05
镉（Cd)/mg/kg	≤0.1
铅（以 Pb 计）/mg/kg	≤0.2
无机砷（以 As 计）/mg/kg	≤0.05
六六六/mg/kg	≤0.2
滴滴涕/mg/kg	≤0.2
敌敌畏	不得检出
金霉素/mg/kg	≤0.1

续表

项　　目	理化指标
四环素/mg/kg	≤0.1
土霉素/mg/kg	≤0.1
磺胺类(以磺胺类总量计)/mg/kg	≤0.1
氯霉素	不得检出
克伦特罗	不得检出

3. 微生物指标

表 4－9　微生物指标

项　　目	理化指标
菌落总数/cfu/g	$\leqslant 1\times 10^4$
大肠菌群/MPN/100 g	$\leqslant 1\times 10^4$
沙门氏菌	不得检出

4. 抽样规则

样本数量:从同一批产品中随机按表 4－10 抽取样本,并将 V3 样品进行封存,保留备查。

样品数量:从样本中随机抽取 2 kg 作为检验样品。

表 4－10　理化指标

批量范围,片	样本数量,片	合格判定数 A_C	不合格判定数 R_e
<1 200	5	0	1
1 201～35 000	8	1	2
>35 000	13	2	3

四、《无公害食品 猪肉》(NY 5029)

1. 感官指标

表 4－11　感官指标

	鲜猪肉	冻猪肉
色泽	肌肉有光泽,红色均匀,脂肪乳白色	肌肉有光泽,红色或稍暗,脂肪白色
组织状态	肌纤维致密,有坚韧性,指压后凹陷立即恢复	肉质紧密,有韧性,解冻后指压凹陷恢复较慢

续表

	鲜猪肉	冻猪肉
黏度	外表湿润、不粘手	外表湿润、切面有渗出液,不粘手
气味	具有鲜猪肉固有气味,无异味	解冻后具有鲜猪肉固有气味,无异味
煮沸后肉汤	澄清透明,脂肪团聚于表面	澄清透明或稍有浑浊,脂肪团聚于表面

2. 理化指标

表 4－12　理化指标

项　目	指　标
挥发性盐基氮/mg/100 g	≤15
汞(以 Hg 计)/mg/kg	≤0.05
铅(以 Pb 计)/mg/kg	≤0.2
无机砷(以 As 计)/mg/kg	≤0.05
铬(以 Cr 计)/mg/kg	≤1.0
镉(以 Cd 计)/mg/kg	≤0.10
伊维菌素(脂肪中)/mg/kg	≤0.20
磺胺类(以磺胺类总量计)/mg/kg	≤0.10
金霉素/mg/kg	≤0.10
土霉素/mg/kg	≤0.10
盐酸克伦特罗/μg/kg	不得检出
莱克多巴胺/μg/kg	不得检出
喹乙醇/mg/kg	不得检出

注:其他农药或兽药残留应符合国家有关规定

3. 微生物指标

表 4－13　微生物指标

项　　目	鲜猪肉	冻猪肉
菌落总数/cfu/g	$\leqslant 1 \times 10^5$	$\leqslant 1 \times 10^5$
大肠菌群/MPN/100 g	$\leqslant 1 \times 10^4$	$\leqslant 1 \times 10^3$
沙门氏菌	不得检出	不得检出

五、《无公害食品 羊肉》(NY 5147)

1. 感官指标

表 4－14　感官指标

项　目	指　标
色泽	肌肉呈红色,有光泽,脂肪呈白色或淡黄色
组织状态	肌纤维致密,有韧性,富有弹性
黏度	外表微干或有风干膜,切面湿润、不粘手
气味	具有羊肉固有气味,无异味
煮沸后肉汤	澄清透明,脂肪团聚于表面,具羊肉固有的香味
肉眼可见异物	不得检出

2. 理化指标

表 4－15　理化指标

项　目	指　标
挥发性盐基氮/mg/100 g	≤15
汞(以 Hg 计)/mg/kg	≤0.05
铅(以 Pb 计)/mg/kg	≤0.10
砷(以 As 计)/mg/kg	≤0.5
铬(以 Cr 计)/mg/kg	≤1.0
镉(以 Cd 计)/mg/kg	≤0.10
滴滴涕/mg/kg	≤0.20
六六六/mg/kg	≤0.20
金霉素/mg/kg	≤0.10
土霉素/mg/kg	≤0.10
四环素/mg/kg	≤0.10
磺胺类(以磺胺类总量计)/mg/kg	≤0.10

3. 微生物指标

表 4-16　微生物指标

项　目		指标
菌落总数/cfu/g		$\leqslant 5\times10^5$
大肠菌群/MPN/100 g		$\leqslant 1\times10^3$
致病菌	沙门氏菌	不得检出
	志贺氏菌	不得检出
	金黄色葡萄球菌	不得检出
	溶血性链球菌	不得检出

六、《鲜、冻胴体羊肉》(GB 9961)

1. 感官指标

表 4-17　感官指标

项目	鲜羊肉	冷却羊肉	冻羊肉(解冻后)
色泽	肌肉色泽浅红、鲜红或深红,有光泽;脂肪呈乳白色、淡黄色或黄色	肌肉红色均匀,有光泽;脂肪呈乳白色、淡黄色或黄色	肌肉有光泽,色泽鲜艳;脂肪呈乳白色、淡黄色或黄色
组织状态	肌纤维致密,有韧性,富有弹性	肌纤维致密、坚实,有弹性,指压后凹陷立即恢复	肉质紧密,有坚实感,肌纤维有韧性
黏度	外表微干或有风干膜,切面湿润,不粘手	外表微干或有风干膜,切面湿润,不粘手	表面微湿润,不粘手
气味	具有新鲜羊肉固有气味,无异味	具有新鲜羊肉固有气味,无异味	具有羊肉正常气味,无异味
煮沸后肉汤	透明澄清,脂肪团聚于液面,具特有香味	透明澄清,脂肪团聚于液面,具特有香味	透明澄清,脂肪团聚于液面,无异味
肉眼可见杂物	不得检出	不得检出	不得检出

2. 理化指标

表 4－18　理化指标

项目	指标
水分/%	≤78
挥发性盐基氮/mg/100 g	≤15
总汞(以 Hg 计)	不得检出
无机砷(以 As 计)/mg/kg	≤0.05
镉(以 Cd 计)/mg/kg	≤0.1
铅(以 Pb 计)/mg/kg	≤0.2
铬(以 Cr 计)/mg/kg	≤0.1
亚硝酸盐(以 $NaSO_2$ 计)/mg/kg	≤3
敌敌畏/mg/kg	≤0.05
六六六/mg/kg	≤0.2
滴滴涕/mg/kg	≤0.2
溴氰菊酯/mg/kg	≤0.03
青霉素/mg/kg	≤0.05
左旋咪唑/mg/kg	≤0.10
磺胺类/mg/kg	≤0.10
氯霉素	不得检出
克伦特罗	不得检出
己烯雌酚	不得检出

3. 微生物指标

表 4－19　微生物指标

项　目	指标
菌落总数/cfu/g	$\leqslant 5\times10^5$
大肠菌群/MPN/100 g	$\leqslant 1\times10^3$

续表

项　目		指标
致病菌	沙门氏菌	不得检出
	志贺氏菌	不得检出
	金黄色葡萄球菌	不得检出
	致泄大肠埃希氏菌	不得检出

七、《无公害食品 牛肉》(NY 5044)

1. 感官指标

表4－20　感官指标

	鲜牛肉、羊肉、兔肉	冻牛肉、羊肉、兔肉
色泽	肌肉有光泽,红色均匀,脂肪白色或微黄色	肌肉有光泽,红色或稍暗,脂肪洁白或微黄色肉质紧密、坚实
组织状态	纤维清晰,有坚韧性	
黏度	外表微干或湿润,不粘手,切面	外表微干或有风干膜或外表湿润不粘手,切面湿润不粘手
弹性	指压后凹陷立即回复	解冻后指压凹陷回复较慢
气味	具有鲜牛肉、羊肉、兔肉固有的气味,无臭味,无异味	解冻后具有牛肉、羊肉、兔肉固有的气味,无臭味
煮沸后肉汤	澄清透明,脂肪团聚于表面,具特有香味	澄清透明或稍有浑浊,脂肪团聚于表面,具特有香味

2. 理化指标

表4－21　理化指标

项　目	指　标
解冻失水率/%	≤8
挥发性盐基氮/mg/100 g	≤15
汞(以 Hg 计)/mg/kg	按 GB/T 9960
铅(以 Pb 计)/mg/kg	≤0.50

续表

项　目	指　标
砷(以 As 计)/mg/kg	≤0.50
镉(以 Cd 计)/mg/kg	≤0.10
铬(以 Cr 计)/mg/kg	≤1.0
六六六/mg/kg	≤0.10
滴滴涕/mg/kg	≤0.10
金霉素/mg/kg	≤0.10
土霉素/mg/kg	≤0.10
磺胺类(以磺胺类总量计)/mg/kg	≤0.10
伊维菌素(脂肪中)/mg/kg	≤0.04

3. 微生物指标

表 4－22　微生物指标

项　目	指　标
菌落总数/cfu/g	$\leq 1 \times 10^6$
大肠菌群/MPN/100 g	$\leq 1 \times 10^4$
沙门氏菌	不得检测

第三节　理化检验

一、理化分析常用仪器设备

各种专业的分析实验室既有共同之处，又有各自的特点。肉品检验理化分析实验室应具有样品处理室、化学分析室、天平室、精密仪器室、药品贮藏室等几部分。室内的安装、布置应有利于分析人员高效率地工作，并注意工作人员的健康与安全以及精密仪器的安全。

实验室内的主要设施有实验台、药品架、通风柜、电源、地线源、水源，并具有防火、防毒等设备。室内地面和墙裙可采用水磨石或铺设耐酸陶瓷板、塑料地板等。实验室台面可贴耐酸的塑料板或橡胶板；放置精密仪器的工作台须牢固，大多采用钢筋混凝土结构的水磨石台面。实验台两侧设水盆，便于洗涤，下水管应耐腐蚀。精密仪器实验室可配备防潮吸湿装置及空调装置等。

（一）常用仪器设备及使用要点

筹建动物性食品理化分析室需添置的仪器设备及使用注意要点：

（1）绞肉机：用于肉样的绞碎、混匀。

（2）喷灯：用于一般玻璃器皿的配件拉制，如洗瓶弯管、滴管等。

（3）电炉：为常用的加热设备。按电炉功率大小分为不同的规格，如 220 V 的有 600 W、800 W、1 000 W、1 500 W 等。另有一种能调节发热量的电炉，称为“可调电炉”，使用电炉时切忌在上面直接加热易燃试剂，以防失火。使用时间不宜过长，以免缩短炉丝寿命。

（4）冰箱：低温保存样品及试剂。

（5）电动离心机：用以沉淀样液与分离溶液。离心机有多种型号，常备用六孔密封式离心机。使用离心机要将离心管对称放置，并需两者重量一致。开启离心机时应逐渐加速；关闭时则要逐渐减速，直至自动停止。

（6）电热恒温水浴锅：用于样液或试剂的蒸发恒温加热。有二孔、四孔、六孔单列或双列式等不同类型，理化分析常备用六孔单列式电热恒温水浴锅。使用前应使锅内的水面高于电热管，以免烧坏加热装置。水浴锅应定期检查，尤其是水箱是否有渗漏现象，以防漏电。

（7）电热恒温干燥箱（简称烘箱或干燥箱）：用于样品或试剂、器皿的恒温烘焙、干燥等。干燥箱内禁止烘焙易燃、易爆、易挥发及有腐蚀性的物品。恒温干燥时，为防控制器失灵，须有人经常照看；若需观察箱内工作室的情况，可开启外道门，从玻璃门观察，尽量少开玻璃门，以免影响恒温，特别是当工作温度在 200℃ 以上时，必须降温后开启箱门，否则易使玻璃门骤冷而破裂。凡有鼓风装置的烘箱，工作时应开启鼓风机，以使工作室温度均匀，并可防止加热元件损坏。

（8）高温电炉（又叫马福炉）：用于样品灰分测定或试样的灰化处理。马福炉必须放置在稳固的水泥台上，炉膛内要保持清洁，炉子周围禁放易燃易爆物品。使用高温炉时，要经常照看，防止自控失灵，造成电炉丝烧断等事故；夜间无人时，切勿启用。用完后应首先切断电源，但不允许立即打开炉门，待炉温下降至 200℃ 以下方可开炉门，以防炉膛碎裂或外壳剥落等。

（9）去离子水装置：用一种高分子化合物阴离子和阳离子交换树脂来制备纯水或“去离子水”，为动物性食品理化分析用水的必备设备。通常在使用时，水应先经过阳柱，再流入阴柱，这个顺序不应颠倒，以防交换下来的 OH^- 与水中的阳离子杂质生成难溶沉淀物，并吸附在阴离子树脂表面，使交换量降低；同时水经离子交换树脂柱时的流速不能太快。使用后柱内应留有足够水，并高于树脂层，以防树脂干燥。如较长期使用后离子交换树脂失效，可用酸、碱溶液再生处理。

（10）振荡器及磁力搅拌器：用于样品的提取及样液和试剂的搅匀等。

（11）各类天平：是动物性食品理化分析常用的仪器，实验室中必需具备各种类型的天平，如一般托盘天平、扭力天平（最大称量 100 g，分度值 10 mg）、半机械加码电光分析天平（最大称量 200 g，分度值 0.1 mg）、单盘精密自动读数分析天平、电子分析天平（最大称量 100 g，感量 0.1 mg）及微量分析电子天平（最大称量 20 g，感量 0.01 mg）等。分析人员必须熟悉和掌握天平的结构、性能、使用和维修知识，以保证理化分析工作的顺利进行。

使用天平注意事项：

① 使用前对被称试剂或样品等必须先在托盘天平上预称出其大约重量。

② 被称物不应过冷或过热，不应具挥发性和腐蚀性，亦不应潮湿，如必须称量上述物品时，可放在称量瓶内加盖称量。称物和砝码均应放在盘的正中。称量操作时应戴上专用手套。

③ 砝码只允许用专用镊子（骨质或塑料制品）取放。称量时要关闭两侧门。每次开启天平时，旋钮的旋幅要小，同时密切注视指针的移幅，如明显不平衡，就应立即关闭。待重新调整砝码或样品后再按上述步骤重新进行，直到指针摆动不大，再读出停点。

④ 称量完毕应关闭天平，取出称量物及砝码，使环状砝码复原，并用软毛刷将秤盘、天平门打扫干净，关门，罩上天平套。

（12）各类分光光度计：一般实验室均应备有可见光分光光度计，如有条件可添置 75—1 型紫外分光光度计及荧光分光光度计。72 型分光光度计，供 420 ~ 700 nm 的可见光区内作比色分析之用；72—1 型分光光度计的波长范围为 360 ~ 800 nm。75—1 型紫外分光光度计可应用于紫外区、可见区的定性和定量分析，波长范围为 200 ~ 1 000 nm。

（13）各类酸度计及离子计：一般的化验室都备有 25 型或 29 型酸度计，也有的实验室备有 pHS—2 型酸度计前者 pH 测量范围为 2 ~ 12，0 ~ ±1 000 mV，精度 pH 为 ±0.1pH，±2 mV；后者 pH 测量范围为 0 ~ 14，0 ~ ±1 400 mV，精度 pH 为 ±0.02pH，±2 mV，有条件的可添置一台精度高的 PXJ—1B 型数字式离子计，其 pH 测量范围为 0 ~ 14，0 ±999.9 mV，PX 为 0 ± 9.999PX，精度 pH 为 ±0.001pH，PX 为 ±0.001PX，±0.1 mV。

（14）测汞仪：目前一般实验室都配备各类测汞仪，如 F732 型、CG—1 型、590 型等，为测定食品中汞含量的专用仪器。

（15）薄层层析展开仪：市售的有 75—Ⅰ型与 75—Ⅱ型，可连续展开。供食品中有机氯农残、有机磷农残、黄曲霉素、3，4—苯并芘等检测用。

(16)通风柜:在样品处理过程中,往往产生一些有害有毒及腐蚀性气体,必须及时排除。因此,通风柜是理化分析实验室必备的通风设施。制作通风柜时应考虑到有害气体的腐蚀,可全部采用塑料或玻璃钢等材料,以经久耐用。

(17)气相色谱仪:凡用于食品分析的气相色谱仪必须具备氢焰、电子捕获、火焰光度等检测器,以用于多种有害有毒物质及营养物质的检测。该仪器具有灵敏度高、干扰少、操作简便、快速、结果准确、可靠等优点。

(18)原子吸收分光光度计:它能测定食品中几乎所有微量金属元素和一些类金属元素,并具有气相色谱仪的各项优点。

(二)常用玻璃器皿及使用要点

在动物性食品的检验分析工作中,熟悉和正确使用各类玻璃器皿是取得成功的必要条件。玻璃器皿种类繁多,现仅介绍常用于动物性食品理化分析的主要玻璃器皿。

(1)量器类:量器的规格均以容量区分,并有一定的技术标准,其单位常以 mL 计量。一般量器包括量杯、量筒、容量瓶、滴定管、吸管、称量瓶等。

① 容量瓶(又称定量瓶):为一种较准确的量器,呈平底细颈梨形,颈部有一环状标线,有磨口玻塞。在使用前,先要检查是否密闭,不应漏水。其规格有 10 mL、25 mL、50 mL、100 mL、200 mL、250 mL、500 mL、1 000 mL、2 000 mL 等。

配制溶液或定容样品时,应先将容量瓶洗净晾干待用。配制试剂时,需先将试剂在烧杯中溶解,再转移到容量瓶中,以少量水,分三次洗涤烧杯,一并收集于容量瓶中。当溶液约至容量瓶一半以上的体积时,摇匀,再加水接近标线,然后用滴定管滴加水至溶液的弯月面最低处与标线相切。最后,盖好瓶塞,反复转动,使溶液充分混匀。

② 滴定管:为一种专门用于滴定分析的较精密量器。分为两种:一是酸式滴定管,用于装酸性、氧化性、盐类稀溶液,管的下端有磨口玻璃活塞阀,控制液流量,使用时要涂抹白凡士林,活塞阀外要缚以橡皮筋,以免滑脱;二是碱式滴定管,用于装碱性溶液,管的下端接一小段橡皮管,橡皮管内以一个大小适中的玻璃珠控制液流量。

滴定管的规格较多,有常量滴定管,按容积分 25 mL、50 mL、100 mL 等,最小刻度 0.1 mL;半微量滴定管,其容积 5 mL、10 mL,最小刻度 0.01 mL 或 0.02 mL;微量滴定管,其容积为 1 mL或 2 mL,最小刻度为 0.005 mL。

滴定管操作:使用前应将滴定管清洗干净,内壁不挂水珠为佳,装上已涂凡士林的活塞阀或玻璃珠,用水检漏,若均无漏水现象,则换装溶液,驱赶气泡,再调节液面至 0.001 mL 处,或记下初读数。然后将滴定管下端插入三角烧瓶口 1 ~2 cm 处,用左手的拇指、食指及中指控制滴定管的活塞阀或玻璃珠,手心空握;右手持三角烧瓶,并不断向同一方向圆周旋转摇动，使滴下的溶液均匀分布达到充分反应。滴定的速度以每秒3～4滴为宜，切不可成柱流下。在滴定接近终点时，则要求达到逐滴或半滴放出。每个样品所用滴定液最好以一管为度，不应装两次滴定液，避免误差。

③ 吸管：吸管大致有两种，一种叫移液管，另一种叫量液管。它们都是用于准确移取一定体积溶液的量器。移液管规格有5 mL、10 mL、15 mL、20 mL、25 mL、50 mL等；量液管规格有0.1 mL、0.2 mL、0.5 mL、1.0 mL、2.0 mL、5.0 mL、10.0 mL、15.0 mL等。

④ 称量瓶：为一种专门供称量固体样品或试剂的量器。有两种形式，一为高脚形称量瓶，规格有25×40、30×50 nm；另一为扁平形称量瓶，规格有35×25、40×25、50×30 mm，均具有磨口瓶盖。

称量瓶在使用前应洗净烘干并置于干燥器中。拿取称量瓶时，要用干净吸水纸包住，禁忌用手直接拿取，防止手上的汗及脏物沾污称量瓶，导致称量误差。称量时可采取指定重量称样法或减量法称量。前者是在天平上添加规定的称量砝码，用药匙盛试样，使其轻轻振动落入称量瓶内，直至试样的量达到指定重量。后者是先称取试样的称量瓶的重量，然后将试样倒入容量瓶中，再称取称量瓶重，二次之差即为试样重。

(2)容器类容器的规格均以容积的大小而定，并有一定技术标准，其单位也以mL计量。一般容器包括试剂瓶、烧杯、三角烧瓶、试管、离心管等。这类器皿规格和品种繁多，是理化检验的常用器皿。使用前均需洗净，凉干。

使用时，试剂瓶不能直火加热，也不宜骤冷或骤热，放碱液的瓶子应使用橡皮塞；加热烧杯、三角烧瓶（又称锥形瓶）时应置于石棉网上，使其受热均匀，切勿烧干，更不宜骤冷；试管可直火加热，一般使用试管夹，管口不允许对准自己及别人，加热时轻微摇动有利于反应完全；离心管只能水浴加热，使用离心管离心时，应取两支，先经台平上平衡，然后对称放入离心机孔中离心。

(3)特定用途的玻璃仪器在动物性食品的理化分析工作中，常需对样品进行研磨、干燥、分离、提取、消化、蒸馏、浓缩等处理，故需配备一些特定用途的玻璃器皿，如分液漏斗、干燥器、凯氏分解烧瓶、冷凝器、层析柱、索氏脂肪抽提器及凯氏定氮蒸馏装置等。

① 分液漏斗：其种类很多，有直筒形、球形、梨形、锥形等，规格有60 mL、125 mL、250 mL、500 mL、1 000 mL等。主要用来将两种互不相溶的液体分层分离和富集，相对密度大的液体在下口，相对密度小的液体在上口。使用时应先对其活塞阀涂抹白凡士林，装紧并缚以橡皮筋，以防滑脱。分液漏斗在振摇液体后，要不断打开活塞阀放气，防止液体冲出，特别在用浓硫酸磺化样品操作时更应注意安全。

② 干燥器：干燥器主要用于冷却和保存烘干的试剂、样品和器皿等，其规格有内径100 mm、150 mm、180 mm、210 mm、240 mm、300 mm等。干燥器分普通干燥器和真空干燥

器，后者顶端有磨口活塞，可进行抽气。

干燥器底层可放干燥剂（也称吸水剂）。干燥剂的种类很多，选用的干燥剂不应与待干燥的物质发生化学反应。放入烘干或灼烧过的器皿或物质，要经常开盖，以免器皿内气体膨胀，盖子跳起。

搬动干燥器时，要双手捧住，并将两个拇指压住盖沿，以防滑脱。长期不用的干燥器，尤其在冬天，由于凡士林凝固，打不开盖子，可用热湿毛巾热敷盖沿，或放在温箱中片刻，待凡士林融化后，即可推开。

③ 凯氏分解烧瓶：凯氏分解烧瓶为球形、圆底、细颈，规格有 50 mL、100 mL、300 mL、500 mL等。进行动物性食品分析时多用 100 mL 凯氏烧瓶来消解有机物质。使用时应放在通风柜或消煮柜中，将凯氏烧瓶倾斜置于石棉网上加热，瓶口勿对着操作者。

④ 冷凝器（又称冷凝管）：供动物性食品分析蒸馏实验中与其他仪器配套作冷凝用。由于冷凝管的长度不一，规格也不固定，其形状有直管形、球形、蛇形三种。

蛇形者冷凝面积大，适用于将沸点较低的样品由蒸汽冷凝成液体；直形者适于将沸点较高的样品由蒸汽冷凝成液体；球形者则两种情况均可使用。

使用时冷凝水的液流定向要从低处流向高处，严禁颠倒进水口与出水口。否则易造成内外管脱落或爆裂。

⑤ 层析柱：为动物性食品理化分析样品时纯化、分离、分层使用的主要仪器。

⑥ 索氏脂肪抽提器与凯氏定氮蒸馏装置：动物性食品理化分析中测定脂肪、蛋白质及挥发性盐基氮等含量时，常需特殊装置的玻璃仪器，即索氏脂肪提取器和凯氏定氮蒸馏装置。它们的使用将分别在动物性食品的脂肪与蛋白质分析中介绍。

二、常规指标的检测方法

1. 感官指标

表 4－23　感官指标

项目	鲜片猪肉	冻片猪肉（解冻后）
色泽	肌肉色泽鲜红或深红，有光泽；脂肪呈乳白色或粉白色	肌肉有光泽，色鲜红；脂肪呈乳白，无霉点
弹性（组织状态）	指压后的凹陷立即恢复	肉质紧密，有坚实感
黏度	外表微干或微湿润，不粘手	外表及切面湿润，不粘手
气味	具有鲜猪肉正常气味。煮沸后肉汤透明澄清，脂肪团聚于液面，具有香味	具有冻猪肉正常气味。煮沸后肉汤透明澄清，脂肪团聚于液面，无异味

2. 挥发性盐基氮的检测方法——GB/T 5009.44(半微量定氮法)

原理和意义:

TVBN 是指动物性食品由于酶和细菌的作用,在腐败过程中,使蛋白质分解而产生氨及胺类碱性含氮物质。此类物质都具有挥发性,在碱性溶液中蒸出后,用标准酸溶液滴定计算含量。因此,测定肉食品中的总挥发性氮将有助于确定肉品质量和新鲜度。

操作步骤:

绞碎匀样(瘦肉)10 g→加入 100 mL 水→锥形瓶中,振摇、浸渍 30 min,过滤→吸取5 mL 滤液,加入 5 mL 氧化镁混合液(10 g/L),盖塞加水防漏气→加入到蒸馏装置反应室内→10 mL吸收液 +5 ~6 滴混合指示剂,于冷凝管下端接收→蒸馏 5 min 停止→用盐酸标准溶液(0.010 mol/L)滴定吸收液→终点蓝紫色(同时做空白实验)。

计算:

$$x = \frac{(V_2 - V_1) \times C \times 14}{m \times 5/100} \times 100$$

x——试样中 TVBN 的含量,单位为毫克每百克/mg/100 g

V_2——测定用样液消耗盐酸标准溶液体积,单位为毫升/mL

C——盐酸标准溶液的实际浓度,单位为摩尔每升/mol/L

14——与 1.00 mL 盐酸标准滴定溶液相当的氮的质量,单位为毫克/mg

m——试样质量,单位为克/g

V_1——空白样液消耗盐酸标准溶液体积,单位为毫升/mL

3. 汞(以汞计)含量的检测方法——GB/T 5009.17(冷原子吸收光谱法)

原理:

汞蒸汽对波长 253.7 nm 的共振线具有强烈的吸收作用。样品经过酸消解或催化酸消解使汞转为离子状态,在强酸性介质中以氯化亚锡还原成元素汞,以氮气或干燥空气作为载体,将元素汞吹入汞测定仪,进行冷原子吸收测定,在一定浓度范围其吸收值与汞含量成正比,与标准系列比较定量。

操作步骤:

称取肉样 1 g ~3 g→放入聚四氟乙烯罐内→加入 2 ~4 mL 硝酸和 2 ~3 mL 过氧化氢(30%)浸泡(最好过夜)→微波消化→冷却→吸消化液 5.0 mL 置于还原瓶中→加入 1.0 mL 还原剂氯化亚锡(100 g/L)→测量吸收值→打开三通阀→用高锰酸钾溶液(50 g/L)吸收多余的汞蒸汽→同时做汞标准系列和空白试验。

计算:① 输入标准数据计算回归方程

② 输入样品数据计算样品含量

③ 输入空白数据计算含量

④ 样品值 - 空白值 = 样品含量

$$相对相差 = \frac{两次测定值之差}{平均值} \times 100\%$$

4. 水分含量的检测方法——GB/T 9695.15(直接干燥法)

原理:

样品与砂和乙醇充分混合,混合物在水浴上预干,然后在 103 ± 2℃ 的温度下烘干至恒重,测其质量的损失。

操作步骤:

砂 + 玻璃棒 + 称量瓶→103℃ ± 2℃ 加热干燥 30 min→称重(精确至 0.001 g)→重复干燥至恒重→精确称取试样 5 ~ 10 g→放入上述恒重的称量瓶中→加入乙醇 5 ~ 10 mL→于 60℃ ~ 80℃ 水浴,搅拌→蒸干乙醇→(103 ± 2)℃ 烘干 2 h→冷却后称重→(103 ± 2)℃ 烘干 1 h,并恒重(≤0.01%)→再冷却后称重。

计算:

$$X(\%) = \frac{m_2 - m_3}{m_2 - m_1}$$

X——样品中的水分含量/%;

m_1——称量瓶、玻璃棒和砂的质量/g;

m_2—— 干燥前试样、称量瓶、玻璃棒和砂的质量/g;

m_3—— 干燥后试样、称量瓶、玻璃棒和砂的质量/g。

当分析结果符合允许差的要求时,则取两次测定的算术平均值作为结果,精确到 0.1%。允许差:由同一分析者同时或相继进行的两次测定的结果之差不得超过 0.5%。

第四节　病理组织学检验

一、生物显微镜的结构与使用技术

普通光学显微镜(以下简称显微镜)是检验工作中常用的精密仪器之一,对它的使用和保护必须十分熟悉。

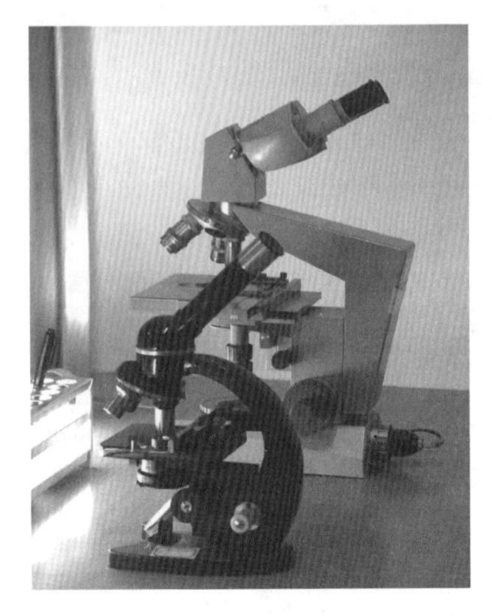

图 4－1　显微镜外观

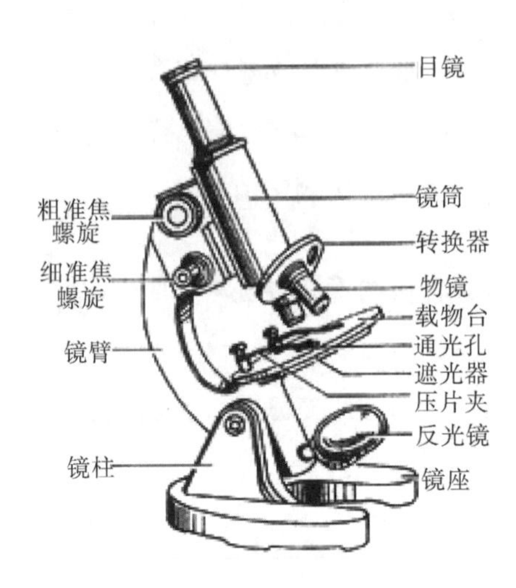

图 4－2　显微镜的结构

（一）显微镜的构造

1. 光学部分

（1）接目镜：装在镜筒上端，其上刻有放大倍数，常用的有 5 ×（放大 5 倍），10 × 及 15 ×。为了指示物象，镜中可自装黑色细丝一条（通常使用人头发一段），作为指针。

（2）接物镜：为显微镜最主要的光学装置，位于镜筒下端。一般装有三个接物镜，分为低倍镜（10 ×）、高倍镜（40 ×）和油浸镜（100 ×）。各接物镜的放大率也可由外形辨认；镜头长度愈长，放大倍数愈大，反之，放大倍数愈小。根据各接物镜的 N. A.（开口率）亦可区别，10 ×，N. A. 为 0. 25；40 ×，N. A. 为 0. 65；100 ×，N. A. 为 1. 25。另外油浸镜上一般均刻有圈线作为标志。

（3）集光器：位于载物台下方可上下移动，起调节和集中光线的作用。

（4）反光镜：装在显微镜下方，有平凹两面，可自由转动方向，以将最佳光线反射至集光器。

2. 机械部分

（1）镜筒：在显微镜前方，为一金属圆筒，光线从中通过。

（2）镜臂：在镜筒后面，呈圆弧形，为显微镜的握持部。

（3）镜座：显微镜的底部，呈马蹄形，用以支持全镜。

（4）回转盘：在镜筒下端，上有 3 ~ 4 个圆孔。接物镜装在其上。回转盘可以转动，用以调换各接物镜。

（5）倾斜关节：介于镜臂和镜座间，为镜筒作前后倾斜变位的支持点。

(6)调节螺旋:在镜筒后方两侧,分粗细两种。粗螺旋用于镜筒较大距离的升降。细螺旋位于粗螺旋的下方,用以调节镜筒作极小距离的升降。

(7)载物台:在镜筒下方,呈方形或圆形,用以放置被检物体。中央有孔,可以透光。台上装有弹簧夹可固定被检标本。弹簧夹连接推进器;捻动其上螺旋,能使标本前后左右移动。

(8)光圈:在集光器下方,可以行各种程度的开闭,借以调节射入集光器的光线的多寡。

(9)次台:装于载物台下,可上下移动,上安装有集光器和光圈。

(二)显微镜的使用方法

(1)采光:先将低倍接物镜转自中央,眼睛移至接目镜上,转动反光镜和调节粗螺旋使镜筒升降至适合高度,待视野明亮即可。光源为间接日光或人工日光灯。以天然光为光源时,宜用反光镜的平面,采用人工灯光时,宜用反光镜的凹面。

(2)放置标本于载物台上,并用弹簧夹固定,捻动推进器上的螺旋,使其移至适当位置,即可用低倍镜(其工作距离为9 mm)或高倍镜(其工作距离为0.5 mm)配合粗细螺旋调节距离,进行观察。根据需要此时可上下移动集光器和缩放光圈,以获得最适合的光线。如欲用油浸镜观察,光线宜强,可将光圈开大,集光器上升与载物台相平,并在标本上滴一小滴香柏油。然后眼睛从镜筒侧面看着,慢慢扭动粗螺旋使镜筒下移,直至油浸镜浸于油滴内,但勿使油浸镜与标本片相撞(其工作距离最小,只有0.18 mm);再移至接目镜,一面观察,一面扭粗螺旋使镜筒缓缓上移,待看到模糊物象时,换用细螺旋调节至物象清晰为止。

若镜筒长度不变,(每架显微镜均有其规定光学筒长,常为160~170 mm),显微镜放大倍数为接目镜和接物镜单独放大率的乘积。如使用接目镜为10×,接物镜为100×,则物象放大倍数为10×100=1 000倍。

(3)如长时间使用显微镜观察标本,必须端坐,凳和桌的高度要配合适宜,否则容易疲劳。观察活菌液标本或使用油浸镜时,载物台不可倾斜,以免油滴或菌液外溢。

(4)观察标本时,应练习两眼同时睁开,以减少疲劳。最好以左眼窥镜,右眼书绘。

(三)显微镜的保护

(1)显微镜是贵重和精密的仪器,使用时要十分爱惜,各部件不要随意拆卸。搬动显微镜时应一手托镜座,一手握镜臂,放于胸前,以免损坏。

(2)要经常保持显微镜的清洁,用前用后均应以细布和软绸分别揩拭机械部分和光学部分。油浸镜用后,应立即以擦镜纸拭去香柏油。如油已干,可用擦镜纸沾少许二甲苯擦净,并随即用干的擦镜纸拭去余留的二甲苯。

(3)显微镜用毕和清洁后,需将低倍镜移至中央,或将各接物镜转成“八”字形。集光器下移,然后轻轻放回镜箱。

(4)显微镜放置的地方要干燥,以免镜片生霉;亦要避免灰尘;在箱外暂时放置不用时,要用细布等盖住镜体。显微镜须防止阳光曝晒和远离热源。

二、病理组织学材料的选取和寄送

为了详细查明原因,作出正确的诊断,需要在剖检的同时选取病理组织学材料,并及时固定,送至病理切片实验室制作切片,进行病理组织学检查。而病理组织切片能否完整地、如实地显示原来的病理变化,在很大程度上取决于材料的选取、固定和寄送。因此,要求注意以下几点。

1. 切取组织块所用的刀剪要锋利

切时必须迅速而准确,勿使组织块受挤压或损伤,以保持组织完整,避免人为的变化。因此,对柔软且薄或易变形的组织如胃、肠、胆囊、肺,以及水肿的组织等的切取,更应注意。为了使胃肠黏膜保持原来的形态,在小动物实验中,可将整段肠管剪下,不加冲洗或挤压,直接投入固定液内。黏膜面所附着的病理性产物,一经触摸,即被破坏,故在采取标本时应该注意。水分的接触可改变其微细结构,所以组织在固定前,切勿沾水。

2. 有病变的器官或组织,要选择病变显著部分或可疑病灶

取样要全面而具有代表性,能显示病变的发展过程。在一块组织中,要包括病灶及其周围正常组织,且应包括器官的重要结构部分。如胃、肠应包括从浆膜到黏膜各层组织,且能看到肠淋巴滤泡。肾脏应包括皮质、髓质和肾盂。心脏应包括心房、心室及其瓣膜各部分。在较大而重要病变处,可分别在不同部位采取组织多块,以代表病变各阶段的形态变化。

3. 组织块的大小

通常长宽1.0~1.5 cm,厚度为0.4 cm左右。必要时组织块的大小可增大到1.5~3.0 cm,但厚度最厚不宜超过0.5 cm,以便容易固定。尸检采取标本时,可先切取稍大的组织块待固定几小时后,切取镜检组织块时再切小、切薄。修整组织的刀要锋利、清洁,切块垫板最好用硬度适当的石蜡做成的垫板(可用组织包埋用过的旧石蜡做),或用平整的木板。

4. 组织的固定

为了防止组织块在固定时发生弯曲、扭转,对易变形的组织如胃、肠、胆囊等,切取后将其浆膜面向下平放在稍硬厚的纸片上,然后徐徐浸入固定液中。对于较大的组织片,可用两片细铜丝网放在其内外两面系好,再行固定。

5. 病变部位的标识

特殊病灶的组织切块时,需将病变显著部分的一面平切,另一面可切作不整,以资区别。

使包埋时不致倒置。

6. 病变组织的防混标识

当类似组织块较多,易于造成彼此混淆时,可分别固定于不同的小瓶中,或将组织切成不同的形状(如长方形、四方形、三角形等),易于辨认。此外,还可用铅笔标明的小纸片和组织块一同用纱布包裹,再行固定。

7. 固定液的选择

为了使组织切片的结构清楚,切取的组织块要立即投入固定液中,固定的组织愈新鲜愈好。固定液的种类较多,不同的固定液又各有其特点,可按要求进行选择。最常用的固定液是10%的甲醛(即福尔马林)水溶液(市售甲醛用水稀释1:9),其他固定液如纯酒精或Zenker氏液等亦要准备齐全,以便需要时即可应用。固定时间不宜过长或过短,如以甲醛液固定,只需24~48 h即可,以后用水冲洗12 h则可应用。用Zenker氏液固定12~24 h后,经水冲洗24 h,亦可应用。固定液的量要相当于组织块总体积的5~10倍。固定液容器不宜过小,容器底部可垫以脱脂棉花,以防止组织与容器粘连,影响组织固定不良或变形。肺脏组织比重较轻易漂浮于固定液面,可盖上薄片脱脂棉花,借棉花的虹吸现象,可不断地浸湿标本。

8. 固定组织的标识

组织块固定时,应将病例编号用铅笔写在小纸片上,随组织块一同投入固定液里,同时将所用固定液、组织块数、编号、固定时间写在瓶笺上。

9. 运送组织块的包装

将固定完全和修整后的组织块,用浸渍固定液的脱脂棉花包裹,放置于广口瓶或塑料袋内,并将其口封固。瓶外再裹以油纸或塑料纸,然后用大小适当的木盒包装,即可交邮寄送。同时应将整理过的尸体剖检记录及有关材料一同寄出。并在送检单上说明送检的目的要求,组织块的名称、数量以及其他应说明的问题。

除寄送的病理组织块外,本单位还应保留一套病理组织块,以备必要时复查之用。

三、病理组织学标本制作

(一)取材

镜检标本的选择非常重要,不能随意切取,在切取镜检标本时,应注意下列各点:

(1)尽早固定病理组织应尽早固定,越新鲜越好,以免死后变化。组织固定前,切勿摸、挤、压、拉等,这样都会改变组织的原有性状。切取组织块要用锋利的刀片切割。

(2)取材部位取材时,必须选择正常组织与病灶交界处的组织,切片材料要一式二份。

切取的组织块应包括该器官的主要构造,例如肾组织应包括皮质、髓质,肝、脾等组织应连有被膜。

切取肿瘤标本时,不应在肿瘤中心坏死区或感染处采取材料,以免结构不清,妨碍诊断。应当在肿瘤实质部的边缘处垂直切取,一般从外到里,采取 2 ~3 块组织。注意不要挤压标本,以免组织变形,影响诊断。

(3)取材大小切取组织块的大小为 1.5 cm×1.5 cm×0.5 cm,如做快速切片,则厚度不能超过 0.2 cm。

(4)固定前的处理组织块固定时,不要弯曲扭转,肠壁、胃壁、胆囊壁等,可先行平放在硬纸片上,然后慢慢放入固定液中。

采取的组织块必须用钢笔注明号码。如组织块作长期保存,于 10% 福尔马林溶液中固定 24 ~48 h 后,用清水冲洗片刻,再放入新鲜甲醛溶液中保存。

(二)固定

采取的病理材料必须立即放入固定液中。这样,细胞迅速死亡,能够保存细胞原有的形状和构造。固定组织所用的固定液不能太少,一般应为组织体积的 10 倍,否则会影响切片的质量和诊断。

一般用的固定液是 95% 酒精,10% 中性甲醛溶液(40% 甲醛溶液 100 mL,蒸馏水 900 mL,酸性磷酸钠 4 g,磷酸氢二钠 6.5 g)。现介绍几种常用的混合固定液。

1. 酒精福尔马林液

酒精(95%)	85 mL
甲醛溶液(40%)	10 mL
冰醋酸	5 mL

这种固定液,同时具有固定和脱水作用,多数用于病理检验的切片。从固定液取出的组织块,可以直接浸入 95% 酒精或无水酒精,不需要用水冲洗。

2. 辛克(Zenker)氏液

升汞	5.0 g
重铬酸钾	2.5 g
硫酸钠	1.0 g
蒸馏水	100 mL

先将重铬酸钾及升汞溶于水中,加温溶解。临用时取此液 95 mL,加冰醋酸 5 mL。如冰

醋酸加得过早,即和重铬酸钾起作用。固定 12 ~ 24 h。固定后,用流水冲洗 12 ~ 24 h,浸入各级酒精,组织浸入 70% 酒精时,用滴碘酒法,除去升汞。应用这种固定液固定的组织块,细胞核及细胞浆染色都很好,是一种优良的固定剂。

3. 鲍因(Bouin)氏液

苦味酸饱和水溶液	75 mL
甲醛溶液(40%)	25 mL
冰醋酸	5 mL

这是常用的固定液,穿透速度快,固定均匀,固定皮肤更为合适(因为苦味酸有软化皮肤的作用)。固定后,投入 70% 酒精洗涤,至黄色消失为止。

4. 卡诺(Camy)氏液

无水酒精	60 mL
氯仿	30 mL
冰醋酸	10 mL

这是渗透力最强的一种固定液,固定的组织切片适合各种染色法,新鲜标本固定 1 ~ 2 h,固定细胞分裂的组织,更为合适,固定后用 95% 酒精洗涤。

(三)脱水

组织经固定和水洗后,组织中含有多量水分,这时还不能浸石蜡包埋,因水不能与石蜡混合。必须先把组织内的水分除去。但脱水剂必须是与水在任何比率下均能混合的液体,脱剂兼有硬化组织的作用。最常见的脱水剂为酒精、丙酮等。

(1)酒精是最常用的脱水剂。组织经固定及冲洗后,再经过一系列由稀到浓(由低浓度到高浓度)的酒精,能逐渐脱净组织中的水分。脱水的程序为 70% →80% →95% →100% 。各级酒精 2 ~4 h,视材料的大小、厚薄而定。100% 酒精有硬化组织的作用,脱水时间不宜太长,一般不超过 3 h。坚韧的组织如骨、韧带、肌肉等,脱水时间不能过长,约 2 h。脑组织、脂肪组织或疏松结缔组织,脱水时间要适当延长。

(2)丙酮沸点为 56℃,其作用一般与酒精相同,但它的脱水力与收缩力比酒精强。为了避免组织过度收缩要先经过低浓度丙酮(40% 丙酮),再放入纯丙酮中,每级浸 1 h。快速石蜡切片,用丙酮脱水,效果较好。

(四)透明

透明对组织有脱酒精及透明两种作用,具有这种作用的试剂称为透明剂。透明剂不仅有脱酒精的功能，而且能溶解于石蜡，便于石蜡渗入。凡折光率接近 1.518 的脱酒精的透明剂都可用于透明。

(1)二甲苯是最常见的良好透明剂，不影响各种染色。二甲苯易溶于酒精，能溶解石蜡，也是封固剂，不吸收水，透明力强。但组织不能放置过久，放置时间视组织块的大小而定，通常为 0.5 h 到 1 h 左右，否则组织容易变脆，为了避免组织剧烈扭转与收缩，最好投入二甲苯透明前，先经过二甲苯与无水酒精 1∶1 混合物。

(2)松油醇是兼有脱水作用的透明剂。脱水力强，优于其他透明剂。组织块经过各级酒精，脱水至 95% 酒精时，取出组织块移浸松油醇时，即能透明(不需要经过无水酒精、二甲苯)。组织块放在松油醇中，可放置过夜。经松油醇透明的组织块穿透力弱，浸蜡时间要适当延长。

(五)透蜡

透蜡时间以能取代组织内的全部透明剂，并充分渗入石蜡为原则。先将组织块放入二甲苯加石蜡各半的混合液中，于 52℃ ~58℃ 恒温箱内放置 1 h，然后将标本移入保持在 52℃ ~58℃ 恒温箱中的石蜡两三小时，或更长时间。一般的浸蜡时间为 4 ~6 h。如用松油醇、香柏油透明，则要延长透蜡时间。冬天用熔点 52℃ ~54℃ 石蜡，夏天用 56℃ ~58℃ 石蜡。

(六)包埋

将溶解的石蜡倒入金属包埋框中(在倒入石蜡前，先将包埋框的内面涂布液体石蜡，以便冷却后，石蜡包埋的组织易于脱落)，再将透过蜡的组织块放入包埋框的中央，并将预备切的组织面向下，等到石蜡表面形成薄膜时，立即将包埋器沉入冷水内 15 ~20 min，取出石蜡块按照组织块大小划分若干块加以修整，组织外面应留有适当的石蜡。

(七)切片及附贴

将蜡块固定在石蜡切片机上，使蜡块的切面与刀口成平行方向，刀的倾斜度通常为 15°，转动圆盘，调整切片厚度，切成 2 ~4 μm 厚度的切片。

右手旋转机轮，左手持毛笔轻轻拨起切片，然后把切片放入 35℃ ~40℃ 的温水皿中展平。切片移铺在经脱脂干净的载玻片上，送入烤片箱(40℃ ~50℃，勿高于熔点)，烘烤 4 ~24 h。

(八)染色

(1)染色前的准备工作：① 组织片经二甲苯脱蜡 10 ~20 min；② 脱二甲苯。从高浓度酒精开始，逐渐转入低浓度酒精，即从 100%、95%、80%、70%、50%，各 2 ~ 5 min 左右，然后水洗 5 min。

(2)对比染色法苏木素—伊红染色法的染色顺序：

① 切片经脱蜡到水洗；

② 移入 Harris 苏木素液内 1 ~ 5 min(淋巴组织染色时间要缩短)，苏木素主要染细胞核；

③ 水洗；

④ 移入 1% 盐酸酒精分化数秒钟至半分钟(退去胞浆颜色，保存细胞核颜色，此种区别作用称为分化)；

⑤ 中和：在加数滴饱和碳酸锂溶液的水中处理半分钟；

⑥ 流水洗涤；

⑦移入 0.5% ~1.0% 伊红酒精溶液复染半分钟(主要染细胞浆)；

⑧ 脱水：95% 和 100% 酒精各 10 分钟；

⑨ 透明：二甲苯透明 10 ~ 15 min；

⑩ 封固：切片上滴加中性加拿大树胶，然后覆盖上盖玻片，干后即可应用。

Harris 苏木素液配制方法：

苏木素	0.9 g
酒精	10 mL
铵(或钾)明矾	20 mL
蒸馏水	200 mL

分别将苏木素溶于酒精和明矾溶于水中，再把苏木素液和明矾液均匀混合，倒入烧坏，迅速煮沸；此时再加入一氧化汞 0.5 g，用玻璃棒拌匀，氧化，溶液很快变成深紫色，将烧杯移入冷水中，使溶液迅速冷却。第二天将溶液过滤即成。在应用前每 100 mL 苏木素液内加冰醋酸 2 ~4 mL。

酸化伊红酒精液配制方法：

1 g 伊红加 10 mL 蒸馏水，等完全溶解后，滴加冰醋酸，直至水溶液成糊状为止。这样重复处理 2 ~3 次，然后倒在滤纸上过滤，放入烘箱中烤干。将滤液再溶于 80% ~95% 酒精中，配制 0.5% ~1.0% 伊红酒精溶液。这种伊红染液着色快，而且在酒精中不易褪色。

附：快速石蜡切片法

新鲜组织固定于酒精甲醛溶液(95% 酒精 85 mL，浓甲醛溶液 10 mL，冰醋酸 5 mL)中，加热至沸点，约 2 ~4 min，取出后将组织用锋利的刀片修薄，然后放入两级丙酮(丙酮Ⅰ，丙酮Ⅱ)，加热至沸点(必须注意丙酮的沸点为56℃，而且容易燃烧，在操作时必须特别小心)。使丙酮挥发50%左右，然后再移入已熔好的石蜡溶液中透蜡，继续加热约2～3 min，(是否透蜡完全，主要看组织块放出的气泡消失为止)。包埋于事先做好的蜡块中，然后进行切片。将切片展开在载玻片上用吸水纸吸干，立即在酒精灯上烤干，直至组织中蜡溶解为止。染色方法与常规的苏木素—伊红染色法相同，为了减少染色的时间，染苏木素时，可在酒精灯上加热。快速石蜡切片法，一般在0.5 h内即可制成切片。

第五节　微生物检验

一、微生物学基本知识

(一)微生物的分类

在自然界中，除动物和植物外，还生存着一个十分复杂的，个体微小的生物类群。这些微小生物的个体用肉眼看不见，必须借助光学显微镜或电子显微镜将其放大几百倍甚至几万倍后才能看到，故被称为微生物。

微生物的个体虽然很小，但它们与大生物一样，具有一定的形状与结构，在适宜的环境条件下能迅速生长繁殖并对周围环境有着巨大的影响。

根据微生物之间在形态、生理等生物学性状的差异，它们被区分为许多种类，如细菌、病毒、立克次氏体、衣原体、支原体、螺旋体、放线菌以及真菌等。

上述各类微生物除病毒外，其生物学位置被划分为原生生物界。原生生物都是细胞型生物，按细胞结构和分子生物学的差别，原生生物又分为真核生物和原核生物两类。

- 微生物
  - 细胞形态的微生物
    - 真核生物：酵母菌、霉菌、大型真菌、原生动物(属寄生虫学范围)
    - 原核生物：细菌、衣原体、立克次氏体、支原体、螺旋体、放线菌
  - 非细胞形态的微生物：病毒(包括噬菌体)

(二)微生物的形态与结构

1. 细菌的形态与结构

细菌是最小的一类单细胞原核微生物。各种细菌在一定外界环境条件下，都具有一定的形态与结构。

(1)细菌的大小:细菌个体非常微小,必须用显微镜放大几百倍甚至千倍以上才能看到。其大小测量单位是以微米(μm)来计算,一微米等于千分之一毫米(mm)。球菌以其直径表示大小,杆菌以长×宽表示大小。各种球菌平均直径为0.8~1.2 μm,一万个球菌紧密相连,长度仅有一厘米(cm)左右,一滴水可以容纳10亿个以上的球菌。杆菌大小差别较大,如炭疽杆菌长达8 μm,而流行性感冒杆菌长仅0.5 μm。不仅不同种类的细菌大小不同,即使由一个细菌细胞繁殖出来的同种细菌,大小也可不同,如伤寒杆菌的长度,可以有1~3 μm的差别,这与菌龄和生长条件有关。

(2)细菌的形态与排列:细菌的形态多种多样,归纳起来,可分为球菌、杆菌和螺形菌三种基本形态,其中以杆菌为最多见。

① 球菌 球菌单独存在时为圆球形,成双存在时则可成肾形或半球形的平面相对。球菌的排列方式可作为分类及鉴定的依据。

A. 双球菌:由一个平面分裂,分裂后两个新菌体仍成双排列,如肺炎双球菌。

B. 链球菌:也由一个平面分裂,分裂的菌体多个或几十个相连成串,故名,如溶血性链球菌。

C. 四联球菌:先后由两个互相垂直的平面分裂,分裂后每四个菌体呈田字形堆在一起。

D. 八叠球菌:依次由三个互相垂直的平面分裂,分裂后每八个菌体呈立方形堆积在一起。

E. 葡萄球菌:先后由多个平面作不规则的分裂,分裂后菌体无秩序地聚集成一堆葡萄状,如金黄色葡萄球菌。

② 杆菌 杆菌菌体呈杆状或近似杆状。杆菌大部分是直的,有的稍弯曲。菌体的两端多数为钝圆形,少数呈方形。若菌体粗短,且两端钝圆,形态近似球形,则称球杆菌。绝大多数杆菌是分散独立存在,但也有成对排列的,称双杆菌,呈链状排列时,称链杆菌。

有些杆菌形成侧枝或分枝,称分枝杆菌,如结核杆菌。有些杆菌菌体的一端膨大呈棒状,称棒状杆菌,白喉杆菌即属于这一类。

③ 螺形菌 螺形菌细胞弯曲呈螺旋状的细菌通称为螺形菌。弯曲不足一圈的叫弧菌,弯曲成多圈的叫螺菌。有的弧菌可连接成螺旋状链,应与真正的螺菌区别开。

(3)细菌的结构:细菌虽然微小,但结构相当复杂。由于电子显微镜超薄切片等新技术的应用,对其结构包括超微结构,有了比较清楚的了解。

① 细菌的基本结构是指各种细菌细胞都具有的结构,包括:

A. 细胞壁:细胞壁包在细菌细胞的最外层,为无色透明,坚韧并富有弹性,一般染色不易着色。须用特殊染色法或电子显微镜法可观察细菌的细胞壁。

B. 胞浆膜(或称细胞膜):是在细胞壁的内层,紧密地包围在乌黑的细胞浆外面的一层软而有弹性的膜，厚度为 5～10 m/μm。主要成分是类脂、蛋白质和少量核糖核酸。在电镜下观察，可见胞浆膜由两层电子致密层及其中央的一层透明层组成。

C. 细胞浆（亦称细胞质）：是无色透明的在细胞内基本上不流动的液状胶体，充满整个细胞。其主要成分是水、蛋白质、核酸和脂类，也含有少量的糖和盐类。

细胞浆中含有各种内含物和空泡，内含物是菌体代谢的产物或是贮备的营养物质，如糖、脂类、含氮化合物以及硫、碳酸钙等无机物。

细胞浆内含有许多种酶系统，可将由外界摄取的营养物质，合成各种复杂的物质；同时进行异化作用，以不断更新细菌内部的结构和成分，维持细菌生长和代谢所需要的环境。细胞浆是细菌生命活动的物质基础。

D. 核质：近年来，由于电子显微镜超薄切片、同位素放射自显影术和重金属投影等新技术的应用，已在许多细菌中（如大肠杆菌、枯草杆菌、结核杆菌、葡萄球菌等）发现细菌确实有核的存在。但与真核细胞不同，它的核没有核膜等结构，所以叫核质。虽然没有核膜将核质与细胞浆相隔，但核区内没有细胞浆中的物质，是一种独立结构，其主要成分是脱氧核糖核酸和蛋白质。核质的形状不一，可呈圆形、管形、分枝状、网状等形态。核质与细菌的生长、繁殖、遗传、变异关系密切。

② 细菌的特殊结构某些细菌除具有上述基本结构外，还具有一种或两种以上的特有结构，如鞭毛、菌毛、荚膜芽胞等，这些结构叫细菌的特殊结构。各种特殊结构都有它的生理功能，同时也可用来帮助鉴别细菌。

A. 鞭毛：许多杆菌、弧菌具有鞭毛。鞭毛是由菌体细胞浆里的基础小体发出的伸展到体外的纤细丝状物。它是细菌的运动器官，有鞭毛的细菌在液体内可以从一个地方，移向另一个地方。鞭毛的化学成分与菌体成分不同，主要为蛋白质。

细菌的鞭毛非常娇嫩，很容易从菌体脱落，普通染色法不着色，需用鞭毛特殊染色法才能显示。根据鞭毛的数量及生长的位置，可将有鞭毛的细菌分为三类；

单毛菌：细菌只有一根鞭毛，位于菌体的一端，如霍乱弧菌。

丛毛菌：细菌有一束鞭毛，位于菌体的一端，如绿脓杆菌。也有两端各有一束鞭毛的。

周毛菌：细菌菌体的周围均有鞭毛，如伤寒杆菌。

单毛菌和丛毛菌运动速度较快，多呈直线运动，周毛菌的运动不活泼且不规则。

检查细菌有无鞭毛及鞭毛的数量与位置，是鉴别细菌的常用方法之一。鞭毛成分的分析研究，对细菌尤其是在沙门氏菌属的鉴定上有着重要意义。

B. 菌毛：近年来，用电子显微镜观察细菌时，发现许多革兰氏阴性细菌，有一种数量较多，较鞭毛短而直，直径比鞭毛细的细丝，叫作菌毛。菌毛不是细菌的运动器官，但可增加细菌附着于其他细胞或物体的能力，因而有人认为菌毛可能与致病性有关

C. 荚膜:有多种细菌在其生活过程中,向细胞体的周围分泌一种黏液状物质,包围在细菌细胞壁的外面。即称之为荚膜。在固体培养基上,有荚膜的细菌,菌落表面湿润而有光泽。荚膜对染料的亲和力很低,用普通染色法不着色,但可看到菌体外有一层透明无色的光环,这就是荚膜部位。如用荚膜特殊染色法,则荚膜可被染上与菌体不同的颜色。

观察荚膜的有无,是鉴别细菌的方法之一,但荚膜的产生与细菌所处的环境有关。

细菌的荚膜与毒力有关,因为荚膜能保护菌体不易被吞噬细胞所吞噬及消化,荚膜本身成分还能抑制机体内溶菌酶、碱性多肽等非特异性保护机能的作用,所以带荚膜的致病菌侵入机体后能大量生长繁殖造成病理损害。另外,荚膜还能保护菌体抵抗外界不良环境。

细菌荚膜的化学成分因菌种与菌型的不同而异。荚膜分型工作在流行病学方面有一定意义。

D. 芽胞:某些杆菌在一定的生活条件下,细胞内即形成一个折光性很强,通透性很低的圆形或卵圆形的特殊结构,称为芽胞。芽胞形成的过程是菌体细胞浆的大部分逐渐失水而浓缩,而后在其外面形成两层厚而致密的膜。芽胞形成后,菌体其余部分逐渐衰亡,芽胞就成为独立的生命个体。芽胞与代谢活跃的原细菌不同,它处于相对静止状态。为区别起见将原菌体特称之为繁殖体。

芽胞对外界环境有高度的抵抗力。杆菌的繁殖体一般在70℃时即很快死亡,而芽胞能耐受高温。例如枯草杆菌的芽胞能在100℃的沸水中活1 h,肉毒杆菌的芽胞能在180℃下活10 min。有人试验炭疽杆菌的芽胞,在室温干燥条件下,能存活17年;泥土中破伤风杆菌芽胞也可数年不死。芽胞对化学消毒剂也有很强的抵抗力,如炭疽杆菌、破伤风杆菌的芽胞在5%石炭酸中须经10~12 h才死亡。因此,被芽胞污染的用具、敷料、手术器械、培养基以及外界环境如土壤、草地等,用一般理化方法进行消毒灭菌,不易将其杀死。杀死芽胞最有效的方法是高压蒸汽灭菌法。在实践中都以杀死芽胞作为保证无菌的依据。培养细菌的培养基也必须于配制后杀死细菌的芽胞。为判定高压蒸汽灭菌器等灭菌的效力,也常以能否杀死细菌芽胞为标准。

芽胞在适宜条件下,其外膜发生改变,通透性增加,内膜也膨胀,水及其他营养物质逐渐进入,胞内酶开始活跃,水解外膜形成小孔,由小孔长出新个体,这过程称为发芽,最后脱去外膜,内膜则与形成新个体的胞浆膜有关。发芽一般要经3~5 h的进程。

一个细菌一般只能形成一个芽胞,一个芽胞也只能形成一个菌体,故芽胞形成与发芽和细菌繁殖无关。

芽胞的形状、大小、在菌体中的位置、芽胞形成后是否使原菌体变形等特点,有助于细菌的鉴别。如炭疽杆菌的芽胞比菌体小,呈卵圆形,位于菌体中央;而破伤风杆菌的芽胞比菌体大，呈正圆形，位于菌体的顶端，形似鼓槌。

芽胞由于通透性很小等原因，故不易着色，用普通染色法原菌体残余部分着色，芽胞处呈一空白区，为了使其着色，必须采用细菌芽胞特殊染色法。

(4)细菌的非典型形态与结构：细菌的形态与结构在适宜生长的条件下是较为恒定的，但当外界环境改变时，它的形态与结构可随之发生一定程度的改变。这些变化常是暂时的，随着外界相应影响因素的消除，细菌可恢复其正常形态与结构。

引起细菌形态结构发生改变的原因是很多的，常见的因素有不适宜的培养温度、营养成分、酸碱度以及抑制性物质的作用如染料、金属盐类、抗菌素、抗菌血清等。

2. 病毒的基本性状

(1)病毒的概念与分类

① 病毒的概念 病毒是一类个体微小的微生物，在普通光学显微镜下，除痘类病毒等大型病毒勉强可见之外，绝大多数不能查见，而且能够通过滤菌器；其独立简单，不具有完整的细胞结构形式，有严格寄生性，必须寄生在一定种类的易感活细胞内，以复制方式增殖，在无活细胞的人工培养基上不生长；有部分病毒对人类具有一定的致病性。

② 病毒的分类 目前，对病毒尚无统一的分类方法。过去，有的依据病毒所寄生的宿主种类不同而分为动物（包括人、家畜及昆虫）病毒；植物病毒和细菌病毒等三类。也有按病毒所含核酸种类而分为脱氧核糖核酸（DNA）病毒及核糖核酸（RNA）病毒两大类。

(2)病毒的大小、形态与结构

① 病毒的大小 病毒的个体很微小，测量病毒的大小是以毫微米（nm 或 mμm，即 $1\text{nm} = \frac{1}{1\,000}\mu$）为计算单位。

各种病毒的大小相差很大，但以中型病毒（100～200 mμm）为最多见。

② 病毒的形态 病毒的基本形态有球形、方砖形、杆状及蝌蚪形 4 种。使人和动物致病的病毒大多数呈球形或 20 面体对称形，如脊髓灰质炎病毒、脑炎病毒、腺病毒等。

③病毒的结构 病毒的结构非常简单，没有完整的细胞结构物质。病毒个体（或称病毒颗粒）主要是由核酸和蛋白质构成。

二、外界因素对微生物的影响

1. 物理因素

影响微生物的物理因素主要有干燥、渗透压、温度、光线、射线、滤过等。

(1)干燥：水是微生物新陈代谢不可缺少的成分，干燥使微生物失去水分，引起菌体蛋白质变性，或盐类浓度的增高而逐渐导致死亡。各种微生物对干燥的抵抗力是不一样的。如巴氏杆菌、嗜血杆菌、鼻疽杆菌对干燥敏感，在干燥环境中只能活几天。但结构杆菌（可活 3 个月）、乳酸菌、酵母菌（数年）、葡萄球菌（2 年以上）对干燥则不敏感。尤其是细菌的芽胞、真菌的孢子是微生物的特殊保存形态，含水量非常低（约 40%），因此对干燥有很大的抵抗力。有的在干燥条件下，可保存十年或二十年之久，如炭疽芽胞，破伤风芽胞等。

（2）渗透压：渗透压与微生物的活动有密切关系。在自然界或在人工培养基中（外界）的渗透压与微生物细胞的渗透压相等时，则有利于微生物的生长繁殖。若外界的渗透压有一定的改变，微生物也还有一定的适应能力。但如果变化超过一定限度时，则将抑制微生物的生长繁殖，或导致死亡。

将微生物置于高渗溶液（如浓盐水、糖水）中，则菌体内的水分向外渗出，细胞浆因高度脱水而浓缩，并与细胞壁脱离，这种现象称为“质壁分离”或“生理干燥”。利用此原理，以盐渍、糖渍保存食品。但也有嗜高渗菌（又可分嗜盐菌或嗜糖菌）。

将微生物置于低渗溶液中（如蒸馏水）则因水分大量渗入菌体，使菌体细胞显著膨胀，甚至使细胞崩裂，这种现象称：“细胞破裂”或“胞浆压出”，微生物对低渗溶液的抵抗力相当强。但实验室为了避免“胞膜破裂”常用等渗溶液（如生理盐水，培养基中加入适量的氯化钠）。

（3）温度：温度是微生物生长繁殖的重要因素，在适当的温度范围内，微生物体内的一系列物理、化学反应才能正常进行。

根据各类微生物对温度的需要，可分为三类（表 4 – 24）：

表 4 – 24　微生物种类

	最低温度/℃	最适温度/℃	最高温度/℃
嗜冷菌	0 ~ 5	10 ~ 20	25 ~ 30
嗜温菌	10 ~ 20	37	40 ~ 45
嗜热菌	25 ~ 45	50 ~ 60	70 ~ 85

① 低温对微生物的影响：大多数微生物对低温有很强的抵抗力，严寒可以使微生物变为无生机状态，可以保存数月之久，有的在 – 190℃→ – 253℃仍可保持其生机。但冰冻和融化反复交替对细菌大为不利。（嗜冷菌，多为发光细菌、铁细菌，北方海洋、土壤、污水中的细菌，还有冰箱、冷库中的细菌。）用冷冻方法，可以保存菌种，或保存食品。

② 高温对微生物的影响：微生物对高温比较敏感，所以用高温进行灭菌是最常用的物理方法。各种微生物所含的蛋白质不同，所以它们对高温的抵抗力也不一样。一般无芽胞杆菌在 60℃时 30 min 死亡，70℃时 10 ~ 15 min 死亡。80 ~ 100℃情况下，有的几分钟死亡，

有的 2 h 也不死。

③ 高温灭菌的方法，分为干热灭菌法和湿热灭菌法。这两种方法，各有其优点。

A. 干热灭菌法包含火焰灭菌和热空气灭菌。

火焰灭菌：直接以火焰烧灼，立即杀死全部微生物。但使用对象有限，常用于耐烧物品，如接种环、试管口、玻璃片等。或用于可以烧毁的物品，如实验动物尸体，传染病畜尸体，垫草、病料包装纸等的灭菌。

热空气灭菌：灭菌时用干烤箱，细菌繁殖体在干热的情况下 100℃经 1.5 小时才被杀死，芽胞则需 140℃经 3 h 才被杀死。当温度达到 160℃时，维持到 2 ~ 3 h，即可达到灭菌的目的。

B. 湿热灭菌法分煮沸灭菌、流通蒸气灭菌和巴氏消毒法高压蒸气灭菌四种方法。

煮沸：煮沸可使温度上升到 100℃。外科手术器械、注射器、针头等，通常煮沸 15 ~ 20 min 即可杀死细菌繁殖体，水中加入 2% ~ 5% 石炭酸能增强杀菌力，经 15 min 煮沸可杀死炭疽杆菌的芽胞。

流通蒸汽灭菌法：用蒸笼或流通灭菌器灭菌。一般在 100℃加热 30 min，可杀死细菌的繁殖体，但不能杀死芽胞和霉菌孢子，所以采取在 100℃经 30 min 消毒后，被消毒物置湿箱过夜，待芽胞发芽，第二天，第三天，用同样的方法，进行处理消毒。这种连续三天（或数天）达到完全灭菌的方法，叫作间歇灭菌法。

巴氏消毒法：此法用于葡萄酒、啤酒及鲜牛乳的消毒。目的是最大限度消灭病原微生物和其他微生物达 90% 以上。其次是尽可能地少损害鲜牛乳等被消毒物品质量。巴氏消毒法可分为低温长时间消毒法（63℃ ~ 65℃经过 30 min）。或高温短时间消毒法，在（71℃ ~ 72℃经过 15 min）加热以后，应迅速冷却至 10℃以下，称为冷击法。这样可以进一步促使细菌死亡，有利于鲜乳马上转入冷藏器保存。

高压蒸汽灭菌法：为最有效的灭菌法。所用的灭菌器为高压灭菌器。

高压灭菌器密封后，蒸汽不外溢、加热后器内蒸汽增多、压力增高、可以提高水的沸点，因而灭菌器内的温度也随之增高、杀菌力便可以大为增强。当压力达到每平方寸为 15 磅时，温度可升高至 121.3℃，在这样的高温条件下，经 30 min 即可杀死所有的细菌和芽胞。所以为最有效的灭菌方法。

注意事项：有 15 磅压力时的温度为 121.3℃，必须注意观看压力表；未起磅前，必须将器内冷空气排出，否则温度不易上升和热力将降低；用完后，必须待压力降至零磅时，才能开盖，否则易发生玻璃器皿爆裂事故；使用前，高压灭菌器内加适量水；加盖和取盖上下螺丝时，必须对称进行等。

表 4-25 高压灭菌器在各种压力下的温度

压力/磅	温度/℃	压力/磅	温度/℃
5	108.8	15	121.3
10	115.6	16	122.4
11	116.8	17	123.4
12	118.0	18	124.3
13	119.1	19	125.4
14	120.2	20	126.2

(4)光线：绝大多数微生物的生长繁殖不需要光线，只有少数细菌如紫色硫菌、彩色硫菌需要光线的促进作用。散射光线对微生物危害不大。

直射日光有强烈的杀菌作用，是天然的杀菌因素。如结核杆菌、沙门氏菌很快被杀死，但日光隐现不定，效果就不一定。

紫外线中波长 2 000 ~ 3 200 部分具有杀菌作用，尤以 2 650 ~ 2 660 段的杀菌力最强。但紫外线穿透力差，只能杀灭物体表面的微生物。紫外线灯，应用于实验室、手术室等的空间消毒。

(5)射线：X 射线杀菌力不如紫外线，作用也较慢，致死量的 X 射线杀死大肠杆菌、葡萄球菌、白喉杆菌和一些霉菌，但对病毒作用不大。

放射性元素射线通常为三种：α、β、γ 射线。杀灭微生物主要用 γ 射线。因为 α 射线易被空气吸收，达不到杀菌作用。β 射线穿透力差，只能杀死物体表面的微生物。γ 射线穿透力强，有抑菌和微杀菌作用。可用它杀死食品中的沙门氏菌。

我们所用的放射性同位素，作为杀灭微生物来保藏食品的就是 ^{60}Co。微生物被 γ 射线照射后，引起微生物的新陈代谢的混乱，终于使微生物丧失其活力而死亡，这就是我们所讲的辐射保鲜。其原理就在于此。肉食品经 ^{60}Co 照射后，只要在无菌的条件下保存，可以保证肉食品等的鲜度，不变质，不腐败，并保存较长的时间。这是我们食品部门当前提高肉食品卫生质量的重要工作。

(6)滤过除菌：滤过除菌是将液体或空气中的微生物除去的方法。常使用的为细菌滤过器，过滤不能加热灭菌的液体，如糖培养基、各种特殊培养基、血清等。在分离病毒和细菌纯毒素等也常用细菌滤器过滤。

2. 化学因素

各种化学物质对微生物的影响是不相同的，有的可以促进微生物的生长繁殖。有的阻碍微生物新陈代谢的某些环节，而呈现抑菌作用，有的使菌体蛋白质变性或凝固而呈现杀菌作用。就是同一种化学物质,由于其浓度,作用时的温度,作用的时间长短,以及作用的对象等不同,或呈现抑菌作用,或呈现杀菌作用。

化学物质对微生物作用,受以下因素影响:

(1)化学物质的性质:不同化学物质对微生物的杀灭效果不同。一般化学消毒剂浓度愈大,消毒效果愈好。

(2)化学物质的浓度:如0.5%的石炭酸只能做防腐剂,浓度至2% ~5%时则呈现杀菌作用。但消毒剂浓度增加是有限度的,有的超过后而下降,如无水酒精,就不如70%的酒精杀菌力强。

(3)作用时间及其他环境条件:化学消毒剂杀死微生物所需的时间长短,与其本身的性质、浓度、温度、作用时微生物所处的环境(如有机物的有无、pH等)及微生物的种类有密切的关系。

一般认为,化学消毒剂的浓度愈大,温度愈高,作用时无不良因素等,杀菌时间可能会短。重金属盐类每因增高温度10℃,而杀菌力增加2 ~5倍。石炭酸增加5 ~8倍。由于温度增高,化学活动性增加,杀菌时间因而缩短。

当微生物处于粪便、痰、脓汁、血液及脏器内时,由于消毒剂先与有机物结合而大大减少与微生物作用的机会,对微生物能起保护作用,要提高消毒剂的浓度、延长消毒时间,才能达到消毒的目的。

(4)微生物的种类:由于微生物的形态结构、代谢方式等生物学特性不同,对化学物质所呈现的反应也有差异。如:分子状态的氧,对需氧菌是有利的,但对厌氧菌则是有害的,CO_2对初代分离的牛布氏杆菌的生长和葡萄球菌毒素的产生是必要的,但对其他种类的微生物则不利于生长繁殖。细菌的芽胞因有较厚的芽胞壁,和多层芽胞膜,结构坚实,消毒剂不易渗透进去,所以对消毒剂的抵抗力比细菌繁殖体强得多。

3. 生物因素

在自然界中能影响微生物的生命活动的因素很多。但各微生物之间、微生物与高等动植物之间经常出现复杂而多样的关系,它们之间相互制约、影响,共同促进了整个生物界的发展和进化。

(1)共生:如植物与根瘤菌;牛羊与其瘤胃中微生物等。

(2)抵抗:如微生物产生抗菌素;制造酸菜、泡菜、青贮饲料产生乳酸使其他微生物不能生长;酵母菌发酵酒精时,抑制其他细菌的生长。

(3)寄生:如病毒、立克次氏体、噬菌体等只能在动植物体内或生活细胞内生长繁殖。还有的微生物,能在主体内行寄生生活,又能在主体外行腐生生活。如大多数病原菌、放线菌、霉菌等就属于这一类。

(4)协同:二种或多种微生物在同一生活环境中,互相协助,共同完成其单独一种所不能达到的某种作用。

三、细菌涂片的制备和染色法

1. 细菌涂片的制备和染色

(1)涂片标本的制作

① 涂片:取清洁无油垢玻片一张(也可用酒精棉擦净),将接种环在酒精灯上灼烧灭菌后,取1~2接种环的无菌生理盐水置于载玻片的中央。再将接种环灭菌冷却后,从固体培养基上挑取细菌(菌落)少许,与水混匀,制成直径为1 cm的涂面。要求涂面薄而匀(以透过涂面能见手指纹为度)。如为液体培养则不加生理盐水,而直接取菌液制片。接种环取菌后必须要经火焰灭菌后才能放下、备用。

② 干燥:涂片在室温下自然干燥。必要时将涂面向上、置于火焰高处微烤或在37℃恒温箱干燥。

③ 固定:固定的目的是使细菌的蛋白质凝固、其形态固定、利于染色时不变形、且易于着色,因此经固定的菌体则牢固粘附于载玻片上、水洗时不易被冲掉。固定有两种方法:一种是加热固定——将涂面向上、在酒精灯火焰上快速来回通过数次,其温度以皮肤接触玻片底面感觉温热、不烫手为宜。另一种是化学固定——有的组织触片,血片用姬姆萨氏染色时,要以甲醇固定。

(2)染色

① 美兰染色:经涂片、干燥、固定之后,滴加美兰液于涂片上,使之覆盖涂面,染色2~3 min,用水冲洗、晾干或用吸水纸轻压吸干、即镜检、菌体呈蓝色。

② 革兰氏染色:经涂片、干燥、固定之后,滴加草酸铵结晶紫液于涂面上,一分钟脱色,同时将玻片不时摇动,直到无紫色脱落为止,约0.5~1.0 min,用水冲。然后再滴加稀释碳酸复红液半分钟后用水洗,待涂片干后或吸干后,即可镜检。

革兰氏染色的用途:为细菌检验中重要而常用的染色法。染色结果:革兰氏阳性细菌呈紫色,革兰氏阴性细菌呈红色。所以,此法具有鉴别细菌的作用。

注意

① 染色时,掌握酒精脱色很重要,如果褪色时间过长,则本为革兰氏阳性细菌也可被误认为阴性。反之,若脱色时间不足,则本为革兰氏阴性细菌,也可因此而误认为阳性。脱色时间的长短,随涂片的厚薄和脱色时玻片摇动的快慢及滴加酒精的多少改变。一般为10~

60 s。

② 培养物时间的长短也可影响染色的结果，本来是革兰氏阳性细菌培养过久，也能呈现革兰氏阴性染色。

革兰氏染色是细菌学最广泛最常用的一种鉴别染色法，经过染色将细菌分为两大类：阳性菌呈紫色（以 G+符号代表），阴性菌呈红色（以 G—符号代表）。认为细菌呈现阳性或阴性，是与菌体细胞壁所含成分有关。

革兰氏染色过程：涂片（干燥固定）+草酸铵结晶（作用 1 min）→水洗→加革兰氏碘液（作用 1 min）→水洗→加 95% 酒精脱色（作用 0.5 ~ 1.0 min）→水洗→加稀释碳酸复红液（作用 0.5 min）→水洗→干后镜检。

2. 血片和组织触片的制备和染色

（1）血片和组织触片的制作

① 血片制作——取一张边缘整齐的清洁的载玻片，用其一端蘸取血液少许，在另一张干净无油脂的载玻片上，以 45° 均匀地堆成一薄血涂面，以红细胞不重叠为宜。

② 组织触片制作——将待检尸体用无菌手术切开胸腹腔后，用灭菌镊子镊起组织再用灭菌剪刀剪下组织一小块，将此组织块的切面在载玻片上轻压一下，使其留有一个组织切面的压迹（每片可作 2 ~ 3 个压迹），或用烙铁将病料表面烧烙灭菌后，用灭菌刀切取组织一块再用灭菌镊子镊起作触片。

（2）血片和组织触片的染色

① 瑞特氏染色，已制作的血片或组织触片经自然干燥后，滴加瑞特氏染液于涂片上，经一分钟，再加等量的蒸馏水于涂片的染液中，轻轻摇晃使其与染液混匀，经 5 min 后水洗，干燥后镜检。结果：菌体染成蓝色，红细胞染成红色。

② 姬姆萨染色：已制作的血片或组织触片经自然干燥后，先用甲醇固定 3 ~ 5 min，干后用姬姆萨液染色 0.5 h（越夜也可）。水洗后让其自然干燥或吸干，镜检。

血片和组织触片也可用美兰染色（一定要先用甲醇固定）。

四、常用玻璃器皿的准备和灭菌

微生物实验所需玻璃器皿，要求为能耐多次高温灭菌的中性、硬质的玻璃为好。

1. 玻璃器皿的洗刷：

（1）新购的玻璃器皿：新购的玻璃器皿因附有游离碱质，须用 1% ~2% 盐酸水溶液浸泡数小时或过夜，以中和其中的碱质，然后用清水反复冲刷，去除遗留之酸，倒立使之干燥或烘干。

（2）一般玻璃器皿：先用适当浓度的热肥皂粉液浸泡，并用毛刷充分洗刷内外壁，再用热水洗涤除去皂液，最后用清水反复冲净。整个冲洗过程一定选用合适毛刷，刷去污物及碱液等，决不可只用皂水浸泡不用毛刷刷洗。经洗净后的器皿，倒放于干净的台架上晾干备用，或放于干燥箱内烤干。

（3）用过的玻璃器皿

① 凡有病原微生物者，必须高压灭菌后趁热倒净内容物，用温水冲洗后按一般玻璃器皿的处理方法晾干。

② 吸管使用后投入盛有消毒液（2% 来苏儿或 5% 石炭酸）的玻璃筒内（消毒液必须淹没吸管全部、筒底垫以脱脂棉），经 1 ~2 d 后取出清洗，先浸于 2% 肥皂粉液中 1 ~2 h（或煮沸）取出，再用吸管洗涤器或在自来水笼头上套一合适的胶皮管、吸管插入流水冲洗。特别用于吸取琼脂和血液（或血清）的吸管分别用热水（吸琼脂者）和冷水（吸血液者）冲洗干净。

③ 载玻片和盖玻片，用后投入消毒液（2% 来苏儿或 0.1% 新洁尔灭）中，经 1 ~2 d 取出，用皂水煮沸 5 min，在热水中洗刷干净，再用清水冲洗、晾干。或将水冲净的玻片，用蒸馏水煮沸，赶热把玻片摊放在毛巾或干纱布上，稍停片刻、玻片即干。这种方法比晾干还方便、适用，同时玻片上无水迹。若玻璃器皿用上法不能洗净时，可用下列清洁液浸泡：

重铬酸钾（工业用）80 g；粗硫酸 100 g；水 1 000 mL。

将玻璃器皿浸泡 24 h 后取出再用水冲刷干净。清洁液经反复使用变黑时重新更换。注意，此清洁液的腐蚀性强，用时切不可触及皮肤或衣物等，可戴橡皮手套和穿橡皮围裙操作。

2. 玻璃器皿的包装

清洁的玻璃器皿必须干燥后包装。

① 培养皿：可 2 ~5 个一包，用旧报纸包装成。

② 试管：先用普通棉花做成大小合适棉塞，塞紧试管口（一般棉塞的长度为口的两倍，塞入试管部分为棉塞的 2/3），然后每 10 ~20 支为扎，用牛皮纸覆盖管口，用细绳扎紧。

③ 烧瓶：必须在棉塞之外包一层纱布塞进瓶口，再覆盖牛皮纸，用细绳扎紧。

④ 吸管：在口吸端，塞进少许棉花，再用 3 ~5 cm 宽的长纸条（旧报纸），由吸管尖端缠卷包裹，直到包完吸管后将纸条的一端扭合拢。

⑤ 乳钵、漏斗、烧杯等、分别用旧报纸包裹；若较大器皿仅包裹瓶口部分。

3. 玻璃器皿的灭菌

常用干热灭菌，利用干热空气烤干。即将包装的玻璃器皿放入干燥箱内（器皿堆放不能过挤、更不能紧贴箱壁，可促进热空气对流和防止烧焦棉塞等）。一般采用 160℃ 经 2 h 或 170℃ 经 1.5 ~2.0 h 灭菌即可。灭菌完后，关电源，待箱内温度下降至 60℃ 以下，方可开箱取出玻璃器皿。

表 4－26　微生物实验室的基本设备

品　名	规格	数　量	品　名	规格	数　量
恒温培养箱		2	氢离子浓度测定器（pH 比色计）		6
高压蒸汽灭菌器	手提式，横卧式	各 1			
流通蒸汽灭菌器		1	酸度计	PHS－Ⅱ	1
干热灭菌器（干燥箱）		2	磁力搅拌器		2
			蒸馏器		1
煮沸消毒器		1	普通天平		6
低温电冰箱（－60℃）		1			
电动离心机		2	投影仪	书写、反射式	各 1
电动抽气机		1	自动幻灯机	FH2—05（上海电影机械厂生产）	1
血清凝固器		1			
恒温水浴箱		1	自动显微照相装置		1
电动振荡器		1	绞肉机		2
滤器	赛氏、玻动	各 2	家兔固定器		6
微型混合器		6	鼠解剖台		6
菌落计数器	魁北氏	7	小动物解剖器		7
暗视野		6	有机玻璃反应板	V 型底 96 孔	42
显微镜	1 500～2 500 倍	45	稀释棒		6
荧光光源	落射式	6	接种环		45
测微计		20	酒精喷灯		6
显微镜灯		6	试管架	铝制	40
电泳仪	Dy—Ⅱ型	2	保温漏斗		7
分光光度计	721 型（上海第三分析仪器厂生产）	1	组织捣碎机		7
			稳压器		1
解剖显微镜		2	去离子水交换器		1
超声洗涤器		1	层析柱		10
冰冻切片机	带半导体冷冻装置	1	煤油打气炉		2

五、常用细菌培养基的制备

（一）对常用培养基的制备要求

培养基内必须含有细菌生长的营养物质，不能存在对细菌有抑制的物质，适宜的酸碱度、湿度及经灭菌后没有任何活的细菌，同时培养基必须透明，易于观察细菌的生长性状。

培养基配制的基本程序：配料→溶化→测定和矫正 pH→过滤→分装→灭菌（→无菌检验）后备用。

（二）常用培养基的种类及其制备：

1. 肉汤培养基：

（1）成分：

肉浸液	1 000 mL
蛋白胨	10 g
氯化钠	5 g
磷酸氢二钾	1 g

（2）制法

① 称取新鲜的瘦牛肉剔除脂肪、肌腱、肌膜等结缔组织，用绞肉机绞碎。

② 称重量 500 g，加水 1 000 mL，在 4℃左右的冰箱内浸渍过夜。

③ 次日将其煮沸 20 ~ 30 min，用纱布滤去肉渣、挤出肉汁，再用滤纸过滤、补足原有量，即为肉浸液。装入烧瓶高压灭菌后，放冷暗处保存备用。

④ 每 1 000 mL 肉浸液中加入蛋白胨 10 g、氯化钠 5 g、磷酸氢二钾 1 g，搅拌煮沸使之溶解。

⑤ 矫正 pH 为 7.6 ~ 7.8 后再煮沸。

⑥ 用滤纸过滤后，分装无菌试管，每管为 4 ~ 5 mL。

⑦ 将此试管置于高压灭菌器内用 1.02 kg/cm^2 灭菌 20 min 即可。

2. 普通琼脂培养基：

（1）成分：

肉汤	1 000 mL
琼脂	15 ~ 30 g（冬天可少加、夏天可多加）

（2）制法

① 将琼脂加入肉汤后，煮沸使其完全溶解，矫正 pH 为 7.6 ~ 7.8 之间。

② 灭菌后使其杂质沉淀。

③ 取其上清液分装灭菌（或先在烧杯中加热融化琼脂，冷却凝固，切去底层沉淀，重新

融化,趁热分装),若琼脂斜面每管4~5 mm,灭菌后趁热将试管斜放冷凝即成。若琼脂平板可先装入大试管15~20 mL,灭菌后直立凝固(称高层琼脂),在使用前加热融化后,倒入无菌平皿内冷凝即成。前者用于细菌增殖或保存菌种,后者用于分离细菌。

3. 肝片肉汤培养基:

(1)配料:普通肉汤8~9 mL,新鲜动物肝脏5~10小块。

(2)制法:

① 取pH 8.0~8.4的普通肉汤,分装于中试管内。

② 取鲜肝脏放入流通蒸汽灭菌器中加热1~2 h,待蛋白凝固、肝脏深部呈境褐色为止。

③ 将肝脏切成小方块(0.5 mm左右)洗净后,取约5~10小块放入肉汤管中,高压灭菌20 min。此培养基用于培养厌氧菌。注意:在液体培养基内加入肝块,因其中含有半胱氨酸的SH基极稳定,是强还原剂,可吸收培养基中的氧气。所以在培养厌气菌之前,应将肝片肉汤加热,迅速放入冷水中冷却以驱出空气,然后进行培养。

4. 血液琼脂培养基

普通琼脂培养基加热融化,无菌操作加入5%~10%的无菌血液用柠檬酸钾抗凝(脱纤维血液)制成血液琼脂斜面或平板。常用于病原菌的分离。

(三)pH测定法:

1. 精密pH试纸法

取精密pH试纸一条浸入欲测的培养基中,半秒钟后取出与标准颜色板比较,如果为酸性,则滴加NaOH至在所需范围之间,滴加后应充分混匀后再用精密试纸测定。本法目测很简单,测定亦有相当的准确性,但检查者对色调变化观察要熟练。

2. 标准比色管法

一般细菌生长的pH范围为7.6~7.8,测定方法如下。

① 取大小相同的比色管3支,每管内加入不同的液体。即第一管为对照,管内放培养基5 mL;二管为标准比色管;三管为培养基5 mL+0.02%酚红指示剂0.25 mL;四管为蒸馏水管。

② 对光观察,比较两侧观察孔内颜色是否相同,培养基若为酸性(一般为酸性),则向第三管内慢慢滴入0.1N NaOH,每滴一次,将试管液体摇匀,直至第三、第四两管相加的颜色与第一、第二两管相同为止。

③ 记录5 mL培养基用0.1N NaOH的用量,按下列公式计算培养基总量中需加入

1N NaOH的用量。

$$5\ \text{mL 培养基所需 0.1N 的 NaOH 毫升数} \times \frac{\text{培养基之总毫升数}}{5} \times \frac{1}{10} \times 1 = \text{全部培养基 1N 的 NaOH 毫升数}$$

④加入1N的NaOH于培养基后摇匀,再作一次矫正试验,如pH不在所需范围内,应重新滴定。

六、细菌的分离、移植及培养性状的观察

(一)细菌的分离培养

分为平板划线和倾注分离法两种。

1. 平板划线分离法

① 右手持接种环于酒精灯上烧灼灭菌,待冷却后,取大肠杆菌和金黄色葡萄球菌之混合液一环。

② 左手握起琼脂平板,以大拇指启开平板一侧。

③ 将已取有细菌的接种环从启开处伸入平板中,将细菌涂于一角。

④ 自涂抹处成30~40°角,以腕力在平板表面轻快地分区连续划线,不能划破平板表面。

⑤ 划完线后,将培养皿盖好,接种环灭菌,用蜡笔在培养皿底部注明菌液的名称、日期、倒置(即培养基表面向下),于37℃温箱中培养18~24 h,观察结果。

2. 倾注分离法

取3支融化后冷却至50℃的琼脂管,用接种环取一环的培养物于第一管内,随即用两手掌心搓转振荡,由第一管取出一环至第二管,振荡后由二管取出一环至三管内振荡后,分别倒入三个灭菌培养皿内作成琼脂平板,待凝固后倒置于37℃温箱内培养24 h后观察结果。(第一个平板菌多,第二三个平板菌少)。

(二)细菌的移植

包括斜面、肉汤、平板及半固体穿刺四种移植法。

1. 斜面移植

① 左手持菌种管及琼脂斜面管,一般菌种管放在外侧,斜面管放于内侧,两管口并齐、

管身略向上倾斜、管口靠近火焰。

② 右手拇指、食指及中指持接种环在酒精灯上烧灼灭菌后方可取菌。

③ 将斜面的棉花塞夹在右手掌心和小指之间，菌种管的棉花塞夹在小指和无名指之间，将两管的棉塞一起拔出。

④ 将灭菌的接种环伸入菌种管内，挑取少许细菌后，很快插入斜面管，接触底部培养基的表面，然后由下而上作曲线，而后两管口通过火焰，将棉塞塞好，随即烧灼接种环上剩余细菌后放置之。

⑤ 用蜡笔在斜面管上写明菌种名称、日期后，将此管置于37℃温箱内，培养18～24 h，取出观察生长情况。

2. 肉汤移植

方法基本同上，接种环挑取少许菌落迅速伸入肉汤管内，在接近液面的管壁轻轻研磨，并蘸少量肉汤调和，使菌混合于肉汤之中。

3. 从平板移植到斜面

方法基本同于斜面移植，左手握平板，以大拇指启开平皿盖，用接种环挑取少许所需菌落移入斜面。

4. 半固体穿刺

方法基本同于斜面移植，但是挑取细菌不用接种环而用接种针，用接种针挑菌后，垂直刺入培养基管底部，然后由原线退出。

（三）厌氧菌的分离培养

有肝片肉汤、焦性没食子酸、平板、连二亚硫酸钠法。平板划线接种培养和连二亚硫酸钠（又称保险粉）法略之。

1. 肝片肉汤培养基

在肉汤培养基试管中，加数片煮熟的肝片块，然后再加适量的固体石蜡（或液体石蜡）覆盖液面，高压灭菌即成。使用前，将此培养基水浴煮沸5 min后，迅速放入冷水中冷却，排除其空气。接种时，将覆盖的固体石蜡沿管壁在火焰上略烤，使之与管壁脱离，然后用接种环挑取细菌从蜡块空隙处插入肉汤，接种完后，将石蜡烤融使其平整地覆盖液面。竖放试管上，待冷后，置于37℃温箱中培养。

2. 焦性没食子酸法

可将数支接种过的试管装入大试管（或瓶）中，下垫隔板，按每升容积用焦性没食子酸1

g、10%氢氧化钠(或氢氧化钾)10 mL 的比例,先在隔板底下垫以玻璃珠或铁丝弹簧圈,加入焦性没食子酸后,再加氢氧化钠。立即把准备好的琼脂斜面放于隔板上,用蜡封管口,置于恒温箱中培养两天后观察。

(四)细菌在培养基中生长特性观察

由于细菌生物学特性不同,在各种培养基上的生长情况也不同。

观察的主要内容如下:

1. 琼脂平板培养基

观察菌的内容较多,一般有下列几个方面:

(1)大小:指菌落而言,其大小是以直径(mm)表示,小菌落针尖大,必要时用放大镜观察,有的为 5 ~6 mm,甚至更大。

(2)形状:菌落外形有圆形、不整形、同心圆形、针尖状、露点状等。

(3)边缘:菌落边缘呈齐锯凿状、波浪状、卷发状等。

(4)表面性状:有光滑、粗糙,放射状、皱状、颗粒状、纽扣状、扁平状等。

(5)湿润度和质地:有的湿润黏稠,有的质地坚硬、柔软等。

(6)隆起度:菌落表面有隆起、轻度隆起、中央隆起等。

(7)色泽和透明度:菌落有无色泽,即白、黄、橙、红等;有的透明、半透明、不透明等。

(8)溶血性:菌落周围有无溶血环。有透明的溶血环者称为 β 型溶血;出现很小的半透明带绿色溶血环者称为 α 型溶血;不溶血者称为 γ 型溶血(非溶血型)。

2. 肉汤培养基

(1)混浊度:细菌在肉汤培养基中生长形成的混浊程度、有强度混浊、轻度混浊或不混浊保持透明者。按混浊性状可分为均等混浊、混有颗粒或凝块的混浊等。

(2)沉淀:管底有无沉淀,其沉淀物是颗粒状或絮片状等。

(3)表面:指肉汤培养基表面有无菌膜,管底四周有无菌环。

(4)气体和气味:厌气性细菌在肝块肉汤中易产生气体和气味。有的沙门氏菌在某些培养基中也产气和产酸。

(5)色泽:培养基是否变色,如绿色、红色等。

3. 半固体培养基

具有鞭毛有运动力的细菌,则沿穿刺线向周围扩张生长;无运动力的细菌,则沿穿刺线呈线状生长。

以上细菌生长特性，可因菌种、培养基成分、培养温度、培养时间及细菌是否变异等因素的影响而有很大差别。但是，一定的细菌在一定的培养条件下，其菌落形态和肉汤浑浊度以及某些特性基本上是相对稳定的。因此，根据细菌培养特性，可以认识和鉴别不同的细菌。

注：童汉氏蛋白胨水培养基——蛋白胨 10 g、氯化钠 5 g、蒸馏水 1 000 mL，前两者分别加热溶解于水中即成。

七、细菌的生物化学试验

不同的细菌有不同的酶类。各种细菌在其生长过程中，由于利用营养物有不同的差异，其代谢产物亦有不同。常利用这一特点进行生化试验，以鉴定不同的细菌，尤其对肠道杆菌常用。

1. 糖发酵试验

在无糖肉汤或童汉氏蛋白胨水中加糖及指示剂（溴甲酚紫），经 37℃ 恒温箱培养 2～4 d。发酵糖类的细菌因产生酸性产物，使培养基 pH 偏酸，指示剂呈现酸性反应（溴甲酚紫由紫色变为黄色），如果产气在发酵管的上部有气泡存在。判定记录为：凡产酸者以“＋”表示；凡产酸产气者以⊕表示；不发酵糖者以“－”表示。常用糖类有五种（葡萄糖、乳糖、麦芽糖、蔗糖、甘露醇）。因为各试管培养基的颜色一致，故常在棉塞上点上色以示区别：如红（葡）、黄（乳）、兰（麦）、白（甘）、黑（蔗）。

2. 靛基质试验

内含 1% 蛋白胨（必须含有丰富的氨基酸）的蛋白胨水培养基，能分解色氨酸的细菌、可产生靛基质、当加入靛基质试剂（对二甲氨基苯甲醛试剂的配法：对二甲氨基甲醛 1 g、95% 酒精 95 mL，溶解后再加浓盐酸 50 mL）4～5 滴，此时形成玫瑰吲哚而呈现红色，即为阳性反应（以“＋”表示），不变色则为阴性反应（以“－”表示）。

另外，草酸试纸法：将滤纸浸于草酸饱和溶液中，取出干燥后，裁成小条备用。将供检查的细菌移植于蛋白胨水中，再取草酸试纸条深插于培养管中，其上端夹于棉塞旁，然后将培养管置于 37℃ 恒温箱内培养 2～4 d，如产生靛基质，则试纸条变为粉红色。此法操作简便、效果良好、适宜采用。

3. 硫化氢试验

用接种针取菌穿刺于醋酸铅半固体培养基中，置于 37℃ 温箱内培养 4 d，凡沿穿刺线周围或穿刺线呈黑色者，则为硫化氢试验阳性反应（以“＋”表示）；否则为阴性反应（以“－”表示）。

另外，醋酸铅试纸法：用一条长约 1 cm 的滤纸条，浸于 10%～20% 醋酸铅溶液中，取出干燥灭菌后，在培养细菌的同时夹在试管棉塞间，培养 2～4 d，如醋酸铅试纸变为黑色者，则为硫化氢试验阳性反应。

4. 枸橼酸盐利用试验

取菌接种枸橼酸盐琼脂斜面上，置于37℃温箱内培养4 d，如培养基变为天蓝色，且有细菌生长者，则为阳性反应，否则为阴性反应。

5. MR与V－P试验

取菌接种于两支葡萄糖蛋白胨水培养基中，置于37℃温箱中培养4 d，分别作M、R与V－P试验。

（1）MR试验：取一支已培养4 d的葡萄糖蛋白胨水管，加入M、R试剂（甲基红0.1 g，溶于95%酒精300 mL中即成）数滴（约5～6滴），液体呈现红色者，则为M、R试验阳性（以"＋"表示）；液体呈现黄色者则为阴性（以"－"表示）；若液体为橙色者，则为可疑（以"±"表示）。

（2）V－P试验：取另一支培养4 d的葡萄糖蛋白胨水管，先加入V－P试剂甲液（6% a—甲萘酚酒精溶液）3 mL后，再加V－P试剂乙液（40%氢氧化钾水）1 mL，混匀后静置于试管架内，观察2～4 h，凡是液体呈现红色者，则为V－P试验阳性（以"＋"表示）；不变色者，则为阴性（以"－"表示）。

八、肉品微生物检验方法

（一）菌落总数的测定—— GB/T 4789.2

检样→做成几个适当倍数的稀释液→选择2～3个适宜稀释度各以1 mL加入灭菌平皿内→每皿内加入适量琼脂36±1℃培养24±2 h→菌落计数→报告。

（二）大肠菌群测定—— GB/T 4789.3

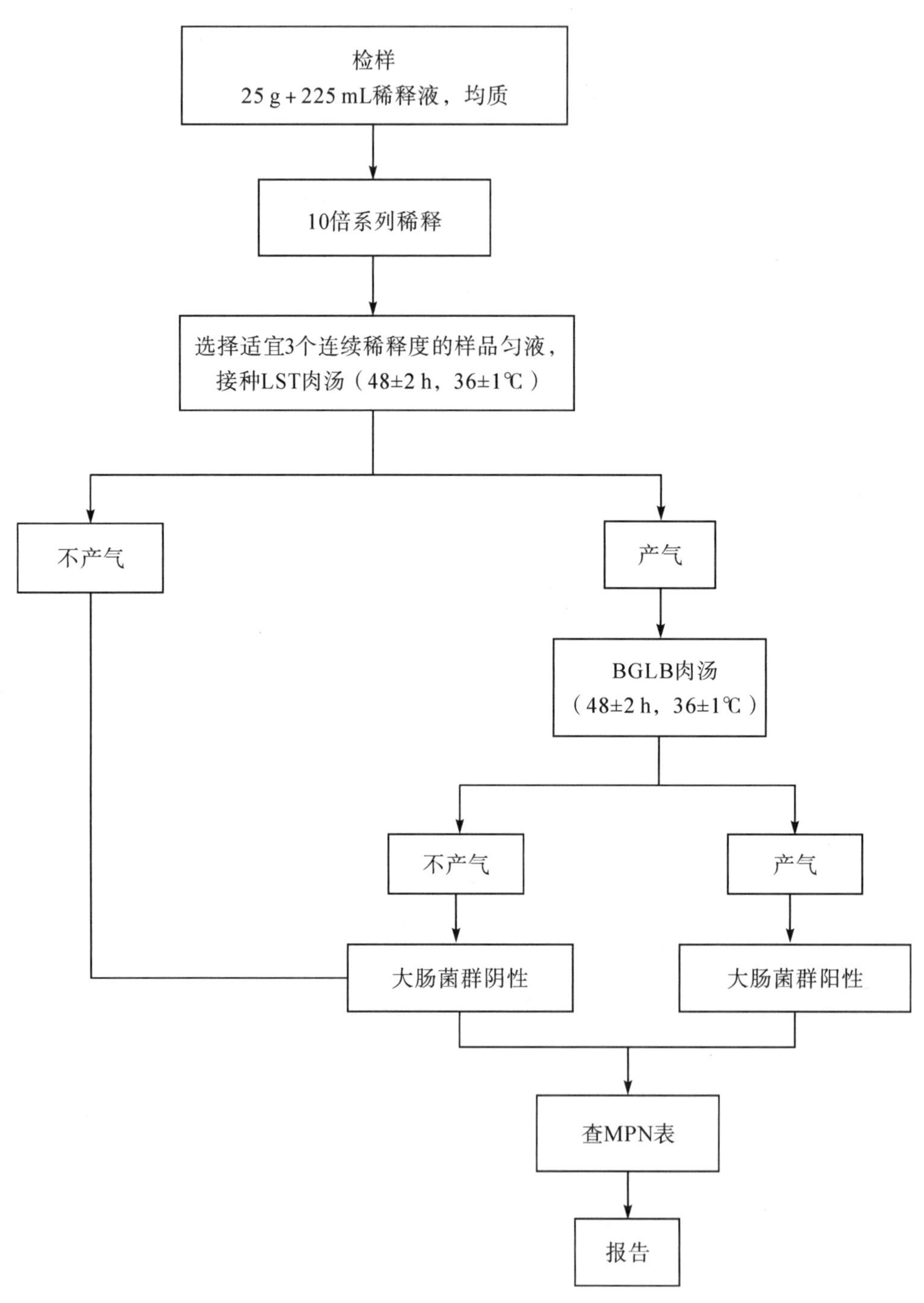

图 4－3 大肠菌群测定流程图

（三）沙门氏菌检验—— GB/T 4789.4

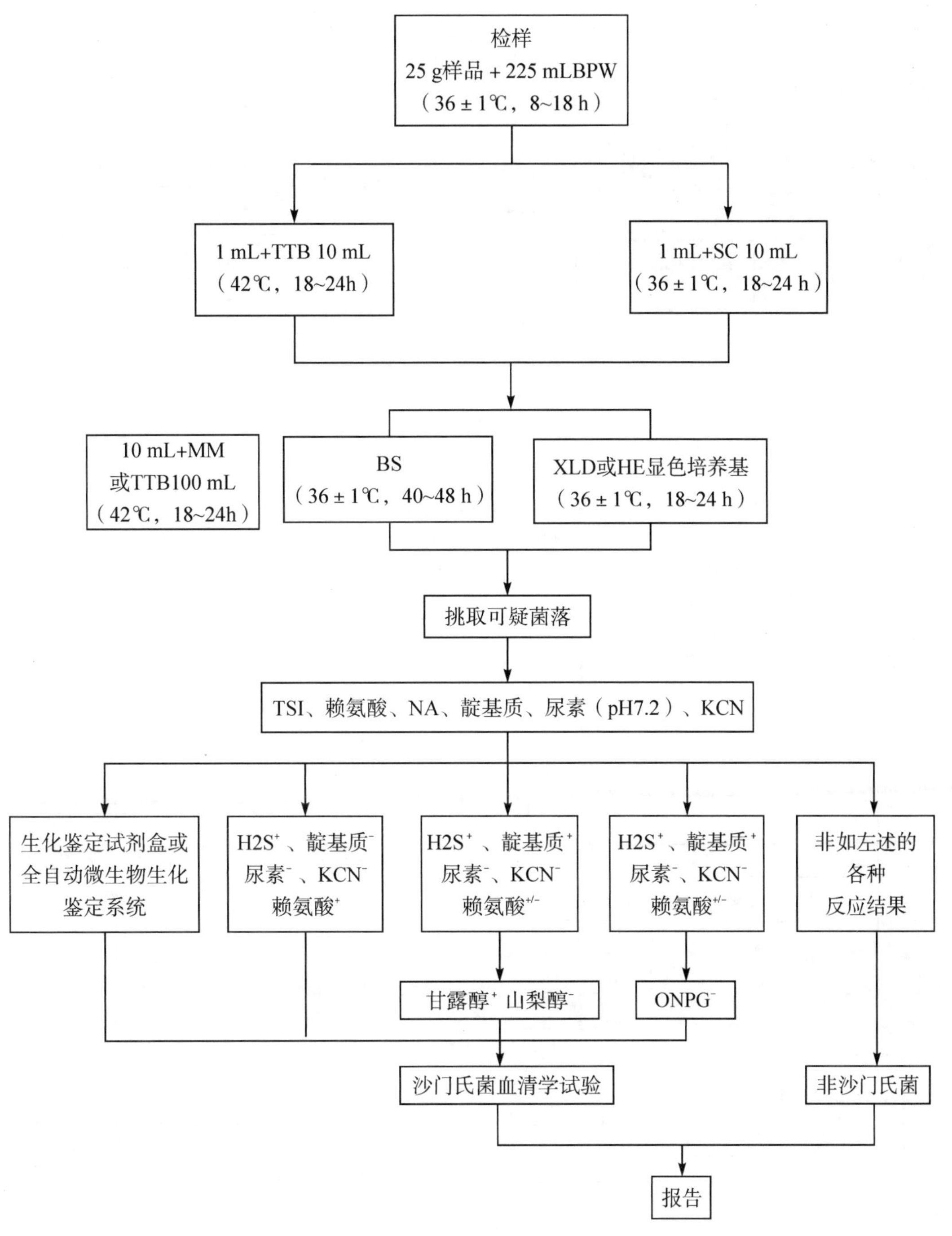

图 4－4　沙门氏菌检验流程图

（四）致泻大肠埃希氏菌检验—— GB/T 4789.6

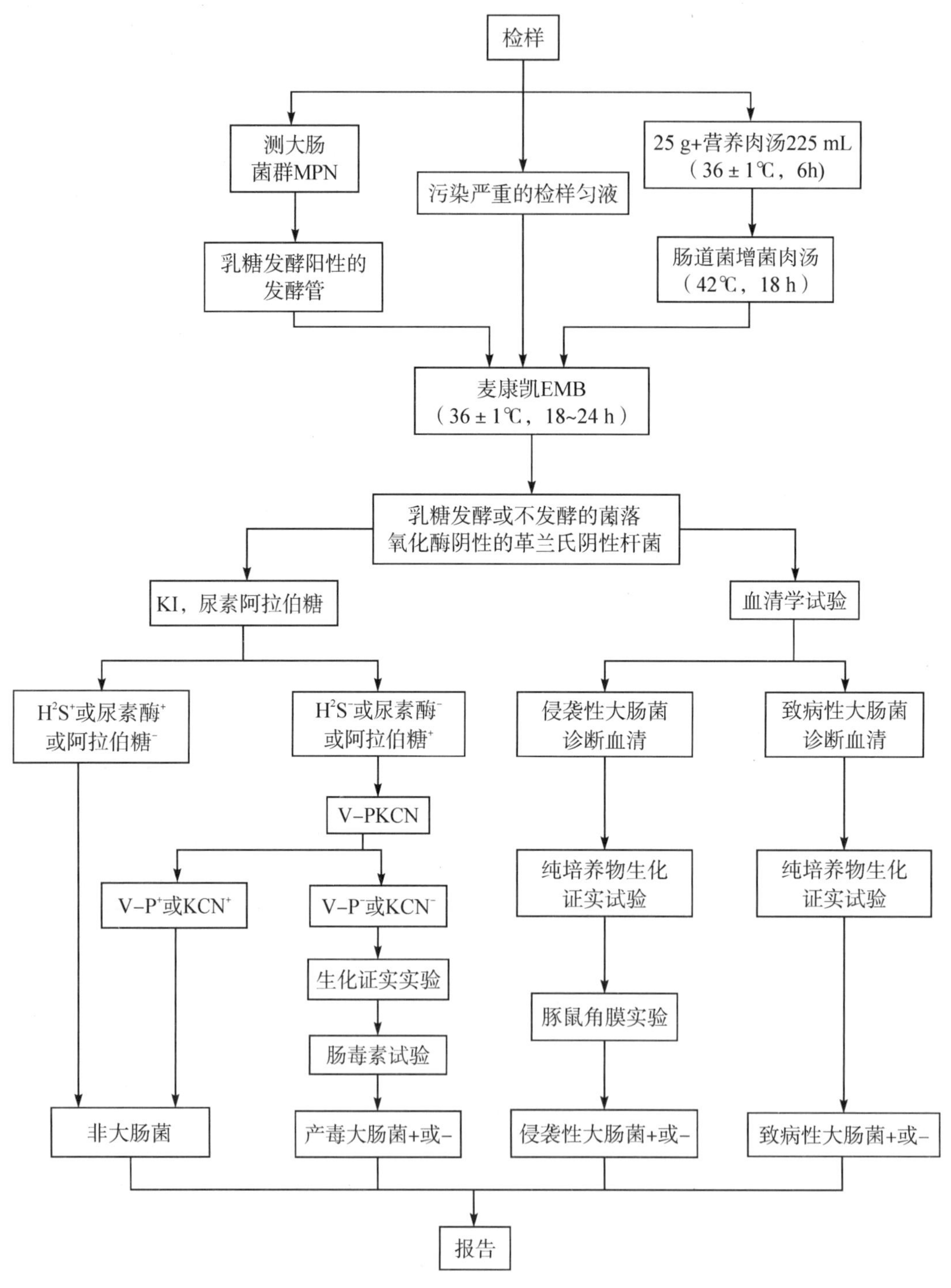

图 4－5　致泻大肠埃希氏菌检验流程图

（五）炭疽杆菌检验

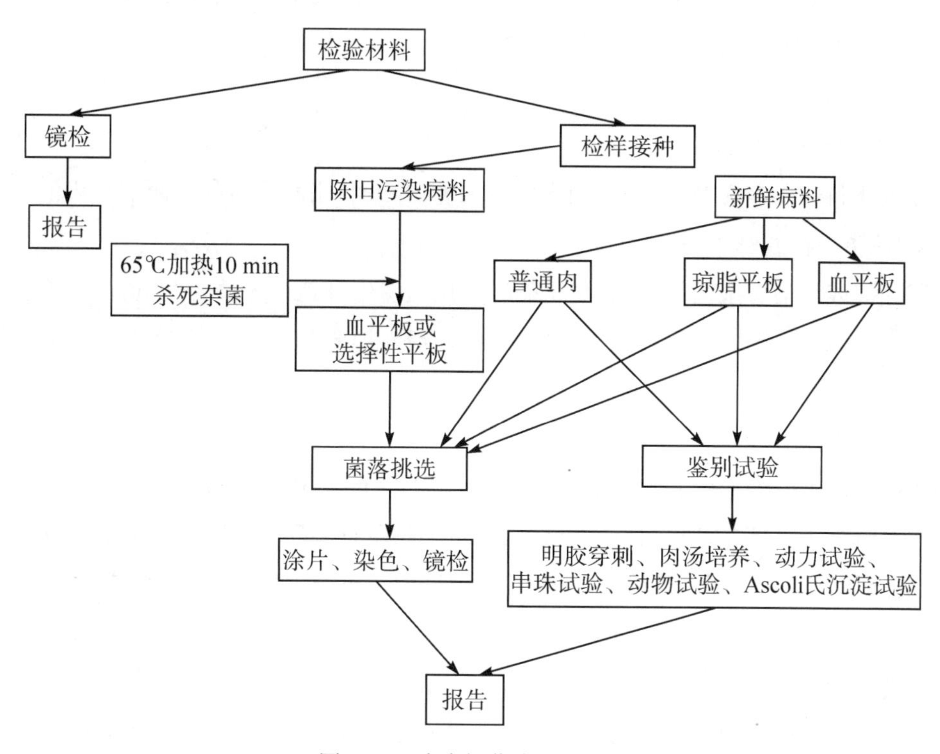

图4－6　炭疽杆菌检验流程图

1. 检验材料

疑为炭疽死亡的动物，原则上不做剖检，检验时只采取耳静脉血或颈静脉血供检验之用，必要时，可在尸体局部解剖，采取小块肝、脾。但必须注意取材后，以浸湿消毒液的棉花或纱布堵塞切口，以防污染环境，猪患局部炭疽时，一般病灶局限颌下淋巴结、肠系膜淋巴结、肺的淋巴结及扁桃体，此时应采取局部病变淋巴结作为检验材料。

2. 检验方法

（1）镜检：取可疑病料作涂片或触片，用革兰氏染色液和美蓝染色液分别进行染色，炭疽杆菌在组织中的形态呈革兰氏阳性大杆菌，菌体两端较平直或略有凹陷呈竹节状，链状排列，多呈3～5个相连的短链，也可见成对或单个的杆菌，美蓝染色可见菌链外围存在明显均匀的红色荚膜的包围，有无荚膜是炭疽杆菌与类炭疽杆菌、枯草杆菌鉴别依据，凡从病料中发现到典型的炭疽杆菌形态，结合宰前临床和病理变化，即可诊断为炭疽。

在猪的局部炭疽时，必须采取病变淋巴结的坏死灶，切数个剖面，作数片标本，猪的局部炭疽，涂片上一般很少，往往在数张涂片中发现几个炭疽杆菌，而且菌体常着色不良，形态不规则，呈扭转状，折叠状等各种形态，细菌分节不清，有的无荚膜，有的有荚膜，有的荚膜极厚,有的仅见到菌影及菌碎片,此时如经过小动物接种,仍可变复原形而确诊。因此,在镜检时发现革兰氏阳性具有荚膜的大杆菌,则须报告屠宰车间预诊的"炭疽",以便车间进行炭疽病的消毒处理,同时实验室进一步作确诊检验。

(2)分离培养

① 检样接种

A. 新鲜病料表面经无菌处理后,用无菌剪刀剪出断面,用断面压印或蘸取渗出液接种于普通肉汤、琼脂平板或鲜血平板。

B. 以陈旧或污染有杂菌的病料,可将病料先用适量生理盐水振荡 2 ~3 min 后经 65℃加热 10 min,杀死杂菌,等冷却后再接种于血平板或选择性培养基上,划线分离。经 37℃培养 18 ~24 h 后,作菌落挑选和鉴别试验。

② 菌落的挑选

炭疽杆菌在血琼脂平板上的菌落为灰白色不透明,干燥、边缘不齐,表面粗糙无光泽,用低倍镜观察菌落边缘呈卷发状,黏稠不易挑取(可与枯草杆菌区别)。通常不溶血,挑取可疑菌落,制成涂片,革兰氏染色、镜检,炭疽杆菌培养后的形态为:菌体两端平直或稍凹陷,很多菌体排列成长竹节状。有的菌体可见芽胞,椭圆形,小于菌体,位于菌体中央或近端。

③鉴别试验

A. 明胶穿刺:炭疽杆菌沿穿刺线发育,明胶液化呈漏斗状,下部向外生长呈倒松树状。

B. 肉汤培养:接种炭疽杆菌的肉汤经 37℃培养 18 ~24 h 后,上液澄清,管底出现白色絮状沉淀。

C. 动力试验:接种半固体培养基经 37℃培养 18 ~24 h 观察,炭疽杆菌沿穿刺线发育,无动力。

D. 串珠试验:利用炭疽杆菌一般对青霉素敏感的特性,经微量青霉素作用能使炭疽杆菌形成 L 型,在高倍显微镜下观察可见菌体联成"串珠状",与类炭疽杆菌进行鉴别,后者不具此形态。

试验方法:取经 37℃培养 3 ~18 h 的 5 mL 肉汤,使肉汤每毫升含 0.1 单位青霉素,振摇后放 37℃水浴 2 ~4 h,取出试管离心沉淀,吸取沉淀物于载玻片上,加盖玻片作镜检,有串珠者为阳性。

E. 动物试验:待检材料如为新鲜病料,可用适量灭菌生理盐水磨成乳液,如为陈旧污染料应处理后分离培养,挑取可疑菌落,做纯培养后,制成生理盐水悬液,或以肉汤 24 h 培养物 0.1 mL 接种小白鼠。一般在接种后 18 ~72 h 试验动物发病死亡,剖检时在接种部位皮下,可见有严重胶样水肿,然后取小白鼠的心血或脾进行涂片染色镜检,并接种血平板培养证实。

F. Ascoli 氏沉淀试验：一般常用于陈旧病料或皮革之类，不能进行细菌学检查的情况下应用。由于本属有些细菌如蜡状芽跑杆菌等，具有部分相同的抗原，因此应注意有交叉反应的发生，故本试验仅是炭疽杆菌检验的一个参考依据。

操作方法：取沉淀反应管（可用小试管或毛细管）一支，用毛细管吸取高效价炭疽沉淀血清 0.2 ~0.5 mL，加入沉淀管内，另取一支毛细吸管吸取制备沉淀原（被检材料浸出液）0.2 ~0.4 mL，沿管壁小心地慢慢地重叠于血清之上，注意不要产生气泡，两液的接触面应整齐，静置 5 min 判定结果。在两液接触面出现一层清晰的白色环者为阳性反应，两液接触面无白色环者为阴性反应。如两液接触面出现模糊不清，疑是白环者应重做。

（六）猪丹毒杆菌检验

猪丹毒杆菌为猪丹毒病的病原，其形态和培养特性如下：

1. 形态及染色

本菌为一纤细而小的杆菌，长为 1 ~2 μm，宽 0.2 ~0.4 μm，显微镜检查时，如同理发时短断头发状，培养后形成细长弯曲的菌丝。无鞭毛，不能运动，不产生芽胞。革兰氏染色阳性。

2. 培养

对培养基要求不严，温度 37℃（适宜温度）时，在好气性条件下或厌气性条件下都能生长。培养基最适宜的 pH 为 7.2 ~7.6。

（1）肉汤：使肉汤略变混浊，继在管底生成少量白色沉淀。摇动时上升呈雾状。

（2）琼脂：开始形成露水珠透明微小菌落，随后形成略带灰色的小菌落。

（3）明胶：穿刺培养，自穿刺线有横纹向各方放出，8 ~10 d 后状如试管刷状生长，明胶不被液化。

（七）结核杆菌检验

分枝杆菌属是一类平直或微变的细长杆菌，繁殖时有分枝生长趋势。一般不易着色，如加温或延长染色时间使之着色后，即能抵抗酸类或酒精的脱色作用，称之为抗酸性杆菌。本属菌无鞭毛和芽胞，菌体内含有大量类脂成分，一般对营养要求比较特殊，生长缓慢，有致病性，也有非致病性的。

结核杆菌为动物结核病的病原。结核病在温血动物与冷血动物（如鱼类）均可患之。结核菌分为人型、牛型、禽型三型。

即结核分枝杆菌、牛分枝杆菌和禽分枝杆菌。结核分枝杆菌（人型菌）主要侵害人，偶尔猪可被传染；牛分枝杆菌（牛型菌）在家畜中较为重要，主要使牛致病，人类中尤其是儿童，常因喝牛奶被传染;禽分枝杆菌(禽型菌)主要使禽类致病。

1. 形态及染色。

(1)形态:此菌为一细长或稍弯曲的多型杆菌,长 1.5 ~5.0 μm,宽 0.2 ~0.5 μm,一端略宽呈棒状,或呈颗粒状,有时呈球形菌体或微弯,有时形成楔形,偶显分枝。有荚膜,无芽胞,无鞭毛,不能运动,在动物组织内多单独存在,或聚集成群。

(2)染色:用抗酸染色法,菌体呈红色。革兰氏染色阳性。

2. 培养。

培养基必须含有能满足结核杆菌生长需要的物质,如鸡蛋、甘油或凝固血清等,该菌生长极慢,尤以牛型最慢(需一个月),禽型较快,四、五天即可。培养时需要空气,是严格的嗜气菌,初分离时,各型对温度的适应程度不同,人型、牛型最合适的温度为 37.5℃,禽型则为 40℃ ~42℃。

(1)马铃薯甘油鸡蛋孔雀绿培养基,一般培养 5 ~30 d 后渐渐长成黄色堆起的菌落。

(2)甘油马铃薯—对人工培养已适应的结核杆菌,在甘油马铃薯上能生长,禽型于接种后二周可以长成良好菌落,人型需要 4 周,牛型则更长,至 8 周后开始能长出显著的菌落。菌落先呈黄色,后变皱变暗。

(3) 血清:在凝固的犬或牛血清上培养约 5 ~14 d 后方可见极小的菌落,初潮润而呈灰色,继变干,变皱,变颗粒性,呈黄色后合并成厚皱的菌落。

(4)肉汤:表面需漂浮着小木片,将结核杆菌接种于软木片之上,缓缓形成有皱的菌膜,唯禽型结核杆菌在肉汤上多不形成菌膜,而呈颗粒状沉淀。

第六节　非洲猪瘟检测技术

一、陕西省生猪屠宰企业非洲猪瘟病毒核酸检测样品采集技术要求

根据农业农村部 119 号公告要求,结合《陕西省农业农村厅关于贯彻农业农村部第 119 号公告精神的通知》(陕农发〔2019〕9 号)等文件精神,特制定本技术要求。

1. 适用范围

本技术要求适用于陕西省范围内生猪屠宰厂(场)开展非洲猪瘟自检前的采样工作。

2. 采样覆盖面

屠宰的生猪应 100% 采集样品,确保每头猪都要被检测到。采样可在屠宰放血环节或待宰圈、生猪入场前进行,生猪屠宰厂(场)要按照生猪不同来源实施分批屠宰,每批生猪屠宰

后，对暂储血液进行抽样；也可以对活猪进行“头头采样、分批检测”。

3. 采样方法

(1)屠宰放血环节同步采样：在放血环节同步采集或者按批次在放血槽或暂储血液进行采样，每份样品不少于 5 mL，采集时避免杂质污染。

(2)进场前采样：生猪到场后，以车为单位，采集耳尖血或前腔静脉血，每份样品不少于 2 mL，采集时注意无菌操作。所有猪只样品采集完成后混样检测。

4. 混样要求

用 PCR 试剂盒检测的，可以按规定混样，具体要求为对同一批次来源生猪，可每 50 份血样混合形成 1 份待检血样，不足 50 头者采集所有待宰生猪血样后均匀混合形成 1 份待检血样，同时，要详细记录被采样生猪信息。用经比对合格的快速检测试纸条检测的，不得混样，要“头头采样、头头检测”。

5. 留样要求

所有样品需一式两份，检测样品、备份留存样品应统一用防水记号笔对应编号，清晰标记于采样容器上，其编号要与生猪的检疫证明号码相对应。

采集的样品应及时检测，备份留存样品应冷冻保存 1 个月以上。

6. 其他注意事项

(1)采样工作由生猪屠宰厂(场)经培训、熟练掌握采样技术的人员实施。

(2)采样人员应做好生物安全防护。

(3)采样应同时填写采样登记表，做好各项记录，必要时留存影像资料备查。

二、陕西省生猪屠宰企业非洲猪瘟病毒核酸检测实验室建设基本技术要求

根据《病原微生物实验室生物安全管理条例》(国务院令第 424 号)及农业农村部第 119 号公告等法律法规及规定，结合我省实际，特制定本技术要求。

1. 适用范围

本技术要求适用于陕西省范围内生猪屠宰厂(场)非洲猪瘟病毒核酸检测实验室建设。

2. 实验室设计原则及基本要求

(1)实验室应处于一个相对独立或封闭的区域，实验室应单独设立，不应与其他检测实验室共用。

(2)实验室建筑面积能满足工作需要，应有试剂配置区、核酸提取区、扩增分析区，各区域相对独立，且有明确标识。

(3)实验室的设计应考虑生物安全防护，防止病原微生物、气溶胶等危险源污染环境，为关联的办公区及邻近的公共场所和人员提供安全的工作环境。

3. 实验室设施要求

(1)实验室的门窗应完全密闭，实验室主入口的门应有进入控制措施。

(2)实验室的墙壁、顶棚和地面应易清洁、不渗水、耐化学品和消毒灭菌剂的腐蚀。地面应平整、防滑、防吸附。

(3)具有固定的实验台面，实验台面应防水、耐腐蚀、耐热和坚固。

(4)应根据检测工作流程合理摆放实验室设备、台柜、物品等，避免相互干扰、交叉污染，并应不妨碍逃生和急救。

(5)实验室需配备应急照明设备、消防器材、同时需具有安全防盗措施。

4. 仪器设备要求

(1)开展非洲猪瘟病毒核酸检测的实验室须具备以下仪器设备：荧光 PCR 仪、Ⅱ级生物安全柜、高压灭菌器、离心机、微量移液器、冰箱以及废弃物收集装置。

(2)为进一步提升检测效率，屠宰场可根据实际情况配置以下仪器设备：核酸提取仪、研磨机、恒温水浴锅、高速离心机、旋涡振荡器等。

5. 人员配备要求

根据实验室质量管理和生物安全管理的要求，须配备检测人员和复核人员，且人员应经过具有非洲猪瘟检测资质的实验室培训且考核合格，具备独立应用荧光定量 PCR 方法开展非洲猪瘟病毒核酸检测工作的能力。

6. 管理制度要求

实验室需建立样品管理制度、档案管理制度、仪器设备使用管理制度、试剂药品管理制度、实验室废弃物无害化处理及消毒制度等，所有制度均需上墙，并确保检测人员执行到位。

三、非洲猪瘟诊断技术(GB/T 18648)

1. 范围

本标准规定了非洲猪瘟(ASF)聚合酶链反应(PCR)和牌联免疫吸附试验(ELISA)的技术要水。本标准适用于生猪和野猪等易感动物及其产品 ASF 的诊断和检疫。

2. PCR 试验

(1)材料准备

① 样品 DNA 制备方法

A. 将组织放入有灭菌沙子的研钵中研磨成糊状，加 5 mL ~ 10 mL 含 1% 牛血清 0.1 mol/L、pH 7.2 的 0.1 mol/L 磷酸盐缓冲液，对研碎的组织作 10 倍稀释，制成组织悬液。

B. 全血样品可用含 1% 牛血清的 0.1 mol/L 磷酸盐缓冲液作 1∶1 000 倍稀释，制成悬液。

C. 如为污染物的样品。如粪便等用以上 0.1 mol/L 硝酸盐缓冲液作 10 倍稀释，制成悬液。

D. 500 r/min 离心 5 min。

E. 取 500 μL 加入有螺旋帽的离心管中，煮沸 10 min。

F. 用小型高速离心机以 13 000 r/min 离心 5 min。

G. 取 10 μL 上清液用作 PCR 试验的样品 DNA。

② 电泳液缓冲液的配制方法

A. 琼脂糖凝胶的 TAE 缓冲液(50 倍)

三羟甲基氨基甲烷碱(Tris base) 242g

冰乙酸 57.1 mL

0.5 mol/L(pH8.0)乙二胺四乙酸(EDTA) 100 mL

蒸馏水 700 mL

待上述混合物完全溶解后，加蒸馏水至 1 000 mL 置 4℃ 冰箱中备用，如配制 2% 的琼脂糖凝胶和用作电泳缓冲液，则用落馏水稀释 50 倍成 TAE 缓冲液。

B. 琼脂糖凝胶板制备

取 1 g 琼脂糖(电泳纯)加入至 50 mL TAE 缓冲液中，在微波炉中充分溶解后，加入最终浓度为 0.5 μg/mL 的溴化乙锭。用 TAE 定容至 50 mL 冷却至 60℃ 后，倒入凝胶板中，在距离底板 0.5 mm 的位置上放置梳子，以便加入琼脂糖后可以形成完好的加样孔。凝胶的厚度为 4 mm，待凝胶完全凝固后，小心移去梳子，将凝胶板放入电泳槽中，加入恰好没过胶面约 1 mm 深的足量电泳缓冲液。

③ 标准 ASFV—BA 株 DNA 引物 1、引物 2、1.25 mmol/L dNTP 和载样缓冲液。

④ 台克(Taq)DNA 聚合酶、分子量为 100 碱基对(bp)Ladder(标准 DNA Marker)0 和 10 倍浓度的聚合酶链反应(PCR)扩增缓冲液。

⑤ 自动 DNA 热循环仪

(2)操作方法

① 将下列试剂按要求最加入到 0.75 mL 的离心管中，灭菌蒸馏水(24.5 μL)、10 倍浓度的 PCR 护增缓冲液(5 μL)、1.25 mmol/L dNTP 贮存液(8 μL)、引物 1(1 μL)、引物 2(1 μL)；样品 DNA 溶液(10 μL)、Taq DNA 聚合酶(0.5 μL)。

② 设定两个对照. 阳性对照为标准的 ASFV—BA 株的 10 μL，阴性对照为不含 DNA 的灭菌蒸馏水 10 μL。

③ 取 50 μL 矿物油覆盖在混合液上。

④ 将加有样品或对照混合物的 Eppendorl 管放入自动 DNA 热环仪中，按下述程序和条

件进行 DNA 扩增;94℃ 5 min,50℃ 2 min,72℃ 3 min 播环一次;94℃ 1 min,50℃ 2 min,72℃ 3 min 循环 30 次;94℃ 1 min,50℃ 2 min,72℃ 10 min 循环一次,最后置于4℃保存。

⑤ 上述步骤完成后,从矿物油下小心取出每种反应混合物 20 μL,放入另一支干净的 Eppendorf 管中并加 2 μL 载样缓冲液。

⑥ 将所有样品按编号加入到对应 2% 琼斯裁胶板的各孔中,其中一孔加标准阳性 DNA 样品。在凝胶的边孔中加入标准分子量 DNA Marker。

⑦ 将凝胶在 150 V 恒定电压下电泳 2 h。

⑧ 结果判定:用紫外光源检查凝胶。如为阳性样品,则出现一条孤立的、与阳性对照 PCR 产物的同步迁移的带,分子量为 265 bp。阴性对照和非 ASF 感染猪无 265 bp 带。

3. 酶联免疫吸附试验(ELISA)

(1)试剂:标准抗原

(2)溶液配制

1. 0. 1 mol/L 硕酸盐缓冲液的配制

将下列试剂按次序加入 2 000 mL,体积的容器中。

氯化钠 80. 06 g

氯化钾 20. 02 g

磷酸氢二钠 11. 50 g

磷酸二氢钾 2. 01 g

双蒸馏水 800 mL

混匀,用 pH 试纸调 pH 至 7. 2,用双蒸管水定容至 1 000 mL。

2. 底物溶液[邻苯二胺—过氧化氨(OPD—H_2O_2)]

A. 0. 1 mol/L pH 5. 0 磷酸盐—柠檬酸盐缓冲液

将下列试剂按次序加入 1 000 mL 体积的容器中,充分溶解即成。

磷酸氢二钠($Na,HPO_4 \cdot 12H_2O$) 71. 6 g

柠檬酸 19. 2 g

蒸馏水 1 000 mL

B. 底物溶液

0. 1 mol/L pH 5. 0 磷酸盐—柠檬酸盐缓冲液 100 mL

邻苯二胺(OPD) 40 mg

30%(过氧化氧)(H_2O_2)0. 15 mL

此液对光敏感,应避免强光直射,现配现用。

(3)操作方法

① 取 ELISA 微量滴定板,每孔加人用0.1mol/L pH 7.2 磷酸盐缓冲液稀释至工作滴度的抗原溶液 50 ML,封板后于4 ℃作用 16 h(过夜)。

② 用 pH 7.2 的 0.1 mol/L 磷酸盐缓冲液洗板 3 次,每次 2 min。

③ 用含 0.05% 吐温 20 的 0.1mol/L 磷酸盐缓冲液溶解,将待检血清以及阳性和阴性对照血清作 30 倍稀释,将稀释的血清加入用抗原包被的孔中,每孔中加 50 μL。

④ 将滴定板放在微量振荡器上,37℃作用 30 min,然后用 0.1 mol/L 磷酸盐缓冲液洗 3 次。

⑤ 每孔加人 50 μL 用含 0.05% 吐温 20 的 0.1mol/L 磷酸盐缓冲液配制的免疫球蛋白 G(lgG)抗猪过氧化物酶结合物溶液。

⑥ 将滴定板放人振荡器,37℃作用于 1h,然后用 0.1mol/L 磷酸盐缓冲液洗 3 次。

⑦ 每孔加 50 μL 底物溶液。

⑧ 室温下显色 15 min.

⑨ 每孔加 50 μL 1 mol/L 的硫酸终止反应

⑩ 判定结果:阳性血清可以用肉眼辨认,为清亮的黄色,用 ELISA 检测仪检测每一孔的光吸收值,检测波长为 492 nm,任何一种血清,只要它的吸收值超过同一块板中阴性对照血清平均吸收值的两倍,就可判为是阳性。

第五章 有害残留物与肉品品质

第一节 肉品污染的概念

肉和肉制品因其丰富的营养和独特的风味,早已成为餐桌副食品的重要组成部分。随着养殖业和肉类工业的迅速发展,肉品在人的膳食构成中所占的比例日益加大,可供人类食用的肉、肉制品的种类和数量不断增加。由于肉品在生产、加工、贮藏、运输及销售各环节中都有可能会受到各种有害物质的污染,所以防止肉品污染是一项重要的任务。

肉品污染的概念:指污染物进入正常肉和肉制品的过程。

肉品污染的种类:按污染物的性质分为三类,即生物性污染、化学性污染和放射性污染;按污染的途径和方式分为两类,即内源性污染和外源性污染。

一、生物性污染

1. 生物性污染的概念

指微生物、寄生虫和肉品害虫对肉品的污染。

2. 生物性污染及其危害

肉品的生物性污染中比重最大、危害最大的是微生物的污染,主要包括细菌及其毒素、真菌及其毒素、病毒等。生物性污染对肉品造成的生物性危害,是指以生物本身及其代谢产物和代谢过程对原料肉、半成品和成品肉进行污染进而降低肉品品质。

二、化学性污染

1. 化学性污染的概念

指有毒有害化学物质对肉品的污染。

2. 化学性污染及其危害

化学性污染包括：工农业生产、养殖、加工造成的化学污染和农药、兽药、有害金属及其他有害物质造成的污染。

肉品中化学污染物种类繁多，来源广泛，污染极其复杂，尤其是兽药、农药和添加剂的滥用，致使肉品中的有毒有害物质残留更为严重，严重影响肉品品质。

三、放射性污染

1. 放射性污染的概念

指放射性核素对肉品的污染。

2. 放射性污染及其危害

由于外在原因，如核工业、核试验、核动力和稀土、煤炭工业及农业施用磷肥等污染土壤、水源、大气和动植物，这些核素在环境中迁移和循环，在动物体内蓄积、残留于肉品中。

四、内源性污染

指动植物在生长过程中受到的污染，又称一次污染。如：兽药、农药等的污染。

五、外源性污染

指在加工环节和流通过程中的污染，又称二次污染。如：食品添加剂和包装材料等的污染。

第二节　肉品的微生物污染

一、微生物的来源

为了保证肉品安全，延长肉品的货架寿命，必须控制微生物的污染，以减少肉品中微生物的数量。

（一）一次污染

多数肉品都有许多潜在的微生物污染源，其主要原因如下：

1. 动物生前感染了人畜共患传染病

所谓人畜共患病是指在脊椎动物和人类之间自然传播和感染的疾病。人畜共患病对人类危害很大，通过动物肉或其他畜产品可将疾病传播给人。

2. 动物生前感染了动物特有的传染病

虽然动物特有的传染病不感染人体，但当动物感染猪瘟、副结核、羊块疫等传染病时，可导致沙门氏菌、巴氏杆菌等病原菌的继发感染，而且由于动物患病，体况下降，从而严重影响肉品卫生。

3. 动物在生长期间带菌

正常动物的消化道和呼吸道常存在一定类群和数量的微生物，其中有些病原菌可侵入动物的其他组织。

（二）二次污染

二次污染在肉品的污染中占有重要地位，主要由于不卫生操作、监督管理不善所致。微生物主要来源于环境、动物、人、加工设备及包装材料等。

1. 土壤

土壤中微生物种类最多、数量最大、分布最广，常见的有不动杆菌、产碱杆菌、芽孢杆菌、梭菌、棒状杆菌、黄色杆菌、微球菌、假单胞菌、莫拉氏菌、节状杆菌等。

2. 水

水中常见微生物有假单胞菌、不动杆菌、莫拉氏菌、气单胞菌、链球菌、黄色杆菌、产碱杆菌、芽孢杆菌、微球菌、弧菌、肠道病毒等。

3. 空气

空气中微生物多以曲霉、青霉、镰刀霉、蜡叶芽枝霉、交链孢霉等最为常见。

4. 人畜粪便

人畜粪便中微生物主要有消化道球菌、链球菌、拟杆菌、双歧杆菌、梭菌、大肠杆菌以及沙门氏菌和其他肠道病原菌。

5. 工作人员

人的皮肤表面常见的细菌有葡萄球菌、棒状杆菌和丙酸杆菌等。当人手触及肉品时，这些细菌会污染肉品。

6. 加工用具和设备

设备表面的凹陷处或焊接不佳的连接处往往残留有肉品残渣，难以清洗和消毒。当肉品与这些表面接触时，这些地方就会变成微生物污染源。

此外，食品添加剂和包装材料不清洁，贮藏、运输、销售中不注意卫生操作均会导致肉和肉制品的二次污染。

二、微生物的种类

（一）细菌

1. 腐败菌

腐败菌在自然界分布十分广泛，肉品中常见的有不动杆菌、产碱杆菌、芽孢杆菌、棒状杆菌、黄色杆菌、微球菌、假单胞菌等，它们主要引起肉和肉制品的腐败变质。

2. 致病菌

肉和肉制品中的致病菌种类多，来源复杂。主要有病原性大肠埃希氏菌、沙门氏菌、肉毒梭状芽孢杆菌（简称肉毒梭菌）、金黄色葡萄球菌等食物中毒病原菌；炭疽杆菌、分枝杆菌、鼻疽杆菌、红斑丹毒丝菌、李氏杆菌等人畜共患病病原菌。

（二）真菌

有曲霉、青霉、蜡叶芽枝霉、交链孢霉等真菌，主要污染腌腊制品、熟肉制品和冷藏肉品。真菌除引起食品的霉变外，还可产生真菌毒素。

（三）病毒

有来自病畜禽的口蹄疫病毒、狂犬病毒、猪瘟病毒、新城疫病毒、禽流感病毒等；有来自病人的甲肝病毒、乙肝病毒、非甲非乙病毒、脊髓灰质炎病毒、轮状病毒、诺瓦克病毒等。

三、影响微生物生长繁殖的主要因素

（一）内在因素

主要因素有肉的组织结构、化学组成、水分含量、pH 渗透压和酶等。

1. 肉品种类

一般而言，肉品的组织结构越完整、越紧密，微生物越不容易生长，保存期越长。例如，肉馅和肉糜比其他肉品更易腐败。

2. 营养成分

肉品含有丰富的蛋白质，很适合腐败菌生长，因此肉品容易腐败。

3. 水分活度

食品的水分活度（Activity）系指在相同温度条件下，食品水蒸气压与纯水蒸气压的比值，又称水分活性值。细菌生长需要的水分活度在 0.9 以上，而肉品的水分活度为 0.98 ~ 0.99，故适合多种微生物生长。

4. 酶

肉和脂肪中含有多种酶,在适宜温度下酶活性增强,加速肉的分解和微生物生长。

(二)环境因素

环境温度、氧气、光线、湿度、加工条件等对微生物的生长也有一定影响。

四、由微生物引起的肉品变质现象

(1)有氧条件下,细菌引起的肉品腐败。

(2)有氧条件下,霉菌引起的肉品腐败。

(3)厌氧条件下,兼性和厌氧细菌引起的肉品腐败。

五、微生物污染指标

我国食品卫生标准规定了肉品的微生物学指标,以细菌三项指标最为重要。

(1)细菌总数指食品检样经过处理,在一定条件下培养,所得1 g或1 mL检样中所含细菌的菌落总数(Cfu/g)。

(2)大肠菌群数大肠菌群数是指100 g或100 mL检样中所含大肠菌群最可能数(MPN)。大肠菌群系指一群能发酵乳糖、产酸产气、需氧和兼性厌氧的革兰氏阴性无芽孢杆菌,主要包括埃希氏菌属、柠檬酸杆菌属、肠杆菌属和克雷伯菌属。

(3)致病菌致病菌系指肠道致病菌和致病性球菌,主要检验对象有沙门氏菌、变形杆菌、副溶血性弧菌、肉毒梭菌、金黄色葡萄球菌、链球菌、致病性大肠杆菌、志贺氏菌等。

六、检验方法

(1)按国家标准GB 4789.2检验菌落总数。

(2)按国家标准GB 4789.3检验大肠菌群。

(3)按国家标准GB 4789.4检验沙门氏菌。

七、国家对肉品中微生物指标的规定

表5-1 NY 5029-2008《无公害食品 猪肉》规定

项 目	鲜猪肉	冻猪肉
菌落总数/Cfu/g	$\leqslant 1\times10^{6}$	$\leqslant 1\times10^{5}$
大肠菌群/MPN/100g	$\leqslant 1\times10^{4}$	$\leqslant 1\times10^{3}$
沙门氏菌	不得检出	不得检出

八、生物性污染的控制

为了防止肉品的腐败变质，减少和杜绝食源性疾病的发生，必须防止生物性污染。在控制污染的过程中应坚持以卫生监督管理为主，卫生检测检验为辅的原则。

（一）防止一次污染

原料肉是生产肉制品的物质基础，一旦原料被污染，产品的安全性将会受到影响。可采取下列控制措施防止原料的一次污染。

(1)保持畜禽饲养环境卫生，建立无病畜禽群体。

(2)加强动物饲养管理，提高动物抗病能力。

(3)开展动物防疫、检疫、驱虫、灭病工作，建立无疫区或无特定疫病区。

(4)切断传染源，消灭传播媒介。

（二）防止二次污染

在肉品加工、包装、贮藏、运输及销售等环节中要严防生物性因素的污染，尤其是微生物的污染。

第三节　肉品的有害元素残留

一、概述

（一）有害元素的概念

自然界含有许多元素，人体可以通过饮水、食物及生产、生活活动等接触和摄入。进入人体的元素有些是人体所必需的，在一般膳食情况下不会造成对机体的危害，但有些元素如汞、铅、砷等元素对人体有明确的毒害作用。

对人体有明确毒害作用的元素称为有害元素，有害元素在动物和人体内的残留称为有害元素残留，残留的数量称为残留量。

（二）污染的途径

(1)工业“三废”和农药中含有的有害元素污染环境，在农作物中残留，经食物链造成肉品的污染；

(2)自然环境中某些金属元素本底值含量较高（如火山活动地区和海底），致使动植物组织残留较高；

(3)来自肉品加工过程，因使用的食品添加剂不纯，包装材料、机械设备和运输管道等含有某些有害金属，均可溶出而污染肉品。

（三）有害元素的危害

有害元素经肉品进入人体后多以原来的形式存在，也能转变为毒性更强的化合物，多数有害元素可在机体内蓄积，并且半衰期长。长期少量摄入可以产生慢性毒性反应，也能致癌、致畸和致突变，一次大剂量摄入也可产生急性毒性。

二、汞(Hg)

（一）汞及其来源

1. 性质

汞呈银白色，是室温下唯一的液体金属，俗称水银。

汞在室温下有挥发性，汞蒸汽被人体吸入后会引起中毒；汞的化学性质稳定，不易与氧作用，但易与硫、氯等发生作用，形成化合物，有机汞比无机汞的毒性大。

2. 来源与污染

汞矿的开采和冶炼，汞及其化合物在化工、农药、造纸、灯泡、电池、电器等工业以及农业、医疗和科研等领域的广泛应用均可排出"三废"污染环境。工业生产排放的金属汞和无机汞在环境中能被微生物转化为甲基汞，使其毒性增强。甲基汞易溶于脂肪，通过食物链富集，并且难以排出体外。

汞在岩石圈中广泛存在，地壳中汞主要以各种硫化物存在，在土壤和水缺氧的情况下，硫酸盐细菌可将汞转化成硫化物，由于微生物的作用，生成的汞很快会被生物有机体吸收进入食物链。

食品中的汞以元素汞、二价汞的化合物和烷茎汞三种形式存在。

畜禽体内汞含量与采食有汞污染的饲料有关，使用含汞农药的地区、畜禽体内汞含量均明显增高。

（二）肉品中汞的毒性与危害

通过食物链被吸收入人体的甲基汞可以直接进入血液，与血红细胞红蛋白的巯基结合，随血流分布于各组织器官，并可透过血脑屏障侵入脑组织，损害神经系统，造成急性中毒，亚急性及慢性中毒并具有致畸性和致突变性。

（三）肉品中汞的检测方法

按 GB/T 5009.17 规定、采用冷原子吸收光谱法、原子荧光光谱法或二硫腙比色法。

三、铅(Pb)

(一)铅及其来源

1. 性质

纯净的铅是较软、强度不高的金属。铅在自然界里以化合物状态存在,铅的化合物在水中溶解性不同,铅的氧化物不溶于水。

2. 来源与污染

自然环境中铅的本底值较低,目前人体的铅摄入量及铅负荷升高,主要是人为造成的环境污染所致。工业生产、交通运输以及含铅农药的使用均可污染环境和饲料,引起肉中铅的残留。

在肉品加工、储藏以及运输中使用含铅的食品添加剂或包装材料、加工机械可造成肉品的铅污染,如铅合金、马口铁罐、搪瓷和陶瓷容器以及用玻璃、橡胶或塑料为原料制成的容器和用具等均含有铅。动物性食品中骨骼和脏器中铅的残留量高于肌肉、脂肪。

(二)肉品中铅的毒性与危害

铅的吸收和毒性与许多因素的影响有关。摄入含铅的食品后,约有 5% ~10% 主要在十二指肠被吸收。经过肝脏后,部分随胆汁再次排入肠道中。进入体内的铅可产生多种毒性和危害。

铅的毒性主要是由于其在人体的长期蓄积所造成的神经毒性和血液毒性。当长期摄入含铅食品后,可在体内造成积累而产生蓄积毒性。

铅中毒可引起多个系统症状,但最主要的症状为食欲不振、口有金属味、流涎、失眠、头痛、头昏、肌肉关节酸痛便秘或腹泻、贫血等,严重时出现痉挛、抽搐、瘫痪、循环衰竭。

(三)铅的检测方法

按 GB/T 5009.12 规定,采用石墨炉原子吸收光谱法、火焰原子光谱吸收法和二硫腙比色法。

四、砷(As)

(一)砷及其来源

1. 性质

砷有灰色、黄色和黑色三种同素异形体,砷在常温下与水和空气不发生作用,也不和稀酸作用，但能和强氧化性酸反应。砷的化合物有无机砷和有机砷两类。

2. 来源与污染

砷的化合物广泛存在于岩石、土壤和水中。砷矿的开采，有色金属冶炼，煤的燃烧以及砷化物在化工、纺织、制革、木材、玻璃、颜料、油漆、制药、化肥等工业生产中排出的“三废”，尤其是废水中含砷量较高，污染环境进而进入动物体内。

含砷农药的使用，可通过食物链污染肉品。由于无机砷的毒性较大，目前已停止生产，但仍在使用有机砷农药，如甲基硫砷、甲基砷酸钙、二砷甲酸、甲基砷酸钠、甲基砷酸二钠等。有些砷制剂用作饲料添加剂，有的用作兽药，促进动物生长或驱虫，因此均可残留于肉品中。

（二）肉品中砷的毒性与危害

元素砷基本无毒，砷的氧化物、盐类及有机化合物具有不同的毒性，三价砷毒性最强。砷化物可损害神经系统、肾脏和肝脏。可引起急性中毒或慢性中毒。无机砷具有致癌性。砷化物，特别是无机砷还具有致畸和致突变作用，可通过哺乳动物的胎盘导致胎儿畸形。

（三）砷的检验方法

按 GB/T 5009.11 规定，肉品中砷的测定，可采用银盐法、砷斑法或硼氢化物原子荧光光度法。

五、镉（Cd）

（一）镉及其来源

1. 性质

镉是银白色金属，略带淡蓝光泽，质软。镉在潮湿空气中可缓慢氧化并失去光泽，加热时生成棕色的氧化层。镉蒸气燃烧产生棕色的烟雾。镉与硫酸、盐酸和硝酸作用生成相应的镉盐。镉对盐水和碱液有良好的抗蚀性能。氧化物呈棕色，硫化物呈鲜艳的黄色，是一种很难溶解的颜料。

2. 来源与污染

镉及其化合物在工农业生产中应用很广，易造成环境、饲料和食品污染。冶炼、化工、电器、陶瓷、印刷等工业排放的“三废”是镉污染环境的主要来源。

进入空气中的镉气烟，随大气扩散后向地面降落，沉积于土壤中的镉成为植物吸收镉的主要来源。镉还可以通过使用磷肥进入土壤被植物吸收。动物采食含镉饲料后，可在体内富集，肾脏中镉含量最高，可达1～2 mg/kg，有些高达5mg/kg；其次是肝和肌肉。

（二）肉品中镉的毒性与危害

镉的半衰期长达10～30年，少量镉可经胎盘进入胎儿体内。金属镉一般不具毒性，但其化合物毒性较强，主要抑制酶的活性，损害肾脏、骨骼和消化系统，引起钙的负平衡，抑制免疫功能。可引起急性中毒，出现胃肠道症状。长期食用被镉污染的食品能引起慢性中毒，发生"骨痛病"。镉具有致癌、致畸和致突变作用。

（三）镉的检验方法

按GB/T 5009.15规定，肉品中镉的测定用原子吸收光谱法、镉试剂比色法。

六、铬（Cr）

（一）铬及其来源

1. 性质与作用

铬是一种银白色的金属，在空气中非常稳定。

铬在体内与蛋白质及各种低分子量的配体结合，参与机体的糖、脂肪和蛋白质代谢，促进人体正常发育，是人体必需的微量元素。机体铬摄入不足时，葡萄糖耐量受损，可导致发育受阻，死亡率增加，血胰岛素和胆固醇增加，但过量摄入又会导致机体中毒。

2. 来源与污染

铬矿的开采和冶炼、铬化合物在工业中广泛使用，例如电镀、鞣革、颜料、油漆、合金、印染、橡胶、陶瓷等，均通过排放的"三废"污染环境，进而污染肉品。用含铬废水灌溉农田，粮食和蔬菜中铬可增加几倍至几十倍。此外，食品加工企业和家庭中使用的不锈钢食品用具和容器均含有铬，可溶解转入肉品中。

（二）肉品中铬的毒性与危害

铬及其化合物中以六价铬毒性最大，三价铬次之。铬可导致人的急性中毒，刺激和腐蚀消化道，引起胃肠道症状、头痛、肌肉痉挛、肾功能衰竭、昏迷、脱水、便血，甚至死亡。铬具有慢性毒性、致癌和致突变作用。人群流行病学资料显示，肺肿瘤患者的肺、肝、肾中铬含量均高于正常人群，长期接触铬的工人中肺癌发病率比未接触铬的人要高。

（三）铬的检测方法

按GB/T 5009.123规定，肉品铬的测定采用石墨炉原子吸收光谱法和示波极谱法。

第四节　肉品的农药残留

一、农药和农药残留

农药是指用于预防、消灭或者控制危害农业、林业的病、虫、草及其他有害生物，以及有目的地调节植物、昆虫生长的药物的通称。农药可以是化学合成的，也可能是来源于生物或其他天然物质的一种或者几种物质的混合物及其制剂。农药是以其毒性作用来消灭或控制昆虫生长。

农药残留是指农药使用后残存于生物体、食品（农副产品）和环境中的微量农药原体、有毒代谢物、降解物和杂质的总称。残存数量称为残留量。

二、农药的分类

目前，全世界实际生产和使用的农药品种有上千种，其中绝大部分为化学合成农药。

按用途可分为杀虫剂、杀菌剂、除草剂、杀螨剂、植物生长调节剂、昆虫不育剂和杀鼠药等；

按化学成分可分为有机磷类、氨基甲酸酯类、有机氯类、拟除虫菊酯类、苯氧乙酸类、有机锡类等；

按其毒性可分为高毒、中毒、低毒三类；

按杀虫效率可分为高效、中效、低效三类；

按农药在植物体内残留时间的长短可分为高残留、中残留和低残留三类。

三、肉品中残留农药的来源

（1）用药后直接污染兽医临床中使用的广谱驱虫和杀螨的药物中有些属于农药，如有机磷等，如果用量过大被畜禽吸收或舔食，均可引起肉品中农药残留。

（2）从环境中吸收农田施药后，有90%农药散布到周围环境，畜禽通过空气和饮水逐渐吸收，引起肉品农药残留。

（3）通过食物链污染饲料常含有大量农药，畜禽摄食后，则引起肉品中农药残留。

（4）加工和贮运中污染肉品，使用污染有农药的容器、运输工具、仓库，或在贮运中混放而造成的污染，或使用灭鼠剂和杀虫剂落入肉品而引起污染。

四、残留农药的毒性与危害

当人体内农药蓄积到一定量后，就会对人体产生明显的毒害作用。大量人群流行病学调查和动物实验研究结果表明，农药具有急性毒性、慢性毒性和特殊毒性。引起急性中毒的农药主要是高毒类有机磷和氨基甲酸酯农药。

肉品中残留农药对人体的危害常是慢性潜在性的，不但可影响各种酶的活性，损害神经系统、内分泌系统、生殖系统、肝脏和肾脏，而且还可降低机体免疫功能，引起皮肤病、不育、贫血，甚至有致癌、致畸和致突变作用。

五、有机氯农药

有机氯农药是一类应用最早的高效广谱杀虫剂，主要有六六六、滴滴涕、艾氏剂、狄氏剂、毒杀芬、氯丹、七氯等。其化学性质相当稳定，不溶于水，易溶于多种有机溶剂和脂肪，在环境中不易分解，半衰期可长达数年之久，是一类重要的环境污染物。

1. 污染来源

畜禽体内有机氯农药主要来源于被污染的饲料、饲草以及环境。有机氯是脂溶性的，进入动物体内后，主要蓄积于脂肪组织中，不易排出。因此，动物性食品残留量高于植物性食品，含脂肪高的食品高于脂肪低的食品，猪肉高于牛肉、羊肉和兔肉。

2. 毒性及危害

有机氯农药进入人体，代谢缓慢，不易排出，可损害神经系统、肝脏和肾脏，并能通过胎盘影响胎儿发育。有机氯农药可影响酶的活性，干扰内分泌功能，降低白细胞的吞噬功能与抗体的形成，损害生殖系统，使胚胎发育受阻、子代发育不良，甚至死亡。

3. 有机氯的检验方法

按 GB/T 5009.19 规定，肉品中有机氯农药的检测用气相色谱法。

六、有机磷农药及检测方法

有机磷农药是一类含磷的化合物，大多属于磷酸酯类。常见的有对磷酸、内吸磷、甲胺磷、马拉硫磷、乐果、敌百虫、敌敌畏等。

肉品中有机磷农药的检测有气相色谱法、薄层层析酶抑制法等。

七、国家标准对肉品中农药残留限量规定

国家标准对肉品中农药残留限量规定见 GB 2763《食品中农药最大残留限量》。

第五节　肉品的兽药残留

一、兽药与兽药残留

兽药是指用于预防、治疗和诊断畜禽等动物疾病，有目的地调节其生理功能并规定作用、用途和用量的物质（含饲料药物添加剂）。

兽药主要包括血清、疫苗、诊断液等生物制品，兽用的中药材、中成药、化学原料及其制剂，抗生素、生化药品及放射性药品等。

兽药残留指动物产品的任何可食用部分所含兽药的母体，代谢产物以及与兽药有关的杂质残留。主要有抗生素、磺胺类、驱虫药、砷制剂、呋喃类、激素、兴奋剂及其他促生长调节剂等。

二、肉品中兽药来源与途径

（1）用于治疗和预防畜禽疾病的兽药，各类用于治疗或预防疾病的兽药主要通过口服、吸入、注射、局部用药等途径进入动物体内，残留其中，导致动物性食品污染。

（2）饲料添加剂或动物保健品的使用主要用于提高动物的繁殖和生产性能，预防某些疾病。经常是以长期的、小剂量的方式拌入饲料或饮水中，通过饲料或饮水使药物残留在动物体内，从而造成动物性食品的兽药污染。

（3）动物性食品加工、保鲜贮存过程中加入的兽药在动物性食品加工、保鲜贮存过程中，为了抑制微生物的生长、繁殖，而加入的一些抗菌药物。在食用时仍能检测出超标的兽药残留。

三、兽药残留的主要原因

造成兽药残留的原因是多方面的，主要原因有以下几点：

（1）不严格执行休药期有关规定，追求效益，造成休药期过短。

（2）兽药滥用。

（3）动物饲料在加工和运输过程中被兽药污染。

（4）使用劣质兽药。

（5）用药错误。

（6）突击使用兽药。

（7）使用药物生产发酵的废渣、废水饲喂畜禽和鱼类。

四、残留兽药的毒性与危害

食用含有兽药残留的动物性食品后，一般对人不表现急性毒性作用。但如果长时间摄入低剂量的兽药残留的动物性食品，则可造成兽药残留在人体内蓄积，引起各种组织器官发生病变，甚至癌变。兽药残留对人体的危害主要表现在以下几方面：

(1)毒性损害。

(2)引发过敏反应。

(3)导致病原菌产生耐药性。

(4)破坏微生态平衡，导致二重污染。

(5)致畸、致癌、致突变作用。

(6)激素作用。

五、抗生素

养殖业中使用的抗生素越来越广泛，而且其用量也越来越大，不可避免地引起动物产品中抗生素残留。据报道，约有75%的猪、60%的肉牛在生长中都使用过抗生素。目前，在兽医临床和动物生产中使用的抗生素多达10大类数千个品种。

1. 残留来源

在兽医临床中，常用抗生素治疗动物的疾病(消炎、抗菌)；在畜禽和水产养殖业中常作为饲料添加剂使用，既可预防动物疾病，又可促进动物生长、提高饲料报酬、降低死亡率，一些抗生素对寄生虫及癌细胞也有效果。

2. 不良反应和毒性

人们长期食用残留有抗生素的动物性食品，可导致机体出现过敏反应，有些抗生素对人体有一定的毒性。

(1)过敏反应：许多抗生素可引起消费者出现过敏反应，包括皮疹、荨麻疹、药物热、血管神经性水肿、血清病型反应、哮喘、过敏性休克等。

(2)菌群失调和耐药菌株出现：大量使用抗生素可助长耐药性微生物的生长和耐药菌株的出现，引起肠道菌群失调，尤其在动物饲料中添加非治疗剂量的抗生素的危害性更大。

(3)其他危害：有些抗生素可损害肝脏、肾脏、造血系统。如氯霉素可引起再生障碍性贫血；链霉素、卡那霉素等可损害神经系统，导致耳聋或听力下降；四环素类、氨基糖苷类抗生素对肝脏有一定的损害；四环素类和头孢菌素类可导致恶心、呕吐、食欲不振等。有些甚至有致癌、致畸和致突变作用。

3. 抗生素的检验方法

测定肉中抗生素残留量的方法较多，有微生物培养法、荧光免疫法、气相色谱法、高效液相色谱法、薄层分析法、放射性同位素法等。按标准 NY 5029 规定要求，采用气相色谱和高效液相色谱法进行检测。

六、磺胺类

磺胺类药物具有广谱抗菌作用，广泛用于兽医临床，但可在肉、蛋、乳中残留。

1. 残留来源

磺胺主要用于治疗和预防动物疾病以及促进动物生长，常与某些抗生素配合作为饲料添加剂使用，导致肉中残留。磺胺药物主要残留于猪肉，其次是小牛肉和禽肉，以磺胺二甲嘧啶和磺胺噻唑残留多见。

2. 不良反应和毒性

磺胺药物可引起过敏，出现恶心、呕吐、眩晕等症状，严重者可发生粒细胞减少及再生障碍性贫血等，并对肾功能有损害，还可引起胎儿畸形，抑制肠道大肠杆菌生长。

3. 磺胺的检验方法

按 NY 5029 规定，采用高效液相色谱法检测。

七、国家标准对肉品中兽药残留限量规定（标准 NY 5029—2008）

表 5－2　肉品中兽药残留限量规定

项　目	指　标
金霉素/mg/kg	≤0.10
土霉素/mg/kg	≤0.10
磺胺类（以磺胺类总量计）/mg/kg	≤0.10
伊维菌素（脂肪中）/mg/kg	≤0.02
喹乙醇/mg/kg	不得检出
盐酸克伦特罗/μg/kg	不得检出
莱克多巴胺/μg/kg	不得检出

第六节　肉品的“瘦肉精”残留

一“瘦肉精”简介

1. 什么是“瘦肉精”

“瘦肉精”的学名(药品名称)为盐酸克伦特罗。

英文名称 Clenbuterol,缩写为“cl”。

盐酸克伦特罗是一种人工合成的 β2 肾上腺素受体激动剂,是一种人用药品。

其化学名称:羟基甲叔丁肾上腺素。

化学结构:4—氨基—α—(叔丁胺甲基)—3,5—二氯苯甲醇盐酸盐。

化学分子式:$C_{12}H_{18}Cl_2N_2O \cdot HCl$

2. “瘦肉精”的性质

它是一种无臭、味弱、白色或类白色粉末性结晶体。耐高温,加热到 172℃时才能分解,化学性质非常稳定,一般方法不能够将其破坏。

二、盐酸克伦特罗的用途

(1)用于治疗疾病:作为人用药品,治疗肺部疾病如支气管炎、哮喘性支气管炎,肺气肿等呼吸系统的疾病,所以又称氨醉素、克喘素。

(2)作为饲料添加剂非法使用。

(3)使用剂量:我国药典规定盐酸克伦特罗用于人的治疗量为 20 ~ 40 μg/d;作为饲料添加剂,使用剂量是人用剂量的 10 倍以上,才能达到提高瘦肉率的效果。因用量大,使用时间长,代谢慢,所以从屠宰前到上市,在猪体内的残留量都很大。人食用了含有“瘦肉精”残留的猪肉及其肝、肺等内脏后,会渐渐地中毒或积蓄中毒。如果一次摄入量过大,会引起心脏功能紊乱,出现心悸、心慌;对神经系统也有刺激作用,产生恶心、呕吐、头痛、肌肉震颤等临床症状;特别是对高血压、心脏病、甲亢、青光眼、前列腺肥大等疾病患者危害更大,可引起病情加重;甚至因摄入量太大,导致生命危险。有研究表明,如果长期食用有染色体畸变的可能,还会诱发恶性肿瘤。

三、“瘦肉精”残留的检测方法

(1)酶联免疫吸附测定法(ELISA):ELISA 运用免疫分析技术,主要使用酶标仪进行筛选检测。具有敏感、特异快速且一次能检测大量样品的特点,适用于猪尿中盐酸克伦特罗残留的常规快速检测。

(2)气相/质谱法(GC/MS)

(3)液相色谱法(HPLC):GC/MS 使用进口气相色谱/质谱联机,HPLC 使用液相色谱仪。这两种方法都是运用色谱技术进行定性定量检测。具有灵敏、准确的特点,适用于畜禽肌肉和内脏组织中盐酸克伦特罗残留的检测(标准规定为仲裁法)。

四、肉品中“瘦肉精”残留限量的规定

NY5029《无公害食品 猪肉》中规定盐酸克伦特罗不得检出。

第七节 肉品的莱克多巴胺残留

一、莱克多巴胺简介

1. 什么是莱克多巴胺

莱克多巴胺又称苯乙醇胺,是一类结构和功能类似肾上腺素和去甲肾上腺素的苯乙醇胺类衍生物;其性质、功能与“瘦肉精”相似,是“瘦肉精”的“克隆”和替代产品。

英文名称:Ractopamine

化学名称:1-(4-羟基苯基)-2[1-甲基-3-(4-羟基苯基)-丙氨基]-乙醇盐酸盐

化学分子式:$C_{18}H_{23}NO_3Cl$

分子量:337.83

2. 莱克多巴胺的理化性质

可溶于水和乙醇,微溶于丙酮,pH:6~7,呈中性。

二、莱克多巴胺的用途

1. 用于治疗疾病

盐酸莱克多巴胺是一种医药原料,是用于治疗充血性心力衰竭症的强心药。还可以用于治疗肌肉萎缩症,增长肌肉,减少脂肪蓄积,并对胎儿和新生儿生长有益。

2. 作为饲料添加剂非法使用。

由于莱克多巴胺也属于β-兴奋剂,是营养重分配剂的一种,它的功能是通过把营养素

重新分配，把脂肪生长转向瘦肉生长，有效地减少脂肪增长，提高瘦肉率；它可以提高饲料利用率，加快畜类生长速度，尤其是可提升畜体的肌肉蛋白增长。

三、莱克多巴胺的毒性与危害

长期使用莱克多巴胺后，会在动物体内蓄积，其残留毒性比“瘦肉精”小。

由于它也属于兴奋剂类药物，对人体的危害与“瘦肉精”类似。人吃了残留有莱克多巴胺的动物组织后，可能会出现中毒症状，如面色潮红、头痛、头晕、心悸、四肢麻木等不良反应，对患有高血压、青光眼、糖尿病、前列腺肥大等疾病的人危害更大，严重的可能危及生命。

四、莱克多巴胺残留的检测方法

按照农业农村部958号公告—3—2007规定，动物源食品中莱克多巴胺用高效液相—质谱法（确证法）。

五、肉品中莱克多巴胺残留限量的规定

我国已经明确禁止使用莱克多巴胺，并将莱克多巴胺列入《禁止在饲料和动物饮用水中使用的药物品种目录》。

标准NY 5029《无公害食品 猪肉》中规定莱克多巴胺不得检出。

第八节 化学性污染的控制

为了保护环境，减少和杜绝化学污染物对肉品的污染，必须加强对肉品化学污染物的控制与监测。应进行多部门联合，建立健全管理体系，采取综合防治措施，切断和根治污染源，加强环境污染和肉品残毒的监督管理工作，大力宣传我国有关法规和管理条例，提高人们的环境保护意识和食品卫生知识，普及食品安全知识，严防有毒有害物质残留量超标的肉品上市。

一、合理治理“三废”

用物理、化学或生物学等无害化处理方法处理废气、废水、废渣，以减少或除去其中的有害物质，达到国家规定标准后才可排放。

二、防止农药污染

加强农药管理,安全合理使用农药,严格遵守农药安全间隔期。加强农药在贮藏和运输中的管理工作,防止被人、畜禽误食或污染肉品。

三、防止兽药污染

加强兽药管理,严格遵守《兽药管理条例》《饲料和饲料添加剂管理条例》的规定,推广使用绿色饲料,严禁使用违禁药品。

四、防止肉品在加工过程中污染

(1)合理使用辅佐料和用具。

(2)改进肉品加工方法。

(3)防止肉品腐败变质。

(4)采用规范化生产技术。

五、加强肉品卫生监督管理工作

(1)加强食品卫生法规建设。

(2)制定和完善有害物质限量标准。

(3)加强肉品卫生监督工作。

(4)加强肉品卫生检测工作。

附　录

附录一　中华人民共和国动物防疫法

（1997 年 7 月 3 日第八届全国人民代表大会常务委员会第二十六次会议通过　2007 年 8 月 30 日第十届全国人民代表大会常务委员会第二十九次会议第一次修订　根据 2013 年 6 月 29 日第十二届全国人民代表大会常务委员会第三次会议《关于修改〈中华人民共和国文物保护法〉等十二部法律的决定》第一次修正 根据 2015 年 4 月 24 日第十二届全国人民代表大会常务委员会第十四次会议《关于修改〈中华人民共和国电力法〉等六部法律的决定》第二次修正　2021 年 1 月 22 日第十三届全国人民代表大会常务委员会第二十五次会议第二次修订）

第一章　总　则

第一条　为了加强对动物防疫活动的管理，预防、控制、净化、消灭动物疫病，促进养殖业发展，防控人畜共患传染病，保障公共卫生安全和人体健康，制定本法。

第二条　本法适用于在中华人民共和国领域内的动物防疫及其监督管理活动。

进出境动物、动物产品的检疫，适用《中华人民共和国进出境动植物检疫法》。

第三条　本法所称动物，是指家畜家禽和人工饲养、捕获的其他动物。

本法所称动物产品，是指动物的肉、生皮、原毛、绒、脏器、脂、血液、精液、卵、胚胎、骨、蹄、头、角、筋以及可能传播动物疫病的奶、蛋等。

本法所称动物疫病，是指动物传染病，包括寄生虫病。

本法所称动物防疫，是指动物疫病的预防、控制、诊疗、净化、消灭和动物、动物产品的检疫，以及病死动物、病害动物产品的无害化处理。

第四条　根据动物疫病对养殖业生产和人体健康的危害程度，本法规定的动物疫病分为下列三类：

（一）一类疫病，是指口蹄疫、非洲猪瘟、高致病性禽流感等对人、动物构成特别严重危害，可能造成重大经济损失和社会影响，需要采取紧急、严厉的强制预防、控制等措施的；

（二）二类疫病，是指狂犬病、布鲁氏菌病、草鱼出血病等对人、动物构成严重危害，可能造成较大经济损失和社会影响，需要采取严格预防、控制等措施的；

（三）三类疫病，是指大肠杆菌病、禽结核病、鳖腮腺炎病等常见多发，对人、动物构成危害，可能造成一定程度的经济损失和社会影响，需要及时预防、控制的。

前款一二三类动物疫病具体病种名录由国务院农业农村主管部门制定并公布。国务院农业农村主管部门应当根据动物疫病发生、流行情况和危害程度，及时增加、减少或者调整一二三类动物疫病具体病种并予以公布。

人畜共患传染病名录由国务院农业农村主管部门会同国务院卫生健康、野生动物保护等主管部门制定并公布。

第五条 动物防疫实行预防为主，预防与控制、净化、消灭相结合的方针。

第六条 国家鼓励社会力量参与动物防疫工作。各级人民政府采取措施，支持单位和个人参与动物防疫的宣传教育、疫情报告、志愿服务和捐赠等活动。

第七条 从事动物饲养、屠宰、经营、隔离、运输以及动物产品生产、经营、加工、贮藏等活动的单位和个人，依照本法和国务院农业农村主管部门的规定，做好免疫、消毒、检测、隔离、净化、消灭、无害化处理等动物防疫工作，承担动物防疫相关责任。

第八条 县级以上人民政府对动物防疫工作实行统一领导，采取有效措施稳定基层机构队伍，加强动物防疫队伍建设，建立健全动物防疫体系，制定并组织实施动物疫病防治规划。

乡级人民政府、街道办事处组织群众做好本辖区的动物疫病预防与控制工作，村民委员会、居民委员会予以协助。

第九条 国务院农业农村主管部门主管全国的动物防疫工作。

县级以上地方人民政府农业农村主管部门主管本行政区域的动物防疫工作。

县级以上人民政府其他有关部门在各自职责范围内做好动物防疫工作。

军队动物卫生监督职能部门负责军队现役动物和饲养自用动物的防疫工作。

第十条 县级以上人民政府卫生健康主管部门和本级人民政府农业农村、野生动物保护等主管部门应当建立人畜共患传染病防治的协作机制。

国务院农业农村主管部门和海关总署等部门应当建立防止境外动物疫病输入的协作机制。

第十一条 县级以上地方人民政府的动物卫生监督机构依照本法规定，负责动物、动物产品的检疫工作。

第十二条　县级以上人民政府按照国务院的规定，根据统筹规划、合理布局、综合设置的原则建立动物疫病预防控制机构。

动物疫病预防控制机构承担动物疫病的监测、检测、诊断、流行病学调查、疫情报告以及其他预防、控制等技术工作；承担动物疫病净化、消灭的技术工作。

第十三条　国家鼓励和支持开展动物疫病的科学研究以及国际合作与交流，推广先进适用的科学研究成果，提高动物疫病防治的科学技术水平。

各级人民政府和有关部门、新闻媒体，应当加强对动物防疫法律法规和动物防疫知识的宣传。

第十四条　对在动物防疫工作、相关科学研究、动物疫情扑灭中做出贡献的单位和个人，各级人民政府和有关部门按照国家有关规定给予表彰、奖励。

有关单位应当依法为动物防疫人员缴纳工伤保险费。对因参与动物防疫工作致病、致残、死亡的人员，按照国家有关规定给予补助或者抚恤。

第二章　动物疫病的预防

第十五条　国家建立动物疫病风险评估制度。

国务院农业农村主管部门根据国内外动物疫情以及保护养殖业生产和人体健康的需要，及时会同国务院卫生健康等有关部门对动物疫病进行风险评估，并制定、公布动物疫病预防、控制、净化、消灭措施和技术规范。

省、自治区、直辖市人民政府农业农村主管部门会同本级人民政府卫生健康等有关部门开展本行政区域的动物疫病风险评估，并落实动物疫病预防、控制、净化、消灭措施。

第十六条　国家对严重危害养殖业生产和人体健康的动物疫病实施强制免疫。

国务院农业农村主管部门确定强制免疫的动物疫病病种和区域。

省、自治区、直辖市人民政府农业农村主管部门制定本行政区域的强制免疫计划；根据本行政区域动物疫病流行情况增加实施强制免疫的动物疫病病种和区域，报本级人民政府批准后执行，并报国务院农业农村主管部门备案。

第十七条　饲养动物的单位和个人应当履行动物疫病强制免疫义务，按照强制免疫计划和技术规范，对动物实施免疫接种，并按照国家有关规定建立免疫档案、加施畜禽标识，保证可追溯。

实施强制免疫接种的动物未达到免疫质量要求，实施补充免疫接种后仍不符合免疫质量要求的，有关单位和个人应当按照国家有关规定处理。

用于预防接种的疫苗应当符合国家质量标准。

第十八条　县级以上地方人民政府农业农村主管部门负责组织实施动物疫病强制免疫

计划，并对饲养动物的单位和个人履行强制免疫义务的情况进行监督检查。

乡级人民政府、街道办事处组织本辖区饲养动物的单位和个人做好强制免疫，协助做好监督检查；村民委员会、居民委员会协助做好相关工作。

县级以上地方人民政府农业农村主管部门应当定期对本行政区域的强制免疫计划实施情况和效果进行评估，并向社会公布评估结果。

第十九条 国家实行动物疫病监测和疫情预警制度。

县级以上人民政府建立健全动物疫病监测网络，加强动物疫病监测。

国务院农业农村主管部门会同国务院有关部门制定国家动物疫病监测计划。省、自治区、直辖市人民政府农业农村主管部门根据国家动物疫病监测计划，制定本行政区域的动物疫病监测计划。

动物疫病预防控制机构按照国务院农业农村主管部门的规定和动物疫病监测计划，对动物疫病的发生、流行等情况进行监测；从事动物饲养、屠宰、经营、隔离、运输以及动物产品生产、经营、加工、贮藏、无害化处理等活动的单位和个人不得拒绝或者阻碍。

国务院农业农村主管部门和省、自治区、直辖市人民政府农业农村主管部门根据对动物疫病发生、流行趋势的预测，及时发出动物疫情预警。地方各级人民政府接到动物疫情预警后，应当及时采取预防、控制措施。

第二十条 陆路边境省、自治区人民政府根据动物疫病防控需要，合理设置动物疫病监测站点，健全监测工作机制，防范境外动物疫病传入。

科技、海关等部门按照本法和有关法律法规的规定做好动物疫病监测预警工作，并定期与农业农村主管部门互通情况，紧急情况及时通报。

县级以上人民政府应当完善野生动物疫源疫病监测体系和工作机制，根据需要合理布局监测站点；野生动物保护、农业农村主管部门按照职责分工做好野生动物疫源疫病监测等工作，并定期互通情况，紧急情况及时通报。

第二十一条 国家支持地方建立无规定动物疫病区，鼓励动物饲养场建设无规定动物疫病生物安全隔离区。对符合国务院农业农村主管部门规定标准的无规定动物疫病区和无规定动物疫病生物安全隔离区，国务院农业农村主管部门验收合格予以公布，并对其维持情况进行监督检查。

省、自治区、直辖市人民政府制定并组织实施本行政区域的无规定动物疫病区建设方案。国务院农业农村主管部门指导跨省、自治区、直辖市无规定动物疫病区建设。

国务院农业农村主管部门根据行政区划、养殖屠宰产业布局、风险评估情况等对动物疫病实施分区防控，可以采取禁止或者限制特定动物、动物产品跨区域调运等措施。

第二十二条 国务院农业农村主管部门制定并组织实施动物疫病净化、消灭规划。

县级以上地方人民政府根据动物疫病净化、消灭规划，制定并组织实施本行政区域的动物疫病净化、消灭计划。

动物疫病预防控制机构按照动物疫病净化、消灭规划、计划，开展动物疫病净化技术指导、培训，对动物疫病净化效果进行监测、评估。

国家推进动物疫病净化，鼓励和支持饲养动物的单位和个人开展动物疫病净化。饲养动物的单位和个人达到国务院农业农村主管部门规定的净化标准的，由省级以上人民政府农业农村主管部门予以公布。

第二十三条 种用、乳用动物应当符合国务院农业农村主管部门规定的健康标准。

饲养种用、乳用动物的单位和个人，应当按照国务院农业农村主管部门的要求，定期开展动物疫病检测；检测不合格的，应当按照国家有关规定处理。

第二十四条 动物饲养场和隔离场所、动物屠宰加工场所以及动物和动物产品无害化处理场所，应当符合下列动物防疫条件：

（一）场所的位置与居民生活区、生活饮用水水源地、学校、医院等公共场所的距离符合国务院农业农村主管部门的规定；

（二）生产经营区域封闭隔离，工程设计和有关流程符合动物防疫要求；

（三）有与其规模相适应的污水、污物处理设施，病死动物、病害动物产品无害化处理设施设备或者冷藏冷冻设施设备，以及清洗消毒设施设备；

（四）有与其规模相适应的执业兽医或者动物防疫技术人员；

（五）有完善的隔离消毒、购销台账、日常巡查等动物防疫制度；

（六）具备国务院农业农村主管部门规定的其他动物防疫条件。

动物和动物产品无害化处理场所除应当符合前款规定的条件外，还应当具有病原检测设备、检测能力和符合动物防疫要求的专用运输车辆。

第二十五条 国家实行动物防疫条件审查制度。

开办动物饲养场和隔离场所、动物屠宰加工场所以及动物和动物产品无害化处理场所，应当向县级以上地方人民政府农业农村主管部门提出申请，并附具相关材料。受理申请的农业农村主管部门应当依照本法和《中华人民共和国行政许可法》的规定进行审查。经审查合格的，发给动物防疫条件合格证；不合格的，应当通知申请人并说明理由。

动物防疫条件合格证应当载明申请人的名称（姓名）、场（厂）址、动物（动物产品）种类等事项。

第二十六条 经营动物、动物产品的集贸市场应当具备国务院农业农村主管部门规定的动物防疫条件，并接受农业农村主管部门的监督检查。具体办法由国务院农业农村主管部门制定。

县级以上地方人民政府应当根据本地情况，决定在城市特定区域禁止家畜家禽活体交易。

第二十七条 动物、动物产品的运载工具、垫料、包装物、容器等应当符合国务院农业农村主管部门规定的动物防疫要求。

染疫动物及其排泄物、染疫动物产品，运载工具中的动物排泄物以及垫料、包装物、容器等被污染的物品，应当按照国家有关规定处理，不得随意处置。

第二十八条 采集、保存、运输动物病料或者病原微生物以及从事病原微生物研究、教学、检测、诊断等活动，应当遵守国家有关病原微生物实验室管理的规定。

第二十九条 禁止屠宰、经营、运输下列动物和生产、经营、加工、贮藏、运输下列动物产品：

（一）封锁疫区内与所发生动物疫病有关的；

（二）疫区内易感染的；

（三）依法应当检疫而未经检疫或者检疫不合格的；

（四）染疫或者疑似染疫的；

（五）病死或者死因不明的；

（六）其他不符合国务院农业农村主管部门有关动物防疫规定的。

因实施集中无害化处理需要暂存、运输动物和动物产品并按照规定采取防疫措施的，不适用前款规定。

第三十条 单位和个人饲养犬只，应当按照规定定期免疫接种狂犬病疫苗，凭动物诊疗机构出具的免疫证明向所在地养犬登记机关申请登记。

携带犬只出户的，应当按照规定佩戴犬牌并采取系犬绳等措施，防止犬只伤人、疫病传播。

街道办事处、乡级人民政府组织协调居民委员会、村民委员会，做好本辖区流浪犬、猫的控制和处置，防止疫病传播。

县级人民政府和乡级人民政府、街道办事处应当结合本地实际，做好农村地区饲养犬只的防疫管理工作。

饲养犬只防疫管理的具体办法，由省、自治区、直辖市制定。

第三章 动物疫情的报告、通报和公布

第三十一条 从事动物疫病监测、检测、检验检疫、研究、诊疗以及动物饲养、屠宰、经营、隔离、运输等活动的单位和个人，发现动物染疫或者疑似染疫的，应当立即向所在地农业农村主管部门或者动物疫病预防控制机构报告，并迅速采取隔离等控制措施，防止动物疫情

扩散。其他单位和个人发现动物染疫或者疑似染疫的,应当及时报告。

接到动物疫情报告的单位,应当及时采取临时隔离控制等必要措施,防止延误防控时机,并及时按照国家规定的程序上报。

第三十二条 动物疫情由县级以上人民政府农业农村主管部门认定;其中重大动物疫情由省、自治区、直辖市人民政府农业农村主管部门认定,必要时报国务院农业农村主管部门认定。

本法所称重大动物疫情,是指一、二、三类动物疫病突然发生,迅速传播,给养殖业生产安全造成严重威胁、危害,以及可能对公众身体健康与生命安全造成危害的情形。

在重大动物疫情报告期间,必要时,所在地县级以上地方人民政府可以作出封锁决定并采取扑杀、销毁等措施。

第三十三条 国家实行动物疫情通报制度。

国务院农业农村主管部门应当及时向国务院卫生健康等有关部门和军队有关部门以及省、自治区、直辖市人民政府农业农村主管部门通报重大动物疫情的发生和处置情况。

海关发现进出境动物和动物产品染疫或者疑似染疫的,应当及时处置并向农业农村主管部门通报。

县级以上地方人民政府野生动物保护主管部门发现野生动物染疫或者疑似染疫的,应当及时处置并向本级人民政府农业农村主管部门通报。

国务院农业农村主管部门应当依照我国缔结或者参加的条约、协定,及时向有关国际组织或者贸易方通报重大动物疫情的发生和处置情况。

第三十四条 发生人畜共患传染病疫情时,县级以上人民政府农业农村主管部门与本级人民政府卫生健康、野生动物保护等主管部门应当及时相互通报。

发生人畜共患传染病时,卫生健康主管部门应当对疫区易感染的人群进行监测,并应当依照《中华人民共和国传染病防治法》的规定及时公布疫情,采取相应的预防、控制措施。

第三十五条 患有人畜共患传染病的人员不得直接从事动物疫病监测、检测、检验检疫、诊疗以及易感染动物的饲养、屠宰、经营、隔离、运输等活动。

第三十六条 国务院农业农村主管部门向社会及时公布全国动物疫情,也可以根据需要授权省、自治区、直辖市人民政府农业农村主管部门公布本行政区域的动物疫情。其他单位和个人不得发布动物疫情。

第三十七条 任何单位和个人不得瞒报、谎报、迟报、漏报动物疫情,不得授意他人瞒报、谎报、迟报动物疫情,不得阻碍他人报告动物疫情。

第四章 动物疫病的控制

第三十八条 发生一类动物疫病时,应当采取下列控制措施:

（一）所在地县级以上地方人民政府农业农村主管部门应当立即派人到现场，划定疫点、疫区、受威胁区，调查疫源，及时报请本级人民政府对疫区实行封锁。疫区范围涉及两个以上行政区域的，由有关行政区域共同的上一级人民政府对疫区实行封锁，或者由各有关行政区域的上一级人民政府共同对疫区实行封锁。必要时，上级人民政府可以责成下级人民政府对疫区实行封锁；

（二）县级以上地方人民政府应当立即组织有关部门和单位采取封锁、隔离、扑杀、销毁、消毒、无害化处理、紧急免疫接种等强制性措施；

（三）在封锁期间，禁止染疫、疑似染疫和易感染的动物、动物产品流出疫区，禁止非疫区的易感染动物进入疫区，并根据需要对出入疫区的人员、运输工具及有关物品采取消毒和其他限制性措施。

第三十九条 发生二类动物疫病时，应当采取下列控制措施：

（一）所在地县级以上地方人民政府农业农村主管部门应当划定疫点、疫区、受威胁区；

（二）县级以上地方人民政府根据需要组织有关部门和单位采取隔离、扑杀、销毁、消毒、无害化处理、紧急免疫接种、限制易感染的动物和动物产品及有关物品出入等措施。

第四十条 疫点、疫区、受威胁区的撤销和疫区封锁的解除，

按照国务院农业农村主管部门规定的标准和程序评估后，由原决定机关决定并宣布。

第四十一条 发生三类动物疫病时，所在地县级、乡级人民政府应当按照国务院农业农村主管部门的规定组织防治。

第四十二条 二、三类动物疫病呈暴发性流行时，按照一类动物疫病处理。

第四十三条 疫区内有关单位和个人，应当遵守县级以上人民政府及其农业农村主管部门依法作出的有关控制动物疫病的规定。

任何单位和个人不得藏匿、转移、盗掘已被依法隔离、封存、处理的动物和动物产品。

第四十四条 发生动物疫情时，航空、铁路、道路、水路运输企业应当优先组织运送防疫人员和物资。

第四十五条 国务院农业农村主管部门根据动物疫病的性质、特点和可能造成的社会危害，制定国家重大动物疫情应急预案报国务院批准，并按照不同动物疫病病种、流行特点和危害程度，分别制定实施方案。

县级以上地方人民政府根据上级重大动物疫情应急预案和本地区的实际情况，制定本行政区域的重大动物疫情应急预案，报上一级人民政府农业农村主管部门备案，并抄送上一级人民政府应急管理部门。县级以上地方人民政府农业农村主管部门按照不同动物疫病病种、流行特点和危害程度，分别制定实施方案。

重大动物疫情应急预案和实施方案根据疫情状况及时调整。

第四十六条 发生重大动物疫情时,国务院农业农村主管部门负责划定动物疫病风险区,禁止或者限制特定动物、动物产品由高风险区向低风险区调运。

第四十七条 发生重大动物疫情时,依照法律和国务院的规定以及应急预案采取应急处置措施。

第五章 动物和动物产品的检疫

第四十八条 动物卫生监督机构依照本法和国务院农业农村主管部门的规定对动物、动物产品实施检疫。

动物卫生监督机构的官方兽医具体实施动物、动物产品检疫。

第四十九条 屠宰、出售或者运输动物以及出售或者运输动物产品前,货主应当按照国务院农业农村主管部门的规定向所在地动物卫生监督机构申报检疫。

动物卫生监督机构接到检疫申报后,应当及时指派官方兽医对动物、动物产品实施检疫;检疫合格的,出具检疫证明、加施检疫标志。实施检疫的官方兽医应当在检疫证明、检疫标志上签字或者盖章,并对检疫结论负责。

动物饲养场、屠宰企业的执业兽医或者动物防疫技术人员,应当协助官方兽医实施检疫。

第五十条 因科研、药用、展示等特殊情形需要非食用性利用的野生动物,应当按照国家有关规定报动物卫生监督机构检疫,检疫合格的,方可利用。

人工捕获的野生动物,应当按照国家有关规定报捕获地动物卫生监督机构检疫,检疫合格的,方可饲养、经营和运输。

国务院农业农村主管部门会同国务院野生动物保护主管部门制定野生动物检疫办法。

第五十一条 屠宰、经营、运输的动物,以及用于科研、展示、演出和比赛等非食用性利用的动物,应当附有检疫证明;经营和运输的动物产品,应当附有检疫证明、检疫标志。

第五十二条 经航空、铁路、道路、水路运输动物和动物产品的,托运人托运时应当提供检疫证明;没有检疫证明的,承运人不得承运。

进出口动物和动物产品,承运人凭进口报关单证或者海关签发的检疫单证运递。

从事动物运输的单位、个人以及车辆,应当向所在地县级人民政府农业农村主管部门备案,妥善保存行程路线和托运人提供的动物名称、检疫证明编号、数量等信息。具体办法由国务院农业农村主管部门制定。

运载工具在装载前和卸载后应当及时清洗、消毒。

第五十三条 省、自治区、直辖市人民政府确定并公布道路

运输的动物进入本行政区域的指定通道,设置引导标志。跨省、自治区、直辖市通过道

路运输动物的，应当经省、自治区、直辖市人民政府设立的指定通道入省境或者过省境。

第五十四条 输入到无规定动物疫病区的动物、动物产品，货主应当按照国务院农业农村主管部门的规定向无规定动物疫病区所在地动物卫生监督机构申报检疫，经检疫合格的，方可进入。

第五十五条 跨省、自治区、直辖市引进的种用、乳用动物到达输入地后，货主应当按照国务院农业农村主管部门的规定对引进的种用、乳用动物进行隔离观察。

第五十六条 经检疫不合格的动物、动物产品，货主应当在农业农村主管部门的监督下按照国家有关规定处理，处理费用由货主承担。

第六章 病死动物和病害动物产品的无害化处理

第五十七条 从事动物饲养、屠宰、经营、隔离以及动物产品生产、经营、加工、贮藏等活动的单位和个人，应当按照国家有关规定做好病死动物、病害动物产品的无害化处理，或者委托动物和动物产品无害化处理场所处理。

从事动物、动物产品运输的单位和个人，应当配合做好病死动物和病害动物产品的无害化处理，不得在途中擅自弃置和处理有关动物和动物产品。

任何单位和个人不得买卖、加工、随意弃置病死动物和病害动物产品。

动物和动物产品无害化处理管理办法由国务院农业农村、野生动物保护主管部门按照职责制定。

第五十八条 在江河、湖泊、水库等水域发现的死亡畜禽，由所在地县级人民政府组织收集、处理并溯源。

在城市公共场所和乡村发现的死亡畜禽，由所在地街道办事处、乡级人民政府组织收集、处理并溯源。

在野外环境发现的死亡野生动物，由所在地野生动物保护主管部门收集、处理。

第五十九条 省、自治区、直辖市人民政府制定动物和动物产品集中无害化处理场所建设规划，建立政府主导、市场运作的无害化处理机制。

第六十条 各级财政对病死动物无害化处理提供补助。具体补助标准和办法由县级以上人民政府财政部门会同本级人民政府农业农村、野生动物保护等有关部门制定。

第七章 动物诊疗

第六十一条 从事动物诊疗活动的机构，应当具备下列条件：

（一）有与动物诊疗活动相适应并符合动物防疫条件的场所；

（二）有与动物诊疗活动相适应的执业兽医；

（三）有与动物诊疗活动相适应的兽医器械和设备；

（四）有完善的管理制度。

动物诊疗机构包括动物医院、动物诊所以及其他提供动物诊疗服务的机构。

第六十二条 从事动物诊疗活动的机构，应当向县级以上地方人民政府农业农村主管部门申请动物诊疗许可证。受理申请的农业农村主管部门应当依照本法和《中华人民共和国行政许可法》的规定进行审查。经审查合格的，发给动物诊疗许可证；不合格的，应当通知申请人并说明理由。

第六十三条 动物诊疗许可证应当载明诊疗机构名称、诊疗活动范围、从业地点和法定代表人（负责人）等事项。

动物诊疗许可证载明事项变更的，应当申请变更或者换发动物诊疗许可证。

第六十四条 动物诊疗机构应当按照国务院农业农村主管部门的规定，做好诊疗活动中的卫生安全防护、消毒、隔离和诊疗废弃物处置等工作。

第六十五条 从事动物诊疗活动，应当遵守有关动物诊疗的操作技术规范，使用符合规定的兽药和兽医器械。

兽药和兽医器械的管理办法由国务院规定。

第八章 兽医管理

第六十六条 国家实行官方兽医任命制度。

官方兽医应当具备国务院农业农村主管部门规定的条件，由省、自治区、直辖市人民政府农业农村主管部门按照程序确认，由所在地县级以上人民政府农业农村主管部门任命。具体办法由国务院农业农村主管部门制定。

海关的官方兽医应当具备规定的条件，由海关总署任命。具体办法由海关总署会同国务院农业农村主管部门制定。

第六十七条 官方兽医依法履行动物、动物产品检疫职责，任何单位和个人不得拒绝或者阻碍。

第六十八条 县级以上人民政府农业农村主管部门制定官方兽医培训计划，提供培训条件，定期对官方兽医进行培训和考核。

第六十九条 国家实行执业兽医资格考试制度。具有兽医相关专业大学专科以上学历的人员或者符合条件的乡村兽医，通过执业兽医资格考试的，由省、自治区、直辖市人民政府农业农村主管部门颁发执业兽医资格证书；从事动物诊疗等经营活动的，还应当向所在地县级人民政府农业农村主管部门备案。

执业兽医资格考试办法由国务院农业农村主管部门商国务院人力资源主管部门制定。

第七十条 执业兽医开具兽医处方应当亲自诊断,并对诊断结论负责。

国家鼓励执业兽医接受继续教育。执业兽医所在机构应当支持执业兽医参加继续教育。

第七十一条 乡村兽医可以在乡村从事动物诊疗活动。具体管理办法由国务院农业农村主管部门制定。

第七十二条 执业兽医、乡村兽医应当按照所在地人民政府和农业农村主管部门的要求,参加动物疫病预防、控制和动物疫情扑灭等活动。

第七十三条 兽医行业协会提供兽医信息、技术、培训等服务,维护成员合法权益,按照章程建立健全行业规范和奖惩机制,加强行业自律,推动行业诚信建设,宣传动物防疫和兽医知识。

第九章 监督管理

第七十四条 县级以上地方人民政府农业农村主管部门依照本法规定,对动物饲养、屠宰、经营、隔离、运输以及动物产品生产、经营、加工、贮藏、运输等活动中的动物防疫实施监督管理。

第七十五条 为控制动物疫病,县级人民政府农业农村主管部门应当派人在所在地依法设立的现有检查站执行监督检查任务;必要时,经省、自治区、直辖市人民政府批准,可以设立临时性的动物防疫检查站,执行监督检查任务。

第七十六条 县级以上地方人民政府农业农村主管部门执行监督检查任务,可以采取下列措施,有关单位和个人不得拒绝或者阻碍:

(一)对动物、动物产品按照规定采样、留验、抽检;

(二)对染疫或者疑似染疫的动物、动物产品及相关物品进行隔离、查封、扣押和处理;

(三)对依法应当检疫而未经检疫的动物和动物产品,具备补检条件的实施补检,不具备补检条件的予以收缴销毁;

(四)查验检疫证明、检疫标志和畜禽标识;

(五)进入有关场所调查取证,查阅、复制与动物防疫有关的资料。

县级以上地方人民政府农业农村主管部门根据动物疫病预防、控制需要,经所在地县级以上地方人民政府批准,可以在车站、港口、机场等相关场所派驻官方兽医或者工作人员。

第七十七条 执法人员执行动物防疫监督检查任务,应当出示行政执法证件,佩带统一标志。

县级以上人民政府农业农村主管部门及其工作人员不得从事与动物防疫有关的经营性活动,进行监督检查不得收取任何费用。

第七十八条 禁止转让、伪造或者变造检疫证明、检疫标志或者畜禽标识。

禁止持有、使用伪造或者变造的检疫证明、检疫标志或者畜禽标识。

检疫证明、检疫标志的管理办法由国务院农业农村主管部门制定。

第十章 保障措施

第七十九条 县级以上人民政府应当将动物防疫工作纳入本级国民经济和社会发展规划及年度计划。

第八十条 国家鼓励和支持动物防疫领域新技术、新设备、新产品等科学技术研究开发。

第八十一条 县级人民政府应当为动物卫生监督机构配备与动物、动物产品检疫工作相适应的官方兽医，保障检疫工作条件。

县级人民政府农业农村主管部门可以根据动物防疫工作需要，向乡、镇或者特定区域派驻兽医机构或者工作人员。

第八十二条 国家鼓励和支持执业兽医、乡村兽医和动物诊疗机构开展动物防疫和疫病诊疗活动；鼓励养殖企业、兽药及饲料生产企业组建动物防疫服务团队，提供防疫服务。地方人民政府组织村级防疫员参加动物疫病防治工作的，应当保障村级防疫员合理劳务报酬。

第八十三条 县级以上人民政府按照本级政府职责，将动物疫病的监测、预防、控制、净化、消灭，动物、动物产品的检疫和病死动物的无害化处理，以及监督管理所需经费纳入本级预算。

第八十四条 县级以上人民政府应当储备动物疫情应急处置所需的防疫物资。

第八十五条 对在动物疫病预防、控制、净化、消灭过程中强制扑杀的动物、销毁的动物产品和相关物品，县级以上人民政府给予补偿。具体补偿标准和办法由国务院财政部门会同有关部门制定。

第八十六条 对从事动物疫病预防、检疫、监督检查、现场处理疫情以及在工作中接触动物疫病病原体的人员，有关单位按照国家规定，采取有效的卫生防护、医疗保健措施，给予畜牧兽医医疗卫生津贴等相关待遇。

第十一章 法律责任

第八十七条 地方各级人民政府及其工作人员未依照本法规定履行职责的，对直接负责的主管人员和其他直接责任人员依法给予处分。

第八十八条 县级以上人民政府农业农村主管部门及其工作人员违反本法规定，有下列行为之一的，由本级人民政府责令改正，通报批评；对直接负责的主管人员和其他直接责任人员依法给予处分：

（一）未及时采取预防、控制、扑灭等措施的；

（二）对不符合条件的颁发动物防疫条件合格证、动物诊疗许可证，或者对符合条件的拒不颁发动物防疫条件合格证、动物诊疗许可证的；

（三）从事与动物防疫有关的经营性活动，或者违法收取费用的；

（四）其他未依照本法规定履行职责的行为。

第八十九条 动物卫生监督机构及其工作人员违反本法规定，有下列行为之一的，由本级人民政府或者农业农村主管部门责令改正，通报批评；对直接负责的主管人员和其他直接责任人员依法给予处分：

（一）对未经检疫或者检疫不合格的动物、动物产品出具检疫证明、加施检疫标志，或者对检疫合格的动物、动物产品拒不出具检疫证明、加施检疫标志的；

（二）对附有检疫证明、检疫标志的动物、动物产品重复检疫的；

（三）从事与动物防疫有关的经营性活动，或者违法收取费用的；

（四）其他未依照本法规定履行职责的行为。

第九十条 动物疫病预防控制机构及其工作人员违反本法规定，有下列行为之一的，由本级人民政府或者农业农村主管部门责令改正，通报批评；对直接负责的主管人员和其他直接责任人员依法给予处分：

（一）未履行动物疫病监测、检测、评估职责或者伪造监测、检测、评估结果的；

（二）发生动物疫情时未及时进行诊断、调查的；

（三）接到染疫或者疑似染疫报告后，未及时按照国家规定采取措施、上报的；

（四）其他未依照本法规定履行职责的行为。

第九十一条 地方各级人民政府、有关部门及其工作人员瞒报、谎报、迟报、漏报或者授意他人瞒报、谎报、迟报动物疫情，或者阻碍他人报告动物疫情的，由上级人民政府或者有关部门责令改正，通报批评；对直接负责的主管人员和其他直接责任人员依法给予处分。

第九十二条 违反本法规定，有下列行为之一的，由县级以上地方人民政府农业农村主管部门责令限期改正，可以处一千元以下罚款；逾期不改正的，处一千元以上五千元以下罚款，由县级以上地方人民政府农业农村主管部门委托动物诊疗机构、无害化处理场所等代为处理，所需费用由违法行为人承担：

（一）对饲养的动物未按照动物疫病强制免疫计划或者免疫技术规范实施免疫接种的；

（二）对饲养的种用、乳用动物未按照国务院农业农村主管部门的要求定期开展疫病检测，或者经检测不合格而未按照规定处理的；

（三）对饲养的犬只未按照规定定期进行狂犬病免疫接种的；

（四）动物、动物产品的运载工具在装载前和卸载后未按照规定及时清洗、消毒的。

第九十三条 违反本法规定，对经强制免疫的动物未按照规定建立免疫档案，或者未按照规定加施畜禽标识的，依照《中华人民共和国畜牧法》的有关规定处罚。

第九十四条 违反本法规定，动物、动物产品的运载工具、垫料、包装物、容器等不符合国务院农业农村主管部门规定的动物防疫要求的，由县级以上地方人民政府农业农村主管部门责令改正，可以处五千元以下罚款；情节严重的，处五千元以上五万元以下罚款。

第九十五条 违反本法规定，对染疫动物及其排泄物、染疫动物产品或者被染疫动物、动物产品污染的运载工具、垫料、包装物、容器等未按照规定处置的，由县级以上地方人民政府农业农村主管部门责令限期处理；逾期不处理的，由县级以上地方人民政府农业农村主管部门委托有关单位代为处理，所需费用由违法行为人承担，处五千元以上五万元以下罚款。

造成环境污染或者生态破坏的，依照环境保护有关法律法规进行处罚。

第九十六条 违反本法规定，患有人畜共患传染病的人员，直接从事动物疫病监测、检测、检验检疫，动物诊疗以及易感染动物的饲养、屠宰、经营、隔离、运输等活动的，由县级以上地方人民政府农业农村或者野生动物保护主管部门责令改正；拒不改正的，处一千元以上一万元以下罚款；情节严重的，处一万元以上五万元以下罚款。

第九十七条 违反本法第二十九条规定，屠宰、经营、运输动物或者生产、经营、加工、贮藏、运输动物产品的，由县级以上地方人民政府农业农村主管部门责令改正、采取补救措施，没收违法所得、动物和动物产品，并处同类检疫合格动物、动物产品货值金额十五倍以上三十倍以下罚款；同类检疫合格动物、动物产品货值金额不足一万元的，并处五万元以上十五万元以下罚款；其中依法应当检疫而未检疫的，依照本法第一百条的规定处罚。

前款规定的违法行为人及其法定代表人（负责人）、直接负责的主管人员和其他直接责任人员，自处罚决定作出之日起五年内不得从事相关活动；构成犯罪的，终身不得从事屠宰、经营、运输动物或者生产、经营、加工、贮藏、运输动物产品等相关活动。

第九十八条 违反本法规定，有下列行为之一的，由县级以上地方人民政府农业农村主管部门责令改正，处三千元以上三万元以下罚款；情节严重的，责令停业整顿，并处三万元以上十万元以下罚款：

（一）开办动物饲养场和隔离场所、动物屠宰加工场所以及动物和动物产品无害化处理场所，未取得动物防疫条件合格证的；

（二）经营动物、动物产品的集贸市场不具备国务院农业农村主管部门规定的防疫条件的；

（三）未经备案从事动物运输的；

（四）未按照规定保存行程路线和托运人提供的动物名称、检疫证明编号、数量等信息的；

（五）未经检疫合格，向无规定动物疫病区输入动物、动物产品的；

（六）跨省、自治区、直辖市引进种用、乳用动物到达输入地后未按照规定进行隔离观察的；

（七）未按照规定处理或者随意弃置病死动物、病害动物产品的；

（八）饲养种用、乳用动物的单位和个人，未按照国务院农业农村主管部门的要求定期开展动物疫病检测的。

第九十九条 动物饲养场和隔离场所、动物屠宰加工场所以及动物和动物产品无害化处理场所，生产经营条件发生变化，不再符合本法第二十四条规定的动物防疫条件继续从事相关活动的，由县级以上地方人民政府农业农村主管部门给予警告，责令限期改正；逾期仍达不到规定条件的，吊销动物防疫条件合格证，并通报市场监督管理部门依法处理。

第一百条 违反本法规定，屠宰、经营、运输的动物未附有检疫证明，经营和运输的动物产品未附有检疫证明、检疫标志的，由县级以上地方人民政府农业农村主管部门责令改正，处同类检疫合格动物、动物产品货值金额一倍以下罚款；对货主以外的承运人处运输费用三倍以上五倍以下罚款，情节严重的，处五倍以上十倍以下罚款。

违反本法规定，用于科研、展示、演出和比赛等非食用性利用的动物未附有检疫证明的，由县级以上地方人民政府农业农村主管部门责令改正，处三千元以上一万元以下罚款。

第一百零一条 违反本法规定，将禁止或者限制调运的特定动物、动物产品由动物疫病高风险区调入低风险区的，由县级以上地方人民政府农业农村主管部门没收运输费用、违法运输的动物和动物产品，并处运输费用一倍以上五倍以下罚款。

第一百零二条 违反本法规定，通过道路跨省、自治区、直辖市运输动物，未经省、自治区、直辖市人民政府设立的指定通道入省境或者过省境的，由县级以上地方人民政府农业农村主管部门对运输人处五千元以上一万元以下罚款；情节严重的，处一万元以上五万元以下罚款。

第一百零三条 违反本法规定，转让、伪造或者变造检疫证明、检疫标志或者畜禽标识的，由县级以上地方人民政府农业农村主管部门没收违法所得和检疫证明、检疫标志、畜禽标识，并处五千元以上五万元以下罚款。

持有、使用伪造或者变造的检疫证明、检疫标志或者畜禽标识的，由县级以上人民政府农业农村主管部门没收检疫证明、检疫标志、畜禽标识和对应的动物、动物产品，并处三千元以上三万元以下罚款。

第一百零四条 违反本法规定，有下列行为之一的，由县级以上地方人民政府农业农村

主管部门责令改正,处三千元以上三万元以下罚款:

(一)擅自发布动物疫情的;

(二)不遵守县级以上人民政府及其农业农村主管部门依法作出的有关控制动物疫病规定的;

(三)藏匿、转移、盗掘已被依法隔离、封存、处理的动物和动物产品的。

第一百零五条 违反本法规定,未取得动物诊疗许可证从事动物诊疗活动的,由县级以上地方人民政府农业农村主管部门责令停止诊疗活动,没收违法所得,并处违法所得一倍以上三倍以下罚款;违法所得不足三万元的,并处三千元以上三万元以下罚款。

动物诊疗机构违反本法规定,未按照规定实施卫生安全防护、消毒、隔离和处置诊疗废弃物的,由县级以上地方人民政府农业农村主管部门责令改正,处一千元以上一万元以下罚款;造成动物疫病扩散的,处一万元以上五万元以下罚款;情节严重的,吊销动物诊疗许可证。

第一百零六条 违反本法规定,未经执业兽医备案从事经营性动物诊疗活动的,由县级以上地方人民政府农业农村主管部门责令停止动物诊疗活动,没收违法所得,并处三千元以上三万元以下罚款;对其所在的动物诊疗机构处一万元以上五万元以下罚款。

执业兽医有下列行为之一的,由县级以上地方人民政府农业农村主管部门给予警告,责令暂停六个月以上一年以下动物诊疗活动;情节严重的,吊销执业兽医资格证书:

(一)违反有关动物诊疗的操作技术规范,造成或者可能造成动物疫病传播、流行的;

(二)使用不符合规定的兽药和兽医器械的;

(三)未按照当地人民政府或者农业农村主管部门要求参加动物疫病预防、控制和动物疫情扑灭活动的。

第一百零七条 违反本法规定,生产经营兽医器械,产品质量不符合要求的,由县级以上地方人民政府农业农村主管部门责令限期整改;情节严重的,责令停业整顿,并处二万元以上十万元以下罚款。

第一百零八条 违反本法规定,从事动物疫病研究、诊疗和动物饲养、屠宰、经营、隔离、运输,以及动物产品生产、经营、加工、贮藏、无害化处理等活动的单位和个人,有下列行为之一的,由县级以上地方人民政府农业农村主管部门责令改正,可以处一万元以下罚款;拒不改正的,处一万元以上五万元以下罚款,并可以责令停业整顿:

(一)发现动物染疫、疑似染疫未报告,或者未采取隔离等控制措施的;

(二)不如实提供与动物防疫有关的资料的;

(三)拒绝或者阻碍农业农村主管部门进行监督检查的;

(四)拒绝或者阻碍动物疫病预防控制机构进行动物疫病监测、检测、评估的;

(五)拒绝或者阻碍官方兽医依法履行职责的。

第一百零九条 违反本法规定,造成人畜共患传染病传播、流行的,依法从重给予处分、处罚。

违反本法规定,构成违反治安管理行为的,依法给予治安管理处罚;构成犯罪的,依法追究刑事责任。

违反本法规定,给他人人身、财产造成损害的,依法承担民事责任。

第十二章 附 则

第一百一十条 本法下列用语的含义:

(一)无规定动物疫病区,是指具有天然屏障或者采取人工措施,在一定期限内没有发生规定的一种或者几种动物疫病,并经验收合格的区域;

(二)无规定动物疫病生物安全隔离区,是指处于同一生物安全管理体系下,在一定期限内没有发生规定的一种或者几种动物疫病的若干动物饲养场及其辅助生产场所构成的,并经验收合格的特定小型区域;

(三)病死动物,是指染疫死亡、因病死亡、死因不明或者经检验检疫可能危害人体或者动物健康的死亡动物;

(四)病害动物产品,是指来源于病死动物的产品,或者经检验检疫可能危害人体或者动物健康的动物产品。

第一百一十一条 境外无规定动物疫病区和无规定动物疫病生物安全隔离区的无疫等效性评估,参照本法有关规定执行。

第一百一十二条 实验动物防疫有特殊要求的,按照实验动物管理的有关规定执行。

第一百一十三条 本法自2021年5月1日起施行。

附录二　生猪屠宰管理条例

（1997 年 12 月 19 日中华人民共和国国务院令第 238 号公布　2008 年 5 月 25 日中华人民共和国国务院令第 525 号第一次修订　根据 2011 年 1 月 8 日《国务院关于废止和修改部分行政法规的决定》第二次修订　根据 2016 年 2 月 6 日《国务院关于修改部分行政法规的决定》第三次修订　2021 年 6 月 25 日中华人民共和国国务院令第 742 号第四次修订）。

第一章　总　则

第一条　为了加强生猪屠宰管理，保证生猪产品质量安全，保障人民身体健康，制定本条例。

第二条　国家实行生猪定点屠宰、集中检疫制度。除农村地区个人自宰自食的不实行定点屠宰外，任何单位和个人未经定点不得从事生猪屠宰活动。

在边远和交通不便的农村地区，可以设置仅限于向本地市场供应生猪产品的小型生猪屠宰场点，具体管理办法由省、自治区、直辖市制定。

第三条　国务院农业农村主管部门负责全国生猪屠宰的行业管理工作。县级以上地方人民政府农业农村主管部门负责本行政区域内生猪屠宰活动的监督管理。

县级以上人民政府有关部门在各自职责范围内负责生猪屠宰活动的相关管理工作。

第四条　县级以上地方人民政府应当加强对生猪屠宰监督管理工作的领导，及时协调、解决生猪屠宰监督管理工作中的重大问题。

乡镇人民政府、街道办事处应当加强生猪定点屠宰的宣传教育，协助做好生猪屠宰监督管理工作。

第五条　国家鼓励生猪养殖、屠宰、加工、配送、销售一体化发展，推行标准化屠宰，支持建设冷链流通和配送体系。

第六条　国家根据生猪定点屠宰厂（场）的规模、生产和技术条件以及质量安全管理状况，推行生猪定点屠宰厂（场）分级管理制度，鼓励、引导、扶持生猪定点屠宰厂（场）改善生产和技术条件，加强质量安全管理，提高生猪产品质量安全水平。生猪定点屠宰厂（场）分级管理的具体办法由国务院农业农村主管部门制定。

第七条　县级以上人民政府农业农村主管部门应当建立生猪定点屠宰厂（场）信用档案，记录日常监督检查结果、违法行为查处等情况，并依法向社会公示。

第二章　生猪定点屠宰

第八条　省、自治区、直辖市人民政府农业农村主管部门会同生态环境主管部门以及其他有关部门，按照科学布局、集中屠宰、有利流通、方便群众的原则，结合生猪养殖、动物疫病防控和生猪产品消费实际情况制订生猪屠宰行业发展规划，报本级人民政府批准后实施。

生猪屠宰行业发展规划应当包括发展目标、屠宰厂(场)设置、政策措施等内容。

第九条　生猪定点屠宰厂(场)由设区的市级人民政府根据生猪屠宰行业发展规划，组织农业农村、生态环境主管部门以及其他有关部门，依照本条例规定的条件进行审查，经征求省、自治区、直辖市人民政府农业农村主管部门的意见确定，并颁发生猪定点屠宰证书和生猪定点屠宰标志牌。

生猪定点屠宰证书应当载明屠宰厂(场)名称、生产地址和法定代表人(负责人)等事项。

生猪定点屠宰厂(场)变更生产地址的，应当依照本条例的规定，重新申请生猪定点屠宰证书；变更屠宰厂(场)名称、法定代表人(负责人)的，应当在市场监督管理部门办理变更登记手续后15个工作日内，向原发证机关办理变更生猪定点屠宰证书。

设区的市级人民政府应当将其确定的生猪定点屠宰厂(场)名单及时向社会公布，并报省、自治区、直辖市人民政府备案。

第十条　生猪定点屠宰厂(场)应当将生猪定点屠宰标志牌悬挂于厂(场)区的显著位置。

生猪定点屠宰证书和生猪定点屠宰标志牌不得出借、转让。任何单位和个人不得冒用或者使用伪造的生猪定点屠宰证书和生猪定点屠宰标志牌。

第十一条　生猪定点屠宰厂(场)应当具备下列条件：

(一)有与屠宰规模相适应、水质符合国家规定标准的水源条件；

(二)有符合国家规定要求的待宰间、屠宰间、急宰间、检验室以及生猪屠宰设备和运载工具；

(三)有依法取得健康证明的屠宰技术人员；

(四)有经考核合格的兽医卫生检验人员；

(五)有符合国家规定要求的检验设备、消毒设施以及符合环境保护要求的污染防治设施；

(六)有病害生猪及生猪产品无害化处理设施或者无害化处理委托协议；

(七)依法取得动物防疫条件合格证。

第十二条 生猪定点屠宰厂(场)屠宰的生猪,应当依法经动物卫生监督机构检疫合格,并附有检疫证明。

第十三条 生猪定点屠宰厂(场)应当建立生猪进厂(场)查验登记制度。

生猪定点屠宰厂(场)应当依法查验检疫证明等文件,利用信息化手段核实相关信息,如实记录屠宰生猪的来源、数量、检疫证明号和供货者名称、地址、联系方式等内容,并保存相关凭证。发现伪造、变造检疫证明的,应当及时报告农业农村主管部门。发生动物疫情时,还应当查验、记录运输车辆基本情况。记录、凭证保存期限不得少于2年。

生猪定点屠宰厂(场)接受委托屠宰的,应当与委托人签订委托屠宰协议,明确生猪产品质量安全责任。委托屠宰协议自协议期满后保存期限不得少于2年。

第十四条 生猪定点屠宰厂(场)屠宰生猪,应当遵守国家规定的操作规程、技术要求和生猪屠宰质量管理规范,并严格执行消毒技术规范。发生动物疫情时,应当按照国务院农业农村主管部门的规定,开展动物疫病检测,做好动物疫情排查和报告。

第十五条 生猪定点屠宰厂(场)应当建立严格的肉品品质检验管理制度。肉品品质检验应当遵守生猪屠宰肉品品质检验规程,与生猪屠宰同步进行,并如实记录检验结果。检验结果记录保存期限不得少于2年。

经肉品品质检验合格的生猪产品,生猪定点屠宰厂(场)应当加盖肉品品质检验合格验讫印章,附具肉品品质检验合格证。未经肉品品质检验或者经肉品品质检验不合格的生猪产品,不得出厂(场)。经检验不合格的生猪产品,应当在兽医卫生检验人员的监督下,按照国家有关规定处理,并如实记录处理情况;处理情况记录保存期限不得少于2年。

生猪屠宰肉品品质检验规程由国务院农业农村主管部门制定。

第十六条 生猪屠宰的检疫及其监督,依照动物防疫法和国务院的有关规定执行。县级以上地方人民政府按照本级政府职责,将生猪、生猪产品的检疫和监督管理所需经费纳入本级预算。

县级以上地方人民政府农业农村主管部门应当按照规定足额配备农业农村主管部门任命的兽医,由其监督生猪定点屠宰厂(场)依法查验检疫证明等文件。

农业农村主管部门任命的兽医对屠宰的生猪实施检疫。检疫合格的,出具检疫证明、加施检疫标志,并在检疫证明、检疫标志上签字或者盖章,对检疫结论负责。未经检疫或者经检疫不合格的生猪产品,不得出厂(场)。经检疫不合格的生猪及生猪产品,应当在农业农村主管部门的监督下,按照国家有关规定处理。

第十七条 生猪定点屠宰厂(场)应当建立生猪产品出厂(场)记录制度,如实记录出厂(场)生猪产品的名称、规格、数量、检疫证明号、肉品品质检验合格证号、屠宰日期、出厂

(场)日期以及购货者名称、地址、联系方式等内容,并保存相关凭证。记录、凭证保存期限不得少于2年。

第十八条 生猪定点屠宰厂(场)对其生产的生猪产品质量安全负责,发现其生产的生猪产品不符合食品安全标准、有证据证明可能危害人体健康、染疫或者疑似染疫的,应当立即停止屠宰,报告农业农村主管部门,通知销售者或者委托人,召回已经销售的生猪产品,并记录通知和召回情况。

生猪定点屠宰厂(场)应当对召回的生猪产品采取无害化处理等措施,防止其再次流入市场。

第十九条 生猪定点屠宰厂(场)对病害生猪及生猪产品进行无害化处理的费用和损失,由地方各级人民政府结合本地实际予以适当补贴。

第二十条 严禁生猪定点屠宰厂(场)以及其他任何单位和个人对生猪、生猪产品注水或者注入其他物质。

严禁生猪定点屠宰厂(场)屠宰注水或者注入其他物质的生猪。

第二十一条 生猪定点屠宰厂(场)对未能及时出厂(场)的生猪产品,应当采取冷冻或者冷藏等必要措施予以储存。

第二十二条 严禁任何单位和个人为未经定点违法从事生猪屠宰活动的单位和个人提供生猪屠宰场所或者生猪产品储存设施,严禁为对生猪、生猪产品注水或者注入其他物质的单位和个人提供场所。

第二十三条 从事生猪产品销售、肉食品生产加工的单位和个人以及餐饮服务经营者、集中用餐单位生产经营的生猪产品,必须是生猪定点屠宰厂(场)经检疫和肉品品质检验合格的生猪产品。

第二十四条 地方人民政府及其有关部门不得限制外地生猪定点屠宰厂(场)经检疫和肉品品质检验合格的生猪产品进入本地市场。

第三章 监督管理

第二十五条 国家实行生猪屠宰质量安全风险监测制度。国务院农业农村主管部门负责组织制定国家生猪屠宰质量安全风险监测计划,对生猪屠宰环节的风险因素进行监测。

省、自治区、直辖市人民政府农业农村主管部门根据国家生猪屠宰质量安全风险监测计划,结合本行政区域实际情况,制定本行政区域生猪屠宰质量安全风险监测方案并组织实施,同时报国务院农业农村主管部门备案。

第二十六条 县级以上地方人民政府农业农村主管部门应当根据生猪屠宰质量安全风

险监测结果和国务院农业农村主管部门的规定，加强对生猪定点屠宰厂(场)质量安全管理状况的监督检查。

第二十七条 农业农村主管部门应当依照本条例的规定严格履行职责，加强对生猪屠宰活动的日常监督检查，建立健全随机抽查机制。

农业农村主管部门依法进行监督检查，可以采取下列措施：

(一)进入生猪屠宰等有关场所实施现场检查；

(二)向有关单位和个人了解情况；

(三)查阅、复制有关记录、票据以及其他资料；

(四)查封与违法生猪屠宰活动有关的场所、设施，扣押与违法生猪屠宰活动有关的生猪、生猪产品以及屠宰工具和设备。

农业农村主管部门进行监督检查时，监督检查人员不得少于2人，并应当出示执法证件。

对农业农村主管部门依法进行的监督检查，有关单位和个人应当予以配合，不得拒绝、阻挠。

第二十八条 农业农村主管部门应当建立举报制度，公布举报电话、信箱或者电子邮箱，受理对违反本条例规定行为的举报，并及时依法处理。

第二十九条 农业农村主管部门发现生猪屠宰涉嫌犯罪的，应当按照有关规定及时将案件移送同级公安机关。

公安机关在生猪屠宰相关犯罪案件侦查过程中认为没有犯罪事实或者犯罪事实显著轻微，不需要追究刑事责任的，应当及时将案件移送同级农业农村主管部门。公安机关在侦查过程中，需要农业农村主管部门给予检验、认定等协助的，农业农村主管部门应当给予协助。

第四章 法律责任

第三十条 农业农村主管部门在监督检查中发现生猪定点屠宰厂(场)不再具备本条例规定条件的，应当责令停业整顿，并限期整改；逾期仍达不到本条例规定条件的，由设区的市级人民政府吊销生猪定点屠宰证书，收回生猪定点屠宰标志牌。

第三十一条 违反本条例规定，未经定点从事生猪屠宰活动的，由农业农村主管部门责令关闭，没收生猪、生猪产品、屠宰工具和设备以及违法所得；货值金额不足一万元的，并处五万元以上十万元以下的罚款；货值金额一万元以上的，并处货值金额10倍以上20倍以下的罚款。

冒用或者使用伪造的生猪定点屠宰证书或者生猪定点屠宰标志牌的，依照前款的规定处罚。

生猪定点屠宰厂(场)出借、转让生猪定点屠宰证书或者生猪定点屠宰标志牌的,由设区的市级人民政府吊销生猪定点屠宰证书,收回生猪定点屠宰标志牌;有违法所得的,由农业农村主管部门没收违法所得,并处五万元以上十万元以下的罚款。

第三十二条 违反本条例规定,生猪定点屠宰厂(场)有下列情形之一的,由农业农村主管部门责令改正,给予警告;拒不改正的,责令停业整顿,处五千元以上五万元以下的罚款,对其直接负责的主管人员和其他直接责任人员处二万元以上五万元以下的罚款;情节严重的,由设区的市级人民政府吊销生猪定点屠宰证书,收回生猪定点屠宰标志牌:

(一)未按照规定建立并遵守生猪进厂(场)查验登记制度、生猪产品出厂(场)记录制度的;

(二)未按照规定签订、保存委托屠宰协议的;

(三)屠宰生猪不遵守国家规定的操作规程、技术要求和生猪屠宰质量管理规范以及消毒技术规范的;

(四)未按照规定建立并遵守肉品品质检验制度的;

(五)对经肉品品质检验不合格的生猪产品未按照国家有关规定处理并如实记录处理情况的。

发生动物疫情时,生猪定点屠宰厂(场)未按照规定开展动物疫病检测的,由农业农村主管部门责令停业整顿,并处五千元以上五万元以下的罚款,对其直接负责的主管人员和其他直接责任人员处二万元以上五万元以下的罚款;情节严重的,由设区的市级人民政府吊销生猪定点屠宰证书,收回生猪定点屠宰标志牌。

第三十三条 违反本条例规定,生猪定点屠宰厂(场)出厂(场)未经肉品品质检验或者经肉品品质检验不合格的生猪产品的,由农业农村主管部门责令停业整顿,没收生猪产品和违法所得;货值金额不足一万元的,并处十万元以上十五万元以下的罚款;货值金额一万元以上的,并处货值金额15倍以上30倍以下的罚款;对其直接负责的主管人员和其他直接责任人员处五万元以上十万元以下的罚款;情节严重的,由设区的市级人民政府吊销生猪定点屠宰证书,收回生猪定点屠宰标志牌,并可以由公安机关依照《中华人民共和国食品安全法》的规定,对其直接负责的主管人员和其他直接责任人员处5日以上15日以下拘留。

第三十四条 生猪定点屠宰厂(场)依照本条例规定应当召回生猪产品而不召回的,由农业农村主管部门责令召回,停止屠宰;拒不召回或者拒不停止屠宰的,责令停业整顿,没收生猪产品和违法所得;货值金额不足一万元的,并处五万元以上十万元以下的罚款;货值金额一万元以上的,并处货值金额10倍以上20倍以下的罚款;对其直接负责的主管人员和其他直接责任人员处五万元以上十万元以下的罚款;情节严重的,由设区的市级人民政府吊销生猪定点屠宰证书,收回生猪定点屠宰标志牌。

委托人拒不执行召回规定的,依照前款规定处罚。

第三十五条 违反本条例规定,生猪定点屠宰厂(场)、其他单位和个人对生猪、生猪产品注水或者注入其他物质的,由农业农村主管部门没收注水或者注入其他物质的生猪、生猪产品、注水工具和设备以及违法所得;货值金额不足一万元的,并处五万元以上十万元以下的罚款;货值金额一万元以上的,并处货值金额10倍以上20倍以下的罚款;对生猪定点屠宰厂(场)或者其他单位的直接负责的主管人员和其他直接责任人员处五万元以上十万元以下的罚款。注入其他物质的,还可以由公安机关依照《中华人民共和国食品安全法》的规定,对其直接负责的主管人员和其他直接责任人员处5日以上15日以下拘留。

生猪定点屠宰厂(场)对生猪、生猪产品注水或者注入其他物质的,除依照前款规定处罚外,还应当由农业农村主管部门责令停业整顿;情节严重的,由设区的市级人民政府吊销生猪定点屠宰证书,收回生猪定点屠宰标志牌。

第三十六条 违反本条例规定,生猪定点屠宰厂(场)屠宰注水或者注入其他物质的生猪的,由农业农村主管部门责令停业整顿,没收注水或者注入其他物质的生猪、生猪产品和违法所得;货值金额不足一万元的,并处五万元以上十万元以下的罚款;货值金额一万元以上的,并处货值金额10倍以上20倍以下的罚款;对其直接负责的主管人员和其他直接责任人员处五万元以上十万元以下的罚款;情节严重的,由设区的市级人民政府吊销生猪定点屠宰证书,收回生猪定点屠宰标志牌。

第三十七条 违反本条例规定,为未经定点违法从事生猪屠宰活动的单位和个人提供生猪屠宰场所或者生猪产品储存设施,或者为对生猪、生猪产品注水或者注入其他物质的单位和个人提供场所的,由农业农村主管部门责令改正,没收违法所得,并处五万元以上十万以下的罚款。

第三十八条 违反本条例规定,生猪定点屠宰厂(场)被吊销生猪定点屠宰证书的,其法定代表人(负责人)、直接负责的主管人员和其他直接责任人员自处罚决定作出之日起5年内不得申请生猪定点屠宰证书或者从事生猪屠宰管理活动;因食品安全犯罪被判处有期徒刑以上刑罚的,终身不得从事生猪屠宰管理活动。

第三十九条 农业农村主管部门和其他有关部门的工作人员在生猪屠宰监督管理工作中滥用职权、玩忽职守、徇私舞弊,尚不构成犯罪的,依法给予处分。

第四十条 本条例规定的货值金额按照同类检疫合格及肉品品质检验合格的生猪、生猪产品的市场价格计算。

第四十一条 违反本条例规定,构成犯罪的,依法追究刑事责任。

第五章 附 则

第四十二条 省、自治区、直辖市人民政府确定实行定点屠宰的其他动物的屠宰管理办法，由省、自治区、直辖市根据本地区的实际情况，参照本条例制定。

第四十三条 本条例所称生猪产品，是指生猪屠宰后未经加工的胴体、肉、脂、脏器、血液、骨、头、蹄、皮。

第四十四条 生猪定点屠宰证书、生猪定点屠宰标志牌以及肉品品质检验合格验讫印章和肉品品质检验合格证的式样，由国务院农业农村主管部门统一规定。

第四十五条 本条例自 2021 年 8 月 1 日起施行。

附录三 陕西省牲畜屠宰管理条例

2008.12.12 陕西省人大常委会颁布

第一章 总 则

第一条 为了加强牲畜屠宰管理,规范牲畜屠宰行为,保证畜类产品质量安全,保护人民身体健康,根据有关法律、行政法规,结合本省实际,制定本条例。

第二条 本条例所称牲畜包括:猪、牛、羊等;畜类产品包括:牲畜屠宰后未经加工的牲畜胴体、肉、脂、脏器、血液、骨、头、蹄、皮等。

第三条 本条例适用于本省行政区域内的牲畜屠宰经营及其监督管理活动。

第四条 本省实行牲畜定点屠宰、集中检疫制度。未经定点,任何单位和个人不得从事牲畜屠宰活动。但农村居民在当地自宰自食的牲畜除外。

第五条 县级以上人民政府应当加强对牲畜屠宰管理工作的领导,鼓励、引导、扶持牲畜定点屠宰厂(场)标准化、规模化建设,改善牲畜屠宰企业的生产和技术条件,协调解决牲畜屠宰管理工作中的重大问题,加强牲畜定点屠宰的宣传工作。

县级以上人民政府应当将牲畜屠宰管理工作所需经费列入本级财政预算。

第六条 省人民政府商务行政主管部门负责全省牲畜屠宰监督管理工作。

设区的市、县(市、区)人民政府商务行政主管部门负责本行政区域内牲畜屠宰监督管理工作。

县级以上人民政府畜牧兽医、卫生、工商行政管理、质量技术监督、环境保护、民族事务等部门在各自职责范围内负责本行政区域内牲畜屠宰相关管理工作。

第七条 商务行政主管部门应当加强对行业协会工作的指导,支持行业协会开展行业自律、推广先进技术工艺、提供相关技术服务。

第八条 从事清真用牲畜屠宰的,除符合本条例规定外,还应当遵守《陕西省清真食品生产经营管理条例》的相关规定。

第二章 定点屠宰

第九条 省商务行政主管部门会同畜牧兽医、环境保护以及其他有关部门,按照合理布局、适当集中、保护环境、有利流通、方便群众的原则,制订牲畜定点屠宰厂(场)设置规划,报省人民政府批准后实施。

牲畜定点屠宰厂(场)设置规划应当包括牲畜定点屠宰厂(场)及小型牲畜屠宰场的数

量、布局等内容。

第十条 牲畜定点屠宰厂(场)的选址,应当符合下列要求:

(一)位于城乡居住区夏季风向最大频率的下风侧和河流的下游;

(二)与生活饮用水的地表水源保护区、居民生活区、学校、幼儿园、医院、商场等公共场所和牲畜饲养场以及有关法律、法规确定的需要保护的其他区域相距1 000米以上,并不得妨碍或者影响所在地居民生活和公共场所的活动;

(三)厂(场)址周围应当有良好的环境卫生条件,并应当避开产生有害气体、烟雾、粉尘等物质的工业企业以及垃圾场、污水沟等其他产生污染源的地区或者场所;

(四)法律、法规、规章规定的其他条件。

第十一条 牲畜定点屠宰厂(场)应当具备下列条件:

(一)有与屠宰规模相适应、水质符合国家规定标准的水源;

(二)有符合国家规定要求的待宰间、屠宰间、急宰间、隔离间以及牲畜屠宰设备、冷藏设备、消毒设施和运载工具;

(三)有三名以上依法取得健康证明、经考核合格的肉品品质检验人员;

(四)有与屠宰规模相适应,依法取得健康证明的屠宰技术人员;

(五)有能够满足水分、挥发性盐基氮、汞、无机砷、铅、镉等项目检测必需的检验设备、消毒设施以及符合环境保护要求的污染防治设施;

(六)有满足畜类产品焚毁、化制、高温等无害化处理的设施设备;

(七)依法取得动物防疫条件合格证;

(八)法律、法规规定的其他条件。

第十二条 设立牲畜定点屠宰厂(场),申请人应当向所在地的设区的市人民政府提出书面申请,并提交符合本条例第十条、第十一条规定条件的有关技术资料和说明文件。设区的市人民政府接到申请后,应当组织商务、畜牧兽医、规划、环境保护等部门以及其他有关部门,对申请进行审查,并书面征求省商务行政主管部门的意见。

设区的市人民政府应当自受理申请之日起三十日内作出是否同意的决定。对符合牲畜定点屠宰厂(场)设置规划和选址要求的,书面告知申请人;对不符合牲畜定点屠宰厂(场)设置规划或者选址要求的,应当书面说明理由。

第十三条 牲畜定点屠宰厂(场)建成后,由设区的市人民政府组织商务、畜牧兽医、环境保护等部门进行审查。经审查符合本条例规定的,由设区的市人民政府颁发牲畜定点屠宰证书和牲畜定点屠宰标志牌。

设区的市人民政府应当将其确定的牲畜定点屠宰厂(场)名单及时向社会公布,并报省人民政府备案。

牲畜定点屠宰厂(场)应当按照国家规定向工商行政管理部门办理登记手续。

第十四条 牲畜定点屠宰厂(场)改建、扩建的,应当向设区的市人民政府提出书面申请,经批准后方可进行。建成后,由设区的市人民政府组织商务、畜牧兽医、环境保护等部门进行审查,审查合格的,方可投入使用。

第十五条 在边远和交通不便的农村地区,可以设立小型牲畜屠宰场。

小型牲畜屠宰场的设立,应当符合牲畜定点屠宰厂(场)设置规划,其选址按照本条例第十条的规定执行。

第十六条 小型牲畜屠宰场应当具备下列条件:

(一)有水质符合国家标准规定的水源;

(二)具备满足屠宰活动需要的待宰间、屠宰间、急宰间以及牲畜屠宰设备、冷藏设备、消毒设施;

(三)有二名以上依法取得健康证明、经考核合格的肉品品质检验人员;

(四)有依法取得健康证明的屠宰技术人员;

(五)有必要的检验设备、消毒设施和污染物处理设施;

(六)有必要的畜类产品焚毁、化制、高温等无害化处理设施;

(七)依法取得动物防疫条件合格证。

第十七条 小型牲畜屠宰场建成后,设区的市人民政府可以委托县级人民政府组织商务、畜牧兽医、规划、环境保护等部门,按照本条例规定进行审查。经审查符合本条例规定的,由设区的市人民政府颁发牲畜定点屠宰证书和牲畜定点屠宰标志牌,并报省人民政府备案。

第十八条 生猪定点屠宰厂(场)按照其规模、生产和技术条件以及质量安全管理状况,实行分级管理制度。分级管理的具体办法按照国家规定执行。

省商务行政主管部门应当及时向社会公布生猪定点屠宰厂(场)等级认定名单。

省商务行政主管部门应当制定牛羊定点屠宰厂(场)的分级管理办法,逐步推行牛羊定点屠宰厂(场)的分级管理。

第十九条 牲畜定点屠宰厂(场)和小型牲畜屠宰场的名称、法定代表人、所有权或者经营权等事项发生变更的,应当在二十日内向设区的市人民政府备案。

第二十条 除农村居民在当地自宰自食外,未取得牲畜定点屠宰证书,任何单位和个人不得从事牲畜屠宰活动。

第三章 屠宰与检验

第二十一条 牲畜定点屠宰厂(场)应当建立牲畜屠宰和肉品检验管理制度,并在屠宰车间明示牲畜屠宰操作工艺流程图和肉品品质检验工序位置图。

第二十二条 牲畜定点屠宰厂(场)屠宰的牲畜和小型牲畜屠宰场屠宰的牲畜,产地是本县(市、区)的,应当查验动物产地检疫合格证明和防疫标识;产地是本县(市、区)以外的,应当查验出县境动物检疫合格证明、动物及动物产品运载工具消毒证明和防疫标识。牲畜定点屠宰厂(场)和小型牲畜屠宰场不得屠宰没有上述证明和标识的牲畜。

第二十三条 牲畜定点屠宰厂(场)和小型牲畜屠宰场屠宰牲畜,应当符合国家规定的操作规程和技术要求,并符合有关动物福利的要求。

第二十四条 牲畜定点屠宰厂(场)和小型牲畜屠宰场应当按照国家肉品品质检验规程和标准进行肉品品质检验,并遵守下列规定:

(一)肉品品质检验应当与牲畜屠宰同步进行,同步检验应当设置同步检验装置或者采用头、蹄、胴体与内脏统一编号对照方法进行,并按照第二十五条规定的检验内容实施检验;

(二)肉品品质检验合格的畜类产品,应当出具肉品品质检验合格证,牲畜胴体或者片鲜肉还应加盖肉品品质检验合格验讫印章;

(三)肉品品质检验不合格的畜类产品,应当在肉品品质检验人员的监督下,按照国家有关规定处理。

未经肉品品质检验或者经肉品品质检验不合格的畜类产品,不得出厂(场)。

第二十五条 牲畜肉品品质检验的主要内容包括:

(一)有无传染性疾病和寄生虫病以外的疾病;

(二)是否摘除有害腺体;

(三)是否注水或者注入其他物质;

(四)有害物质是否超过国家规定的标准;

(五)屠宰加工质量是否符合国家要求。生猪肉品品质检验内容除上述规定外,还应当包括是否为白肌肉(PSE 肉)或者黑干肉(DFD 肉)以及种猪、晚阉猪。

第二十六条 牲畜定点屠宰厂(场)、小型牲畜屠宰场不得用种猪、晚阉猪屠宰加工鲜、冻片猪肉和分割鲜、冻猪瘦肉。

第二十七条 牲畜定点屠宰厂(场)和小型牲畜屠宰场对检验出的病害牲畜及其产品,应当按照国家有关规定进行无害化处理。病害牲畜及其产品的无害化处理费用和损失,按照国家规定予以补助。

第二十八条 牲畜定点屠宰厂(场)、小型牲畜屠宰场以及其他任何单位和个人不得向牲畜、畜类产品注水或者注入其他物质。

牲畜定点屠宰厂(场)、小型牲畜屠宰场不得屠宰注水或者注入其他物质的牲畜。

第二十九条 任何单位和个人不得为非法牲畜屠宰活动提供屠宰场所或者产品储存设

施,不得为牲畜注水或者注入其他物质提供场所。

第四章　经营管理

第三十条　牲畜定点屠宰厂(场)应当建立质量追溯制度。

如实记录活畜进厂(场)时间、数量、产地、供货者、屠宰与检验信息、处理情况及出厂时间、品种、数量和流向。记录保存不得少于二年。

第三十一条　小型牲畜屠宰场屠宰加工的合格畜产品,只能在所在的乡(镇)行政区域内销售。

第三十二条　从事畜产品销售、肉食品生产加工的单位和个人以及餐饮服务经营者、集体伙食单位,销售、使用的畜类产品,应当是牲畜定点屠宰厂(场)或者小型牲畜屠宰场屠宰的、经检疫和肉品品质检验合格的畜产品,并登记其来源。登记记录保留期限不得少于二年。

销售未分割的牲畜胴体或者片鲜肉,应当具有动物产品检疫合格证、章和肉品品质检验合格证、章。

销售分割包装未经熟制的肉品,应当具有动物产品检疫合格标志和肉品品质检验合格证。

第三十三条　运输畜类产品,除符合动物防疫法相关规定外,还应当遵守下列规定:

(一)使用专用的密闭运载工具;

(二)牲畜胴体或者片鲜肉应当吊挂运输;

(三)畜类分割产品应当使用专用容器或者专用包装;

(四)运输有温度要求的畜类产品应当使用相应的低温运输工具。

第三十四条　牲畜定点屠宰厂(场)和小型牲畜屠宰场对未能及时出厂(场)的畜类产品,应当采取冷冻或者冷藏等必要措施予以储存。

第三十五条　牲畜定点屠宰厂(场)应当建立产品召回制度,发现其产品不安全时,应当立即停止生产,向社会公布有关信息,通知销售者停止销售,告知消费者停止使用,召回已经上市销售的产品,并向当地商务行政主管部门报告。

牲畜定点屠宰厂(场)对召回的产品应当采取无害化处理措施,防止该产品再次流入市场。

第三十六条　牲畜定点屠宰厂(场)应当建立信息报送制度,按照国家有关屠宰统计报表制度的要求,及时报送屠宰、销售等相关信息。

第三十七条　牲畜定点屠宰厂(场)停业超过30天的,应当提前10天向所在地县级商务行政主管部门报告;超过180天的,设区的市人民政府应当对牲畜定点屠宰厂(场)是否符合本条例规定的条件进行审查。不再具备本条例规定条件的,应当责令其限期整改;逾期仍达不到本条例规定条件的，撤销其牲畜定点屠宰证书，收回证、章、标志牌。

第五章　证、章、标志牌管理

第三十八条　本条例所称的牲畜屠宰证、章、标志牌包括：

（一）牲畜定点屠宰证书、牲畜定点屠宰标志牌；

（二）牲畜定点屠宰厂（场）等级证书、牲畜定点屠宰厂（场）等级标志牌、牲畜定点屠宰厂（场）等级标识；

（三）肉品品质检验合格验讫章、肉品品质检验合格证；

（四）无害化处理印章。

第三十九条　县级以上商务行政主管部门应当建立牲畜屠宰证、章和标志牌管理制度，依据各自职责，做好制作、保管、发放工作。

第四十条　省商务行政主管部门负责全省牲畜屠宰证、章、标志牌的管理工作，按照国家规定的编码规则、格式和制作要求，对全省范围内的生猪屠宰证、章、标志牌进行统一编码；制定全省牛、羊等牲畜的屠宰证、章、标志牌的编码规则、格式和制作要求。

省商务行政主管部门负责统一制作肉品品质检验合格验讫章、肉品品质检验合格证、无害化处理印章。

第四十一条　市、县商务行政主管部门颁发本行政区域内肉品品质检验合格验讫章、肉品品质检验合格证、无害化处理印章。

市、县（区）商务行政主管部门负责监督本行政区域内牲畜屠宰证、章和标志牌的使用。

第四十二条　牲畜定点屠宰厂（场）应当将牲畜定点屠宰标志牌悬挂于厂（场）区，并建立本企业牲畜定点屠宰证、章和标志牌的保管和使用制度。

第四十三条　牲畜屠宰证、章和标志牌不得出租、出借、转让。

任何单位不得冒用或者使用伪造的牲畜屠宰证、章和标志牌。

第六章　监督管理

第四十四条　设区的市、县（市、区）商务行政主管部门应当确定专门机构和专门人员负责牲畜屠宰监督管理工作，加强对牲畜屠宰活动的日常监督管理，根据工作需要派出驻厂（场）监督员对牲畜屠宰活动进行现场监督。

第四十五条　县级以上商务行政主管部门依法对牲畜屠宰活动进行监督检查，可以采取下列措施：

（一）进入牲畜屠宰等有关场所实施现场检查；

（二）向有关单位和个人了解情况；

（三）查阅、复制有关记录、票据以及其他资料；

（四）查封与违法牲畜屠宰活动有关的场所、设施，扣押与违法牲畜屠宰活动有关的牲畜、畜类产品以及屠宰工具和设备。

第四十六条 县级以上商务行政主管部门应当建立举报制度，公布举报电话、通信地址或者电子信箱，接受对违反本条例规定行为的举报，及时依法处理，并为举报人保密。

第四十七条 县级以上商务行政主管部门在监督检查中发现牲畜定点屠宰厂（场）以及小型牲畜定点屠宰场不再具备本条例规定条件的，应当责令其限期整改；逾期仍达不到本条例规定条件的，由设区的市人民政府撤销其牲畜定点屠宰证书，收回证、章、标志牌。

第七章 法律责任

第四十八条 违反本条例第十四条规定，牲畜定点屠宰厂（场）未经批准擅自改建、扩建的，或者改建、扩建后未经审查或者审查不合格投入使用的，由设区的市商务行政主管部门责令改正，处五万元以上十万元以下罚款；拒不改正的，由设区的市人民政府吊销其牲畜定点屠宰证书。

第四十九条 违反本条例第十九条规定，未在规定的时限内备案的，由设区的市商务行政主管部门责令改正，可处二千元以上一万元以下罚款。

第五十条 违反本条例第二十条规定，未取得牲畜定点屠宰证书擅自从事牲畜屠宰活动的，由县级以上商务行政主管部门责令停止违法行为，没收牲畜、畜类产品、屠宰工具和设备以及违法所得；并处货值金额三倍以上五倍以下罚款，货值金额难以确定的，对单位并处十万元以上二十万元以下罚款，对个人并处五千元以上一万元以下罚款；构成犯罪的，依法追究刑事责任。

第五十一条 违反本条例第二十一条、第二十三条、第二十四条第一款、第二十七条、第三十条规定，牲畜定点屠宰厂（场）有下列情形之一的，由县级以上商务行政主管部门责令限期改正，处二万元以上五万元以下的罚款；逾期不改正的，责令停业整顿，对其主要负责人处五千元以上一万元以下的罚款：

（一）未建立牲畜屠宰和肉品检验管理制度或者未在屠宰车间明示牲畜屠宰操作工艺流程图和肉品品质检验工序位置图的；

（二）屠宰牲畜不符合国家规定的操作规程和技术要求的；

（三）未按照国家规定的肉品品质检验规程和本条例规定要求进行肉品品质检验的；

（四）牲畜定点屠宰厂（场）和小型牲畜屠宰场未对检验出的病害牲畜及其产品按照国家有关规定进行无害化处理的；

（五）未建立、实施质量追溯制度的。

第五十二条 违反本条例第二十四条第二款规定，牲畜定点屠宰厂（场）出厂（场）未经肉品品质检验或者经肉品品质检验不合格畜类产品的，由县级以上商务行政主管部门责令停业整顿,没收畜类产品和违法所得,并处货值金额一倍以上三倍以下的罚款,对其主要负责人处一万元以上二万元以下的罚款;货值金额难以确定的,并处五万元以上十万元以下的罚款;造成严重后果的,由设区的市人民政府吊销其牲畜定点屠宰证书;构成犯罪的,依法追究刑事责任。

违反本条例第二十六条规定,使用种猪、晚阉猪屠宰加工鲜、冻片猪肉和分割鲜、冻猪瘦肉的,由县级以上商务行政主管部门依照前款的规定处罚。

第五十三条 违反本条例第二十八条第一款规定,向牲畜、畜类产品注水或者注入其他物质的,由县级以上商务行政主管部门没收注水或者注入其他物质的牲畜、畜类产品、注水工具和设备以及违法所得,并处货值金额三倍以上五倍以下罚款,对牲畜定点屠宰厂(场)或者其他单位的主要负责人处一万元以上二万元以下的罚款;货值金额难以确定的,对牲畜定点屠宰厂(场)或者其他单位并处五万元以上十万元以下的罚款,对个人并处一万元以上二万元以下的罚款;构成犯罪的,依法追究刑事责任。

牲畜定点屠宰厂(场)向牲畜、畜类产品注水或者注入其他物质的,除依照前款规定处罚外,还应当由县级以上商务行政主管部门责令停业整顿;造成严重后果,或者两次以上对牲畜、畜类产品注水或者注入其他物质的,由设区的市人民政府吊销其牲畜定点屠宰证书。

第五十四条 违反本条例第二十八条第二款规定,牲畜定点屠宰厂(场)、小型牲畜屠宰场屠宰注水或者注入其他物质的牲畜的,由县级以上商务行政主管部门责令改正,没收注水或者注入其他物质的牲畜及其畜类产品以及违法所得,并处货值金额一倍以上三倍以下的罚款,对其主要负责人处一万元以上二万元以下的罚款;货值金额难以确定的,并处二万元以上五万元以下的罚款;拒不改正的,责令停业整顿;造成严重后果的,由设区的市人民政府吊销其牲畜定点屠宰证书。

第五十五条 违反本条例第二十九条规定,为非法牲畜屠宰活动提供屠宰场所、产品储存设施,或者为牲畜注水以及注入其他物质提供场所的,由县级以上商务行政主管部门责令改正,没收违法所得,对单位并处二万元以上五万元以下的罚款,对个人并处五千元以上一万元以下的罚款。

第五十六条 违反本条例第三十一条规定,小型牲畜屠宰场屠宰加工的畜类产品,在所在的乡(镇)行政区域外销售的,由县级以上工商行政管理部门没收畜类产品和违法所得,并处一千元以上三千元以下罚款。

第五十七条 违反本条例第三十二条规定,从事畜类产品销售、肉食品生产加工的单位和个人以及餐饮服务经营者、集体伙食单位,销售、使用不合格畜类产品的,由工商行政、卫生、质量技术监督部门依据各自职责,没收尚未销售、使用的相关畜类产品以及违法所得,并处货值金额三倍以上五倍以下的罚款;货值金额难以确定的,对单位处五万元以上十万元以下的罚款,对个人处一万元以上二万元以下的罚款;情节严重的,由原发证照机关吊销证照;

构成犯罪的,依法追究刑事责任。

第五十八条 违反本条例第三十三条规定,运输畜类产品不符合要求的,由县级以上商务行政主管部门责令改正,并可处一万元以上三万元以下罚款。

第五十九条 违反本条例第三十五条规定,牲畜定点屠宰厂(场)未召回其不安全畜类产品的,由县级以上商务行政主管部门责令召回畜类产品,并处货值金额三倍的罚款;造成严重后果的,吊销其牲畜定点屠宰证书。

第六十条 违反本条例第三十六条规定,牲畜定点屠宰厂(场)未按要求报送屠宰、销售等相关信息的,由县级以上商务行政主管部门责令改正,可处一千元以上一万元以下罚款。

第六十一条 违反本条例第三十七条规定,牲畜定点屠宰厂(场)停业未按规定按时报告的,由县级以上商务行政主管部门责令改正,可处一千元以上一万元以下罚款。

第六十二条 违反本条例第四十三条规定,冒用、使用伪造、出租、出借、转让的牲畜定点屠宰证、章、标志牌,非法从事牲畜屠宰活动的,由县级以上商务行政主管部门,依照本条例第五十条的规定处罚。

出租、出借、转让牲畜定点屠宰证、章、标志牌,由县级以上商务行政主管部门责令改正,没收违法所得,并处一万元以上三万元以下罚款;造成严重后果的,吊销其牲畜定点屠宰证书。

第六十三条 县级以上商务行政主管部门依照本条例规定,对个人处一万元以上、对单位处五万元以上罚款或者责令其停业整顿,设区的市人民政府吊销牲畜定点屠宰证书的,应当告知当事人有要求听证的权利。

第六十四条 违反本条例规定的其他行为,法律、法规另有规定的,从其规定。

第六十五条 商务行政主管部门和其他有关部门及其工作人员在牲畜屠宰监督管理工作中,不履行规定职责,造成后果的,由监察机关或者任免机关对负有责任的主管人员和直接责任人,给予记大过或者降级的处分;造成严重后果的,对负有责任的主管人员和直接责任人,给予撤职或者开除的处分;构成渎职罪的,依法追究刑事责任。商务行政主管部门和其他有关部门及其工作人员违反本条例规定,滥用职权或者有其他渎职行为的,由监察机关或者任免机关对直接负责的主管人员和其他直接责任人员,依法给予处分;构成犯罪的,依法追究刑事责任。

第八章 附 则

第六十六条 牲畜屠宰的检疫、卫生检验及其监督,依照动物防疫法、食品卫生法及有关的法律、法规规定执行。

第六十七条 本条例自 2009 年 7 月 1 日起施行。

附录四　陕西省清真食品生产经营管理条例

（2006 年 8 月 4 日陕西省第十届人民代表大会常务委员会第二十六次会议通过）

第一条　为了尊重食用清真食品的少数民族的饮食习俗，规范清真食品生产经营和管理活动，促进清真食品业发展，增进民族团结、社会和谐，根据有关法律、行政法规，结合本省实际，制定本条例。

第二条　本条例所称清真食品，是指按照回、维吾尔、保安、东乡、哈萨克、撒拉、塔塔尔、乌兹别克、塔吉克、柯尔克孜等少数民族（以下简称回族等少数民族）的清真饮食习俗生产经营的食品。

第三条　本条例适用于本省行政区域内清真食品生产经营及其监督管理活动。

机关、企业、事业单位内部设立的清真食堂，依照本条例的有关规定执行。

第四条　各民族都有保持和改革本民族风俗习惯的自由。全社会都应当尊重回族等少数民族的清真饮食习俗。

对于违反本条例的行为，任何单位和个人都有权向民族事务行政主管部门及有关行政主管部门举报，受理举报的部门应当及时处理。

第五条　县级以上人民政府应当鼓励发展清真食品业，研制具有地方特色的清真食品，重点扶持名牌老字号清真食品生产经营企业和个体工商户，并根据国家规定在清真食品产业化方面给予投资、税收、信贷等方面优惠。

回族等少数民族人口聚居的市、县人民政府应当将清真食品生产经营网点建设纳入城乡建设总体规划。

第六条　省人民政府应当将清真食品监督管理工作经费纳入财政预算；设区的市、县（市、区）人民政府根据工作需要设立清真食品监督管理工作专项经费。

第七条　县级以上人民政府民族事务行政主管部门负责本条例的实施。

县级以上人民政府工商、卫生、质量技术监督、商务、食品药品监督、检疫等部门和机构依照各自职责，做好与清真食品生产经营相关的监督管理工作。

第八条　民族事务、文化、新闻出版部门以及大众传媒应当加强有关法律、法规和回族等少数民族清真饮食习俗的宣传，增进各民族之间的相互了解和尊重。

生产经营清真食品的企业和个体工商户应当对员工进行有关生产操作特殊要求和禁忌事项的培训教育。

第九条 从事清真食品生产经营的企业应当符合下列条件:

(一)具有独立设置的生产厂房、库房、销售场所和专用的加工生产器械、计量器具、检验设备、储存容器、运输工具;

(二)企业负责人中至少有一名回族等少数民族公民,回族等少数民族员工所占比例不得低于15%;

(三)从事清真肉食业、餐饮业的企业法定代表人应当是回族等少数民族公民,回族等少数民族员工所占比例不得低于30%;

(四)屠宰、采购、配料、烹制、储运等工作岗位从业人员应当是回族等少数民族公民;

(五)清真食品生产经营监督管理制度健全;

(六)法律、法规规定的其他条件。

第十条 从事清真食品生产经营的个体工商户应当符合下列条件:

(一)业主应当是回族等少数民族公民;

(二)屠宰、采购、配料、烹制、保管等工作岗位从业人员应当是回族等少数民族公民;

(三)有清真食品加工、制作、销售、储运的专用工具和场所;

(四)法律、法规规定的其他条件。

第十一条 清真食品生产经营企业和个体工商户,应当在其字号、招牌、产品包装上显著标明清真标志。

经依法成立的清真食品认证机构认证后,清真食品生产经营企业可以在产品的包装、广告上使用清真认证标识。

非清真食品生产经营企业和个体工商户不得使用清真标志、标识或者发布清真食品广告。

第十二条 生产经营清真食品应当符合国家有关食品安全、卫生管理的法律、法规规定及标准。

生产经营清真食品的企业和个体工商户采购的制成品、原料、辅料,应当符合清真要求。从外地购进的制成品、原料、辅料应当附有清真的有效证明。

第十三条 从事清真肉食业生产经营的企业和个体工商户按照清真饮食习俗屠宰畜禽或者加工、制作的清真肉食品,应当依法接受检疫、检验。

清真用畜禽实行定点屠宰。省人民政府应当根据本省实际情况,制定清真用畜禽定点屠宰厂(场)的设置规划,由市、县人民政府根据设置规划组织实施。

第十四条 集贸市场、商场、超市、宾馆饭店等场所经营清真食品的,应当设置清真食品专用区域或者专用柜台、摊位,经营清真食品的人员不得与经营非清真食品的人员混岗。

第十五条 清真食品生产经营场所内不得携带、食用清真禁忌食品。

第十六条 县级以上民族事务行政主管部门有权对清真食品生产经营企业和个体工商户进行监督检查,查验从业人员和生产经营活动的相关资料,被检查单位和个人应当予以配合。

执法部门及其工作人员不得泄露清真食品生产经营者的商业秘密。

第十七条 县级以上民族事务行政主管部门可以聘请清真食品社会监督员,协助对清真食品生产经营活动进行监督。

清真食品社会监督员的管理办法,由省民族事务行政主管部门规定。

第十八条 违反本条例第九条、第十条、第十二条第二款、第十三条第一款规定的,由县级以上民族事务行政主管部门责令限期改正,逾期未改正的,对企业处五千元以上五万元以下罚款,对个体工商户处五百元以上五千元以下罚款;情节严重的,由工商行政管理部门依法吊销营业执照。

对不符合清真食品要求的制成品、原料、辅料,由县级以上民族事务行政主管部门监督处理。

第十九条 违反本条例第十一条第三款规定的,由县级以上民族事务行政主管部门没收违法所得,对企业处一万元以上十万元以下罚款,对个体工商户处一千元以上一万元以下罚款,对不符合清真要求的产品及其包装依法处理。

第二十条 违反本条例第十四条规定的,由县级以上民族事务行政主管部门责令限期改正,对企业处一千元以上五千元以下罚款,对个体工商户处二百元以上一千元以下罚款。

第二十一条 违反本条例第十五条规定的,由县级以上民族事务行政主管部门责令改正;拒不改正的,处五十元以上二百元以下罚款。

第二十二条 对个人罚款三千元以上、对企业罚款二万元以上的,实施处罚的机关应当告知当事人有要求举行听证的权利。

第二十三条 违反本条例规定的其他行为,法律、法规已有处罚规定的,从其规定。

第二十四条 民族事务行政主管部门和有关部门及其执法人员滥用职权、玩忽职守、徇私舞弊的,依法给予行政处分;构成犯罪的,依法追究刑事责任。

第二十五条 本条例自2007年1月1日起施行。

附录五　中华人民共和国国家标准
生猪屠宰产品品质检验规程

Code for product quality inspection for pig in slaughtering

GB/T 17996—1999

前　言

本标准首次制定。

制定本标准是为了贯彻落实国务院发布的《生猪屠宰管理条例》和原国内贸易部发布的《生猪屠宰管理条例实施办法》,规范生猪屠宰行业行为,促进技术进步,加强行业管理,提高肉类产品的质量,保护消费者利益。

本标准不涉及传染病和寄生虫病的检验及处理。传染病和寄生虫病按照 1959 年农业部、卫生部、对外贸易部、商业部《肉品卫生检验试行规程》的规定执行。

本标准部分采用 CAC/RCP 12—1976 的部分条款和 GB/T 17236—1986《生猪屠宰操作规程》、GB/T 9959.1—1988《带皮鲜、冻片猪肉》的有关规定。

本标准的附录 A 是标准的附录。

本标准由国家国内贸易局提出。

本标准由国家国内贸易局归口。

本标准主要起草人:毓厚基、阮炳琪、金社胜、刘志仁、吴英、曹贤钦、王贵际。

本标准由国家国内贸易局负责解释。

1　范围

本标准规定了生猪屠宰加工过程中产品品质检验的程序、方法及处理。本标准适用于中华人民共和国境内的生猪屠宰加工厂或场。

2　引用标准

下列标准所包含的条文,通过在本标准中引用而构成为本标准的条文。本标准出版时,所示版本均为有效。所有标准都会被修订,使用本标准的各方应探讨使用下列标准最新版本的可能性。

GB/T 9959.1—1988 带皮鲜、冻片猪肉

GB/T 9959.2—1988 无皮鲜、冻片猪肉

GB/T 17236—1988 生猪屠宰操作规程

3 定义

本标准采用下列定义。

3.1 产品 Product

生猪屠宰后的胴体、头、蹄、尾、皮张和内脏。

3.2 品质 Quality

生猪产品的卫生、质量和感官性状。

4 宰前检验及处理

宰前检验包括验收检验、待宰检验和送宰检验。

4.1 验收检验

4.1.1 活猪进屠宰厂或场后，在卸车或船前检验人员要先向送猪人员索取产地动物防疫监督机构开具的检疫合格证明，经临车观察未见异常，证货相符时准予卸车或船。

4.1.2 卸车或船后，检验人员必须逐头观察活猪的健康状况，按检查结果进行分圈、编号，健康猪赶入待宰圈休息；可疑病猪赶入隔离圈，继续观察；病猪及伤残猪送急宰间处理。

4.1.3 对检出的可疑病猪，经过饮水和充分休息后，恢复正常的，可以赶入待宰圈；症状仍不见缓解的，送往急宰间处理。

4.2 待宰检验

4.2.1 生猪在待宰期间，检验人员要进行“静、动、饮水”的观察，检查有无病猪漏检。

4.2.2 检查生猪在待宰期间的静养、喂水是否按 GB/T 17236 执行。

4.3 送宰检验

4.3.1 生猪在送宰前，检验人员还要进行一次全面检查，确认健康的，签发《宰前检验合格证明》，注明货主和头数，车间凭证屠宰。

4.3.2 检查生猪宰前的体表处理，是否按 GB/T 17236 执行。

4.3.3　检查送宰猪通道屠宰能道时，是否按 GB/T 17236 执行。

4.4　急宰猪处理

4.4.1　送急宰间的猪要及时进行屠宰检验，在检验过程中发现难以确诊的病猪时，要及时向检验负责人汇报并进行会诊。

4.4.2　死猪不得冷宰食用，要直接送往不可食用肉处理间进行处理。

5　宰后检验及处理

宰后检验必须对每头猪进行头部检验、体表检验、内脏检验、胴体初验、复 验与盖章。

无同步检验设备的屠宰厂或场屠体的统一编号，按 GB/T 17236 执行。

5.1　头部检验

屠体经脱毛吊上滑轨后进行，首先观察头颈部有无脓肿，然后切开两侧凳下淋巴结，检查有无肿大、出血、化脓和其他异常变化，脂肪和肌肉组织有无出血、水肿和淤血，对检出的病变淋巴结和脓肿要进行修割处理。

当发现凳下淋巴结肿大、出血，周围组织水肿或有胶样浸润时，应报告检验负责人进行会诊。

5.2　体表检验

5.2.1　对屠体的体表和四肢进行全面观察，剥皮猪还要检查皮张，检查有无充血、出血和严重的皮肤病。当发现皮肤肿瘤或皮肤坏死时，要在屠体上做出标 志，供胴体检验人员处理。

5.2.2　检查颈部耳后有无注射针孔或局部肿胀、化脓，发现后应做局部修割。

5.2.3　检查屠体脱毛是否干净，有无烫生、烫老和机损，修刮后浮毛是否冲洗干净，剥皮猪体表是否残留毛、小皮，是否冲洗干净。

5.3　内脏检验

屠体挑胸剖腹后进行，首先检查肠系膜淋巴结和脾脏，随后对摘出的心肝肺进行检验，当发现肿瘤等重要病变时，将该胴体推入病肉贫道，由专人进行对照检验、综合判定和处理。

5.3.1　肠系膜淋巴结和脾脏的检查：于挑胸剖腹后，先检验胃肠浆膜面上有无出血、水肿、黄染和结节状增生物，触检全部肠系膜淋巴结，并拉出脾脏进行观察。对肿大、出血的淋巴结要切开检查,当发现可疑肿瘤、白血病、霉菌感染和黄疸时,连同心肝肺一起将该胴体推入病猪贫道,进行详细检验和处理。胃肠于清除内容物后,还要对黏膜面进行检验和处理。

5.3.2 在剖腹后,还应注意观察膀胱和生殖器官有无异常,当发现膀胱中有血尿、生殖器官有肿瘤时,要与胴体进行对照检验和处理。

5.3.3 心肝肺检验

1. 心脏检验:观察心包和心脏有无异常,随即切开左心室检查心内膜。注意有无心包炎、心外膜炎、心肌炎、心内膜炎、肿瘤和寄生性病变等。

2. 肝脏检验:观察其色泽、大小,并触检其弹性有无异常,对肿大的肝门 淋巴结、胆管粗大部分要切检。注意有无肝包膜炎、肝淤血、肝脂肪变性、肝脓肿、肝硬变、胆管炎、坏死性肝炎、寄生性白癍和肿瘤等。

3. 肺脏检验:观察其色泽、大小是否正常,并进行触诊,发现硬变部分要切开检查,切检支气管淋巴结有无肿大、出血、化脓等变化。注意有无肺呛血、肺呛水、肺水肿、小叶性肺炎、肺气肿、融合性支气管肺炎、纤维素性肺炎、寄 生性病变和肿瘤等。气管上附有甲状腺的必须摘除。

5.4 胴体初验

观察体表和四肢有无异常,随即切检两侧浅腹股沟淋巴结有无肿大、出血、淤血、化脓等变化,检验皮下脂肪和肌肉组织是否正常,有无出血、淤血、水肿、变性、黄染、蜂窝织炎等变状。检查肾脏,剥开肾包膜观察其色泽、大小并触检 其弹性是否正常,必要时进行纵剖检查。注意有无肾淤血、肾出血、肾浊肿、肾脂变、肾梗死、间质同性肾炎、化脓性肾炎、肾囊肿、尿潴留以及肿瘤等。检查胸腹腔中有无炎症、异常渗出液、肿瘤病变。结合内脏检验结果做出综合判定。对可疑病猪做上标记,推入病肉贫道,通过复验做出处理。

5.5 复验与盖章

胴体劈半后,复验人员结合胴体初验结果,进行全面复查。检查片猪肉的内外伤、骨折造成的淤血和胆汁污染部分是否修净,检查椎骨间有无化脓灶和钙化 灶,骨髓有无褐变和溶血现象。肌肉组织有无水肿、变性等变化,仔细检验膈肌 有无出血、变性和寄生性损害。检查有无肾上腺和甲状腺及病变淋巴结漏摘。

经过全面复验,确认健康无病,卫生、质量及感官性状又符合要求的,盖上本厂或场的检验合格印章,见附录 A 中图 A1。对检出的病肉,按照 5.6 的规定分别盖上相应的检验处理印章,见附录 A 中图 A2 ~ 图 A6。

5.6 检验后不合格肉品的处理

5.6.1 放血不全

1. 全身皮肤呈弥漫性红色，淋巴结淤血，皮下脂肪和体腔内脂肪呈灰红色，以及肌肉组织色暗，较大血管中有血液滞留的，连同内脏做非食用或销毁。

2. 皮肤充血发红，皮下脂肪呈淡红色，肾脏颜色较暗，肌组织基本正常的高温处理后出厂或场。

5.6.2 白肌病

1. 后肢肌肉和背最长肌见有白色条纹和条块，或见大块肌肉苍白，质地湿润呈鱼肉样，或肌肉较干硬，晦暗无光，在苍白色的切面上散布有大量灰白色小点。心肌也见有类似病变。胴体、头、蹄、尾和内脏全部非食用或销毁。

2. 局部肌肉有病变。经切检深层肌肉正常的，割去病变部分后，经高温处理后出厂或场。

5.6.3 白肌肉(PSE 肉)

半腱肌、半膜肌和背最长肌显著变白，质地变软，且有汁液渗出。对严重的白肌肉进行修割处理。

5.6.4 黄脂、黄脂病和黄疸

1. 仅皮下和体腔内脂肪微黄或呈蛋清色，皮肤、粘膜、筋腱无黄色，无其他不良气味，内脏正常的不受限制出厂或场。如伴有其他不良气味，应做非食用 处理。

2. 皮下和体腔内脂肪明显发黄乃至呈淡黄棕色，稍浑浊，质地变硬，经放置一昼夜后黄色不消褪，但无不良气味的，脂肪组织做非食用或销毁处理，肌肉和内脏无异常变化的，不受限制出厂或场。

3. 皮下和体腔内脂肪、筋腱呈黄色，经放置一昼夜后，黄色消失或显著消褪，仅留痕迹的，不受限制出厂或场。黄色不消失的，作为复制原料肉利用。

4. 黄疸色严重，经放置一昼夜后，黄色不消失，并伴有肌肉变性和苦味的，胴体和内脏全部做非食用或销毁处理。

5.6.5 骨血素病(卟啉症)

肌肉可以食用，有病变的骨骼和内脏做非食用或销毁处理。

5.6.6 种公母猪和晚阉猪

未经阉割带有睾丸的猪，即为种公猪；乳腺发达，乳头长大，带有子宫和卵巢的猪，即为种母猪；晚阉猪一般体形较大，分别在会阴部和左肷部有阉割的痕迹，这类猪均按 GB/T 9959.1 或 GB/T 9959.2 的规定处理。

5.6.7　在肉品品质检验中,有下列情况之一的病猪及其产品全部做非食用或销毁:

1. 脓毒症;
2. 尿毒症;
3. 急性及慢性中毒;
4. 全身性肿瘤;
5. 过度瘠瘦及肌肉变质、高度水肿的。

5.6.8　组织器官仅有下列病变之一的,应将有病变的局部或全部做非食用或销毁处理。局部化脓、创 伤部分、皮肤发炎部分、严重充血与出血部分、浮肿部分、病理性肥大或萎缩部分、钙化变性部分、寄生虫损害部分、非恶性局部肿 瘤部分、带异色、异味及异臭部分及其他有碍食肉卫生部分。

5.6.9　检验结果的登记

每天检验工作完毕,要将当天的屠宰头数、产地、货主、宰前检验和宰后检验病猪和不合格产品的处理情况进行登记备量。

6　肉的分级

片猪肉的分级按 GB/T 9959.1 或 GB/T 9959.2 执行。

附录 A
(标准的附录)
检验处理章印模

A1　检验合格章印模,见图 A1,直径 75 mm,上线距圆心 5 mm,下线距圆心 10 mm,“××××”为厂或场名,要刻制全称,字体为宋体,铜制材料,日期可调换。

A2　无害化处理章印模

A2.1　非食用处理章印模,长 80 mm,宽 37 mm,见图 A2。

A2.2　高温处理章印模,等边三角形,边长各 45 mm,见图 A3。

A2.3　食用油处理章印模,长 45 mm,宽 20 mm,见图 A4。

A2.4　销毁处理章印模,对角线长 60 mm,见图 A5。

A2.5　复制处理章印模,菱形,长轴 60 mm,短轴 30 mm,见图 A6。

图 A1　检验合格章印模

图 A2　非食用处理章印模

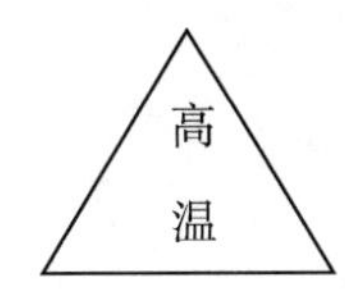

图 A3　高温处理章印模

图 A4　食用油处理章印模

图 A5　销毁处理章印模

图 A6　复制处理章印模

附录六　中华人民共和国国家标准
牛羊屠宰产品品质检验规程

Code for product quality inspection for cattle or sheep in slaughtering

GB 18393—2001

前　言

本标准的5.5及附录A为强制性条文,其余为推荐性条文。

本标准的4.1.1、4.1.2、4.3.1、4.4.2、第5章、5.4和5.5采用了CAC/RCP 12—1976《屠宰牲畜宰前宰后生实施法规》的15(a)、16(b)、17(a)、26、34和59(a)。

本标准不涉及传染病和寄生虫病的检验及处理。传染病和寄生虫病按照1959年农业部、卫生部、对外贸易部、商业部联合颁发的《肉品卫生检验试行规程》和GB 16548—1996《畜禽病害肉尸及其产品无害化处理规程》的规定执行。

本标准的附录A是标准的附录。

本标准由国家国内贸易局提出。

本标准起草单位:国家国内贸易局肉禽蛋食品质量检测中心(北京)。

本标准主要起草人:毓厚基、阮炳琪、金社胜、刘志仁、曹贤钦、王贵际。

1　范围

本标准规定了牛、羊屠宰加工的宰前检验及处理、宰后检验及处理。

本标准适用于牛、羊屠宰加工厂(场)。

2　引用标准

下列标准所包含的条文,通过在本标准中引用而构成为本标准的条文。本标准出版时,所示版本均 为有效。所有标准都会被修订,使用本标准的各方应探讨使用下列标准最新版本的可能性。

CAC/RCP 12—1976《屠宰牲畜宰前宰后卫生实施法规》

3　定义

本标准采用下列定义。

3.1 牛羊屠宰产品 Product of cattle or sheep

牛、羊屠宰后的胴体、内脏、头、蹄、尾，以及血、骨、毛、皮。

3.2 牛羊屠宰产品品质 Quality of cattle or sheep product

牛、羊屠宰产品的卫生质量和感官性状。

4 宰前检验及处理

宰前检验包括验收检验、待宰检验和送宰检验。宰前检验应采用看、听、摸、检等方法。

4.1 验收检验

4.1.1 卸车前应索取产地动物防疫监督机构开具的检疫合格证明，并临车观察，未见异常，证货相符时准予卸车。

4.1.2 卸车后应观察牛、羊的健康状况，按检查结果进行分圈管理。

1. 合格的牛、羊送待宰圈；
2. 可疑病畜送隔离圈观察，通过饮水、休息后，恢复正常的，并入待宰圈；
3. 病畜和伤残的牛、羊送急宰间处理。

4.2 待宰检验

4.2.1 待宰期间检验人员应定时观察，发现病畜送急宰间处理。

4.2.2 待宰牛、羊送宰前应停食静养12～24 h、宰前3 h停止饮水。

4.3 送宰检验

4.3.1 牛、羊送宰前，应进行一次群检。

4.3.2 牛还应赶入测温巷道逐头测量体温（牛的正常体温是37.5℃～39.5℃）。

4.3.3 羊可以进行抽测（羊的正常体温是38.5℃～40.0℃）。

4.3.4 经检验合格的牛、羊，由宰前检验人员签发《宰前检验合格证》，注明畜种、送宰头（只）数和产地，屠宰车间凭证屠宰。

4.3.5 体温高、无病态的，可最后送宰。

4.3.6 病畜由检验人员签发急宰证明，送急宰间处理。

4.4 急宰牛、羊的处理

4.4.1 急宰间凭宰前检验人员签发的急宰证明，及时屠宰检验。在检验过程中发现难于确诊的病变时,应请检验负责人会诊和处理。

4.4.2 死畜不得屠宰,应送非食用处理间处理。

5 宰后检验和处理

宰后检验包括头部检验、内脏检验、胴体检验和复验盖章。宰后检验采用视、触、嗅等感官检验方法。头、屠体、内脏和皮张应统一编号,对照检验。

5.1 头部检验

5.1.1 牛头部检验

1. 剥皮后,将舌体拉出,角朝下,下颌朝上,置于传送装置上或检验台上备检;

2. 对牛头进行全面观察,并依次检验两侧颌下淋巴结,耳下淋巴结和内外咬肌;

3. 检验咽背内外淋巴结,并触检舌体,观察口腔粘膜和扁桃体;

4. 将甲状腺割除干净。

5. 对患有开放性骨瘤且有脓性分泌物的或在舌体上生有类似肿块的牛头做非食用处理;

6. 对多数淋巴结化脓、干酪变性或有钙化结节的;头颈部和淋巴结水肿的;咬肌上见有灰白色或淡 黄绿色病变的;肌肉中有寄生性病变的将牛头扣留,按号通知胴体检验人,将该胴体推入病肉岔道进行对照检验和处理。

5.1.2 羊头部检验

1. 发现皮肤上生有脓泡疹或口鼻部生疮的连同胴体按非食用处理;

2. 正常的将附于气管两侧的甲状腺割除。

5.2 内脏检验

在屠体剖腹前后检验人员应观察被摘除的乳房、生殖器官和膀胱有无异常。随后对相继摘出的胃肠和心肝肺进行全面对照观察和触检,当发现有化脓性乳房炎,生殖器官肿瘤和其他病变时,将该胴体连 同内脏等推入病肉岔道,由专人进行对照检验和处理。

5.2.1 胃肠检验

1. 先进行全面观察,注意浆膜面上有无淡褐色绒毛状或结节状增生物、有无创伤性胃炎、脾脏是否正常;

2. 然后将小肠展开,检验全部肠系膜淋巴结有无肿大、出血和干酪变性等变化,食管有无异常;

3. 当发现可疑肿瘤、白血病和其他病变时,连同心肝肺将该胴体推入病肉岔道进行对照检验和处理;

4. 胃肠于清洗后还要对胃肠粘膜面进行检验和处理；

5. 当发现脾脏显著肿大、色泽黑紫、质地柔软时，应控制好现场，请检验负责人会诊和处理。

5.2.2　心肝肺检验：与胃肠先后做对照检验。

1. 心脏检验

(1) 检验心包和心脏，有无创伤性心包炎、心肌炎、心外膜出血。

(2) 必要时切检右心室，检验有无心内膜炎、心内膜出血、心肌脓疡和寄生性病变。

(3) 当发现心脏上生有蕈状肿瘤或见红白相间、隆起于心肌表面的白血病病变时，应将该胴体推入病肉岔道处理。

(4) 当发现心脏上有神经纤维瘤时，及时通知胴体检验人员，切检腋下神经丛。

2. 肝脏检验

(1) 观察肝脏的色泽、大小是否正常，并触检其弹性。

(2) 对肿大的肝门淋巴结和粗大的胆管，应切开检查，检验有无肝瘀血、混浊肿胀、肝硬变、肝脓疡、坏死性肝炎、寄生性病变、肝富脉斑和锯屑肝。

(3) 当发现可疑肝癌、胆管癌和其他肿瘤时，应将该胴体推入病肉岔道处理。

3. 肺脏检验

(1) 观察其色泽、大小是否正常，并进行触检。

(2) 切检每一硬变部分。

(3) 检验纵膈淋巴结和支气管淋巴结，有无肿大、出血、干酪变性和钙化结节病灶。

(4) 检验有无肺呛血、肺瘀血、肺水肿、小叶性肺炎和大叶性肺炎，有无异物性肺炎、肺脓疡和寄生性病变。

(5) 当发现肺有肿瘤或纵膈淋巴结等异常肿大时，应通知胴体检验人员将该胴体推入病肉岔道处理。

5.3　胴体检验

5.3.1　牛的胴体检验在剥皮后，按以下程序进行：

1. 观察其整体和四肢有无异常，有无瘀血、出血和化脓病灶，腰背部和前胸有无寄生性病变。臀部有无注射痕迹，发现后将注射部位的深部组织和残留物挖除干净。

2. 检验两侧器下淋巴结、腹股沟深淋巴结和肩前淋巴结是否正常，有无肿大、出血、瘀血、化脓、干酪变性和钙化结节病灶。

3. 检验股部内侧肌、内腰肌和肩胛外侧肌有无瘀血、水肿、出血、变性等变状，有无囊泡状或细小的寄生性病变。

4. 检验肾脏是否正常,有无充血、出血、变性、坏死和肿瘤等病变。并将肾上腺割除掉。

5. 检验腹腔中有无腹膜炎,脂肪坏死和黄染。

6. 检验胸腔中有无肋膜炎和结节状增生物,胸腺有无变状,最后观察颈部有无血污和其他污染。

5.3.2 羊的胴体检验以肉眼观察为主,触检为辅。

1. 观察体表有无病变和带毛情况;

2. 胸腹腔内有无炎症和肿瘤病变;

3. 有无寄生性病灶;

4. 肾脏有无病变;

5. 触检髂下和肩前淋巴结有无异常。

5.4 胴体复验与盖章

5.4.1 牛的胴体复验于劈半后进行,复验人员结合初验的结果,进行一次全面复查。

1. 检查有无漏检;

2. 有无未修割干净的内外伤和胆汁污染部分;

3. 椎骨中有无化脓灶和钙化灶,骨髓有无褐变和溶血现象;

4. 肌肉组织有无水肿,变性等变状;

5. 膈肌有无肿瘤和白血病病变;

6. 肾上腺是否摘除。

5.4.2 羊的胴体不劈半,按初检程序复查。

1. 检查有无病变漏检;

2. 肾脏是否正常;

3. 有无内外伤修割不净和带毛情况。

5.4.3 盖章

1. 复验合格的,在胴体上加盖本厂(场)的肉品品质检验合格印章(见附录 A 中的图 A1),准予出厂;

2. 对检出的病肉按照 5.5 的规定分别盖上相应的检验处理印章(见附录 A,图 A2~图 A5)。

5.5 不合格肉品的处理

5.5.1 创伤性心包炎

根据病变程度,分别处理。

1. 心包膜增厚,心包囊极度扩张,其中沉积有多量的淡黄色纤维蛋白或脓性渗出物、有恶臭,胸、腹 腔中均有炎症,且膈肌、肝、脾上有脓疡的,应全部做非食用或销毁;

2. 心包极度增厚,被绒毛样纤维蛋白所覆盖,与周围组织膈肌、肝发生粘连的,割除病变组织后,应高温处理后出厂(场);

3. 心包增厚被绒毛样纤维蛋白所覆盖,与膈肌和网胃愈着的,将病变部分割除后,不受限制出厂(场)。

5.5.2 神经纤维瘤

牛的神经纤维瘤首先见于心脏,当发现心脏四周神经粗大如白线,向心尖处聚集或呈索状延伸时,应切检腋下神经丛,并根据切检情况,分别处理。

1. 见腋下神经粗大、水肿呈黄色时,将有病变的神经组织切除干净,肉可用于复制加工原料;

2. 腋下神经丛粗大如板,呈灰白色,切检时有韧性,并生有囊泡,在无色的囊液中浮有杏黄色的核,这种病变见于两腋下,粗大的神经分别向两端延伸,腰荐神经和坐骨神经均有相似病变,应全部做非食 用或销毁。

5.5.3 牛的脂肪坏死

在肾脏和胰脏周围、大网膜和肠管等处,见有手指大到拳头大的、呈不透明灰白色或黄褐色的脂肪坏死凝块,其中含有钙化灶和结晶体等。将脂肪坏死凝块修割干净后,肉可不受限制出厂(场)。

5.5.4 骨血素病(卟淋沉着症)

全身骨骼均呈淡红褐色、褐色或暗褐色,但骨膜、软骨、关结软骨、韧带均不受害。有病变的骨骼或 肝、肾等应做工业用,肉可以作为复制品原料。

5.5.5 白血病

全身淋巴结均显著肿大、切面呈鱼肉样、质地脆弱、指压易碎,实质脏器肝、脾、肾均见肿大,脾脏的滤泡肿胀,呈西米脾样,骨髓呈灰红色,应整体销毁。

注:在宰后检验中,发现可疑肿瘤,有结节状的或弥漫性增生的,单凭肉眼常常难于确诊,发现后应将嗣体及其产品 先行隔离冷藏,取病料送病理学检验,按检验结果再作出处理。

5.5.6 种公牛、种公羊

健康无病且有性气味的,不应鲜销,应做复制品加工原料。

5.5.7 有下列情况之一的病畜及其产品应全部做非食用或销毁。

1. 脓毒症;

2. 尿毒症;

3. 急性及慢性中毒；

4. 恶性肿瘤、全身性肿瘤；

5. 过度瘠瘦及肌肉变质、高度水肿的。

5.5.8　组织和器官仅有下列病变之一的，应将有病变的局部或全部做非食用或销毁处理。

1. 局部化脓；

2. 创伤部分；

3. 皮肤发炎部分；

4. 严重充血与出血部分；

5. 浮肿部分；

6. 病理性肥大或萎缩部分；

7. 变质钙化部分；

8. 寄生虫损害部分；

9. 非恶性肿瘤部分；

10. 带异色、异味及异臭部分；

11. 其他有碍食肉卫生部分。

5.5.9　检验结果登记

每天检验工作完毕，应将当天的屠宰头(只)数、产地、货主、宰前和宰后检验查出的病畜和不合格肉的处理情况进行登记。

附录 A
(标准的附录)
检验处理章印模

A1　检验合格印章印模，见图 A1，直径 75 mm，上线距圆心 5 mm，下线距圆心 10 mm，“××××”为厂或场名，要刻制全称，字体为宋体，铜制材料，日期可调换。

A2　无害化处理章印模

A2.1　高温处理章印模. 等边三角形，边长 45 mm，见图 A2。

A2.2　非食用处理章印模，长 80 mm，宽 37 mm，见图 A3。

A2 ~3　复制处理章印模，菱形，长轴 60 mm，短轴 30 mm，见图 A4。

A2 ~4　销毁处理章印模，对角线长 60 mm，见图 A5。

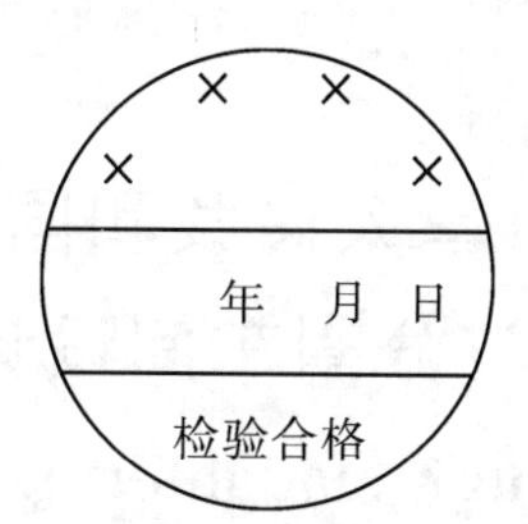

图 A1 检验合格印章印模

图 A2 高温处理章印模

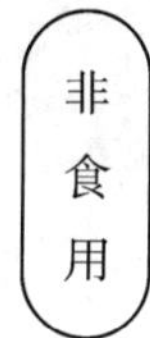

图 A3 非食用处理章印模

图 A4 复制处理章印模

图 A5 销毁处理章印模

附录七 中华人民共和国国家标准
猪屠宰与分割车间设计规范

Code for design of pig's slaughtering and cutting rooms

GB 50317—2009

前 言

本规范系根据住房和城乡建设部“关于印发《2008年工程建设标准规范制订、修订计划(第一批)》的通知”(建标〔2008〕102号)的要求,由国内贸易工程设计研究院会同有关单位,在原国家标准《猪屠宰与分割车间设计规范》GB 50317—2000基础上,进行全面修订而成。

本规范在修订过程中,查阅了国内外的有关文献资料,并组织到有关企业进行调研和资料的收集工作,广泛征求了全国有关部门和单位的意见,结合国内近年来在生猪屠宰和分割加工方面的成功经验,吸收了国外的先进技术和标准,对现行规范进行了全面修订,成稿后在全国有关省市征求了业内专业人士的意见,同相关标准规范管理组进行沟通和协调,最后经有关部门的共同审查而定稿。

修订后的规范为贯彻执行国务院提出的“食品安全及食品质量”的精神,进一步加强生猪屠宰行业的管理水平,确保猪肉的产品质量。参照《生猪屠宰操作规程》GB/T 17236、《欧盟卫生要求》和新加坡及香港食环署对肉联厂的要求,结合目前猪屠宰企业中存在的问题等,根据现有猪屠宰企业的发展需要,对猪屠宰车间小时屠宰量的分级范围进行调整;屠宰工艺中增加二氧化碳麻电、蒸汽烫毛、燎毛、刮黑、消毒等工艺要求;增加屠宰过程中的追溯环节;新增制冷工艺章节,增加猪肉的两段冷却工艺及副产品冷却工艺;增加生物无害化处理等内容。修订后的规范,厂址选择和总平面布置更加合理,使猪屠宰加工企业同国际接轨,体现了工艺先进,厂区现代、卫生、环保、节能、经济、高效。一级和二级猪屠宰和分割加工企业达到了国际上屠宰行业的先进水平。

本规范中以黑体字标志的条文为强制性条文,必须严格执行。本规范由住房和城乡建设部负责管理和对强制性条文的解释,商务部负责日常管理,国内贸易工程设计研究院负责具体技术内容的解释。

本规范在施行过程中,如发现需要修改和补充之处,请将意见和有关资料寄送国内贸易工程设计研究院(通信地址:北京市右安门外大街99号,邮政编码:100069),以供今后修订时参考。

本规范主编单位、参编单位、主要起草人和主要审查人:

主编单位:国内贸易工程设计研究院

参编单位:中国肉类协会

　　　　　中国农业大学　上海五丰上食食品有限公司

主要起草人:赵秀兰　单守良　赵彤宇　邓建平　司　彪

　　　　　　吕济民　陈淇吉　徐　宏　马长伟　张　琳

主要审查人:边增林　王守伟　张新玲　程玉来　戴瑞彤　李　琳

　　　　　　吴　英　刘金英　李文祥　贾自力

1　总　则

1.1.1　为加强生猪屠宰行业的管理水平,确保猪肉的产品质量,规范猪屠宰与分割车间的设计,制定本规范。

1.1.2　本规范适用于新建、扩建和改建猪屠宰厂工程的猪屠宰与分割车间的设计。

1.1.3　猪屠宰与分割车间应确保操作工艺、卫生、兽医卫生检验符合国家有关法律、法规和方针政策要求,并应做到技术先进、经济合理、节约能源、使用维修方便。

1.1.4　猪屠宰与分割车间应按以下规定进行等级划分:

1　猪屠宰车间按小时屠宰量分为四级:

Ⅰ级:300头/h(含300头/h)以上;

Ⅱ级:120头/h(含120头/h)300头/h;

Ⅲ级:70头/h(含70头/h)~120头/h;

Ⅳ级:30头/h(含30头/h)~70头/h。

2　猪分割车间按小时分割量分为三级:

一级:200头/h(含200头/h)以上;

二级:50头/h(含50头/h)~200头/h;

三级:30头/h(含30头/h)~50头/h。

1.1.5　出口注册厂的猪屠宰与分割车间工程设计除不应低于本规范对Ⅰ级猪屠宰车间及一级猪分割车间的要求外,尚应符合国家质量监督检验检疫总局发布的有关出口方面的要求和规定。

1.1.6　猪屠宰与分割车间的设计除应符合本规范外,尚应符合国家现行有关标准的规定。

2 术 语

2.1.1 猪屠体 Pig body

猪屠宰、放血后的躯体。

2.1.2 猪胴体 Pig carcass

生猪刺杀、放血后,去毛(剥皮)、头、蹄、尾、内脏的躯体。

2.1.3 二分胴体(片猪肉) Half carcass

沿背脊正中线,将猪胴体劈成的两半胴体。

2.1.4 内脏 Offals

猪体腔内的心、肝、肺、脾、胃、肠、肾等。

2.1.5 挑胸 Breast splitting

用刀刺入放血口,沿胸部正中挑开胸骨。

2.1.6 雕圈 Cutting of around anus

沿肛门外围,用刀将直肠与周围括约肌分离。

2.1.7 分割肉 Cut meat

二分胴体(片猪肉)去骨后,按规格要求分割成各个部位的肉。

2.1.8 同步检验 Synchronous inspection

生猪屠宰剖腹后,取出内脏放在设置的盘子上或挂钩装置上并与胴体生产线同步运行,以便兽医对照检验和综合判断的一种检验方法。

2.1.9 验收间 Inspection and reception department

生猪进厂后检验接收的场所。

2.1.10 隔离间 Isolating room

隔离可疑病猪,观察、检查疫病的场所。

2.1.11 待宰间 Waiting pens

宰前停食、饮水、冲淋和宰前检验的场所。

2.1.12 急宰间 Emergency slaughtering room

屠宰病、伤猪的场所。

2.1.13 屠宰车间 Slaughtering room

自致昏刺杀放血到加工成二分胴体(片猪肉)的场所。

2.1.14 分割车间 Cutting and deboning room

剔骨、分割、分部位肉的场所。

2.1.15 副产品加工间 By - products processing room

心、肝、肺、脾、胃、肠、肾及头、蹄、尾等器官加工整理的场所。

2.1.16 有条件可食用肉处理间 Edible processing room

采用高温、冷冻或其他有效方法,使有条件可食肉中的寄生虫和有害微生物致死的场所。

2.1.17 无害化处理间 Innocuous treatment room

对病、死猪和废弃物进行化制(无害化)处理的场所。

2.1.18 非清洁区 Non – hygienic area

待宰、致昏、放血、烫毛、脱毛、剥皮和肠、胃、头、蹄、尾加工处理的场所。

2.1.19 清洁区 Hygienic area

胴体加工、修整,心、肝、肺加工,暂存发货间,分级、计量、分割加工和包装等场所。

2.1.20 二氧化碳致昏机 CO_2 Stunning machine

采用二氧化碳气体的方式将生猪致昏的设备。

2.1.21 低压高频电致昏机 Iow voltage high frequency stunning machine

采用低电压高频率的方式将生猪致昏的设备。

2.1.22 预清洗机 Prewashing machine

在浸烫和剥皮前,对猪屠体进行清洗的机器。

2.1.23 隧道式蒸汽烫毛 Steam scalding tunnel

猪屠体由吊链悬挂在输送机上通过蒸汽烫毛隧道。

2.1.24 连续脱毛机 Continuous u bar dehairing machine

采用两截、旋转方向为左右旋脱毛的机器。

2.1.25 预干燥机 Pre – drying machine

猪屠宰脱毛后,在用火燎去残毛前先将猪屠体表面擦干的机器。

2.1.26 燎毛炉(燎毛机) Flaming furnace

将猪屠体表面的残毛用火烧焦的机器。

2.1.27 抛光机 Polishing machine

将燎毛后猪屠体表面的焦毛清洗去掉,使其表面光洁的机器。

2.1.28 二分胴体(片猪肉)发货间 Carcass deliver goods department

二分胴体(片猪肉)发货的场所。

2.1.29 副产品发货间 By – products deliver goods depart¬ ment

猪副产品发货的场所。

2.1.30 包装间 Packing department

猪分割肉产品的包装场所。

2.1.31 冷却间 Chilling room

对产品进行冷却的房间。

2.1.32 冻结间 Freezing room

对产品进行冻结工艺加工的房间。

2.1.33 快速冷却间 Quick chilling room

对产品快速冷却的房间。

2.1.34 平衡间 Balancing room

使二分胴体(片猪肉)表面温度与中心温度趋于平衡的房间。

3 厂址选择和总平面布置

3.1 厂址选择

3.1.1 猪屠宰与分割车间所在厂址应远离供水水源地和自来水取水口,其附近应有城市污水排放管网或允许排入的最终受纳水体。厂区应位于城市居住区夏季风向最大频率的下风侧,并应满足有关卫生防护距离要求。

3.1.2 厂址周围应有良好的环境卫生条件。厂区应远离受污染的水体,并应避开产生有害气体、烟雾、粉尘等污染源的工业企业 或其他产生污染源的地区或场所。

3.1.3 屠宰与分割车间所在的厂址必须具备符合要求的水源和电源,其位置应选择在交通运输方便、货源流向合理的地方,根据节约用地和不占农田的原则,结合加工工艺要求因地制宜地确定,并应符合规划的要求。

3.2 总平面布置

3.2.1 厂区应划分为生产区和非生产区。生产区必须单独设置生猪与废弃物的出入口,产品和人员出入口需另设,且产品与生猪、废弃物在厂内不得共用一个通道。

3.2.2 生产区各车间的布局与设施必须满足生产工艺流程和卫生要求。厂内清洁区与非清洁区应严格分开。

3.2.3 屠宰清洁区与分割车间不应设置在无害化处理间、废弃物集存场所、污水处理站、锅炉房、煤场等建(构)筑物及场所的主导风向的下风侧,其间距应符合环保、食品卫生以及建筑防火等方面的要求。

3.3 环境卫生

3.3.1 屠宰与分割车间所在厂区的路面、场地应平整、无积水。主要道路及场地宜采用混凝土或沥青铺设。

3.3.2 厂区内建(构)筑物周围、道路的两侧空地均宜绿化。

3.3.3 污染物排放应符合国家有关标准的要求。

3.3.4 厂内应在远离屠宰与分割车间的非清洁区内设有畜粪、废弃物等的暂时集存场所,其地面、围墙或池壁应便于冲洗消毒。运送废弃物的车辆应密闭,并应配备清洗消毒设施及存放场所。

3.3.5 原料接收区应设有车辆清洗、消毒设施。生猪进厂的入口处应设置与门同宽、长不小于3.00 m、深0.10 ~0.15 m,且能排放消毒液的车轮消毒池。

4 建 筑

4.1 一般规定

4.1.1 屠宰与分割车间的建筑面积与建筑设施应与生产规模相适应。车间内各加工区应按生产工艺流程划分明确,人流、物流互不干扰,并符合工艺、卫生及检验要求。

4.1.2 地面应采用不渗水、防滑、易清洗、耐腐蚀的材料,其表面应平整无裂缝、无局部积水。排水坡度:分割车间不应小于1.0%,屠宰车间不应小于2.0%。

4.1.3 车间内墙面及墙裙应光滑平整,并应采用无毒、不渗水、耐冲洗的材料制作,颜色宜为白色或浅色。墙裙如采用不锈钢或塑料板制作时,所有板缝间及边缘连接处应密闭。墙裙高度:屠宰车间不应低于3.00 m,分割车间不应低于2.00 m。

4.1.4 车间内地面、顶棚、墙、柱、窗口等处的阴阳角,应设计成弧形。

4.1.5 顶棚或吊顶表面应采用光滑、无毒、耐冲洗、不易脱落的材料。除必要的防烟设施外,应尽量减少阴阳角。

4.1.6 门窗应采用密闭性能好、不变形、不渗水、防锈蚀的材料制作。车间内窗台面应向下倾斜45°,或采用无窗台构造。

4.1.7 成品或半成品通过的门,应有足够宽度,避免与产品接触。通行吊轨的门洞,其宽度不应小于1.20 m;通行手推车的双扇门,应采用双向自由门,其门扇上部应安装由不易破碎材料制作的通视窗。

4.1.8 车间应设有防蚊蝇、昆虫、鼠类进入的设施。

4.1.9 楼梯及扶手、栏板均应做成整体式的,面层应采用不渗水、易清洁材料制作,楼梯与电梯应便于清洗消毒。

4.1.10 车间采暖或空调房间外墙维护结构保温宜满足国家对公共建筑节能的要求。

4.2 宰前建筑设施

4.2.1 宰前建筑设施包括卸猪站台、赶猪道、验收间(包括司磅间)、待宰间(包括待宰冲淋间)、隔离间、兽医工作室与药品间等。

4.2.2 公路卸猪站台宜设置机械式协助平台或普通站台,并应高出路面0.90~1.00 m(小型拖拉机卸猪应另设站台),且宜设在运猪车前进方向的左侧,其地面应采用混凝土铺设,并应设罩棚。赶猪道宽度应大于1.50 m,坡度应小于10.0%。站台前应设回车场,其附近应有洗车台。洗车台应设有冲洗消毒及集污设施。

4.2.3 铁路卸猪站台有效长度应大于40.00 m,站台面应高出轨道面1.10 m。生猪由水路运来时,应设相应卸猪码头。

4.2.4 卸猪站台附近应设验收间,地磅四周必须设置围栏,磅坑内应设地漏。

4.2.5 待宰间应符合下列规定:

1 用于宰前检验的待宰间的容量宜按1.00~1.50倍班宰量计算(每班按7 h屠宰量计)。每头猪占地面积(不包括待宰间内赶猪道)宜按0.60~0.80 m^2计算。待宰间内赶猪道宽不应小于1.50 m。

2 待宰间朝向应使夏季通风良好,冬季日照充足,且应设有防雨的屋面,四周围墙的高度不应低于1.00 m,寒冷地区应有防寒设施。

3 待宰间应采用混凝土地面。

4 待宰间的隔墙可采用砖墙或金属栏杆,砖墙表面应采用不渗水易清洗材料制作,金属栏杆表面应做防锈处理。待宰间内地面坡度不应小于1.5%,并坡向排水沟。

5 待宰间内应设饮水槽,饮水槽应有溢流口。

4.2.6 隔离圈宜靠近卸猪站台,并应设在待宰间内主导风向的下风侧。隔离间的面积应按当地猪源的具体情况设置,Ⅰ、Ⅱ级屠宰车间可按班宰量的0.5%~1.0%的头数计算,每头疑病猪占地面积不应小于1.50 m^2;Ⅲ、Ⅳ级屠宰车间隔离间的面积不应小于3.00 m^2。

4.2.7 从待宰间到待宰冲淋间应有赶猪道相连。赶猪道两侧应有不低于1.00 m的矮墙或金属栏杆,地面应采用不渗水易清洗材料制作,其坡度不应小于1.0%,并坡向排水沟。

4.2.8 待宰冲淋间应符合下列规定:

1 待宰冲淋间的建筑面积应与屠宰量相适应。Ⅰ、Ⅱ级屠宰车间可按0.5~1.0 h屠宰量计,Ⅲ、Ⅳ级屠宰车间按1.0 h屠宰量计。

2 待宰冲淋间至少设有2个隔间,每个隔间都与赶猪道相连,其走道宽度不应小于1.2 m。

4.3 急宰间、无害化处理间

4.3.1 急宰间宜设在待宰间和隔离间附近。

4.3.2 急宰间如与无害化处理间合建在一起时,中间应设隔墙。

4.3.3 急宰间、无害化处理间的地面排水坡度不应小于2.0%。

4.3.4 急宰间、无害化处理间的出入口处应设置便于手推车出入的消毒池。消毒池应与门同宽、长不小于2.00 m、深0.10 m,且能排放消毒液。

4.4 屠宰车间

4.4.1 屠宰车间应包括车间内赶猪道、刺杀放血间、烫毛脱毛剥皮间、胴体加工间、副产品加工间、兽医工作室等,其建筑面积宜符合表1的规定。

表1 屠宰车间建筑面积

按1h计算的屠宰量(头)	平均每头建筑面积(m^2)
300及其以上	1.20~1.00
120(含120)~300	1.50~1.20
50(含50)~120	1.80~1.50
50以下	2.00

4.4.2 冷却间、二分胴体(片猪肉)发货间、副产品发货间应与屠宰车间相连接。发货间应通风良好,并应采取冷却措施。Ⅰ、Ⅱ、Ⅲ级屠宰车间发货间应设封闭式汽车发货口。

4.4.3 屠宰车间内致昏、烫毛、脱毛、剥皮及副产品中的肠胃加工、剥皮猪的头蹄加工工序属于非清洁区,而胴体加工、心肝肺加工工序及暂存发货间属于清洁区,在布置车间建筑平面时,应使两 区划分明确,不得交叉。

4.4.4 屠宰车间以单层建筑为宜,单层车间宜采用较大的跨度,净高不宜低于5.00 m。屠宰车间的柱距不宜小于6.00 m。

4.4.5 致昏前赶猪道坡度不应大于10.0%,宽度以仅能通过一头猪为宜,侧墙高度不应低于1.00 m,墙上方应设栏杆使赶猪道顶部封闭。

4.4.6 屠宰车间内与放血线路平行的墙裙,其高度不应低于放血轨道的高度。

4.4.7 放血槽应采用不渗水、耐腐蚀材料制作,表面光滑平整,便于清洗消毒。放血槽长度按工艺要求确定,其高度应能防止血液外溢。悬挂输送机下的放血槽,其起始段8.00~10.00 m槽底,坡度不应小于5.0%,并坡向血输送管道。放血槽最低处应分别设血、水输送管道。

4.4.8 集血池应符合下列规定:

1 集血池的容积最小应容纳3 h屠宰量的血,每头猪的放血量按2.5 L计算。集血池上应有盖板,并设置在单独的隔间内。

2 集血池应采用不渗水材料制作,表面应光滑易清洗消毒。池底应有2.0%坡度坡向集血坑,并与排血管相接。

4.4.9 烫毛生产线的烫池部位宜设天窗,且宜在烫毛生产线与剥皮生产线之间设置隔墙。

4.4.10 寄生虫检验室应设置在靠近屠宰生产线的采样处。面积应符合兽医卫生检验的需要,室内光线应充足,通风应良好。

4.4.11 Ⅰ、Ⅱ级屠宰车间的疑病猪胴体间和病猪胴体间应单独设置门直通室外。

4.4.12 副产品加工间及副产品发货间使用的台、池应采用不渗水材料制作,且表面应光滑,易清洗、消毒。

4.4.13 副产品中带毛的头、蹄、尾加工间浸烫池处宜开设天窗。

4.4.14 屠宰车间应设置滑轮、叉挡与钩子的清洗间和磨刀间。

4.4.15 屠宰车间内车辆的通道宽度:单向不应小于1.50 m,双向不应小于2.50 m。

4.4.16 屠宰车间按工艺要求设置燎毛炉时,应在车间内设有专用的燃料储存间。储存间应为单层建筑,应靠近车间外墙布置,并应设有直通车间外的出入口,其建筑防火要求应符合现行国家标准《建筑设计防火规范》GB 50016—2006 第3.3.9条的规定。

4.5 分割车间

4.5.1 一级分割车间应包括原料二分胴体(片猪肉)冷却间、分割剔骨间、分割副产品暂存间、包装间、包装材料间、磨刀清洗间及空调设备间等。

4.5.2 二级分割车间应包括原料二分胴体(片猪肉)预冷间、分割剔骨间、产品冷却间、包装间、包装材料间、磨刀清洗间及空调设备间等。

4.5.3 分割车间内的各生产间面积应相互匹配,并宜布置在同一层平面上,其建筑面积宜符合表2的规定。

表2 分割车间建筑面积

按1 h分割址(头)	平均每头建筑面积(m^2)
200头(含200头)以上	1.50~1.20
50头/h(含50头/h)~200头/h	1.80~1.50
30(含30头/h)~50头/h	2.00

4.5.4 原料冷却间设置应与产能相匹配，室内墙面与地面应易于清洗。

4.5.5 原料冷却间设计温度应取(2 ±2)℃。

4.5.6 采用快速冷却二分胴体(片猪肉)方法时，应设置快速冷却间及冷却物平衡间。快速冷却间设计温度按产品要求确定，冷却间设计温度宜取(2 ±2)℃。

4.5.7 分割剔骨间的室温：二分胴体(片猪肉)冷却后进入分割剔骨间时，室温应取(10 ±2)℃；胴体预冷后进入分割车间时，室温宜取(10 ±2)℃。

4.5.8 包装间的室温应取(10 ±2)℃。

4.5.9 分割剔骨间、包装间宜设吊顶，室内净高不应低于3.00 m。

4.6 职工生活设施

4.6.1 工人更衣室、休息室、淋浴室、厕所等建筑面积，应符合国家现行有关卫生标准、规范的规定，并结合生产定员经计算后确定。

4.6.2 生产车间与生活间应紧密联系。更衣室入口宜设缓冲间和换鞋间。

4.6.3 待宰间、屠宰车间非清洁区、清洁区、分割与包装车间、急宰间、无害化处理间生产人员的更衣室、休息室、淋浴室和厕所等应分开布置。各区生产人员的流线不得相互交叉。Ⅰ级屠宰车间的副产加工生产人员的更衣室宜单独设置。

4.6.4 厕所应符合下列规定：

1. 应采用水冲式厕所。屠宰与分割车间应采用非手动式洗手设备，并应配备干手设施。

2. 厕所应设前室，与车间应通过走道相连。厕所门窗不得直接与生产操作场所相对。

3. 厕所地面和墙裙应便于清洗。

4.6.5 更衣室与厕所、淋浴间应设有直通门相连。更衣柜(或更衣袋)应符合卫生要求，鞋靴与工作服要分别存放。更衣室应设有鞋靴清洗消毒设施。

4.6.6 Ⅰ、Ⅱ级屠宰车间清洁区与分割车间的更衣室宜设一次和二次更衣室，其间设置淋浴室。Ⅰ、Ⅱ级分割车间宜在消毒通道后，进入车间前设风淋间。

5 屠宰与分割工艺

5.1 一般规定

5.1.1 屠宰能力应根据正常货源情况，淡、旺季产销情况以及今后的发展来确定。每班屠宰时间应按7 h计算。

5.1.2 屠宰工艺流程应按待宰、检验、追溯编码、冲淋、刺杀、放血、烫毛、脱毛、燎毛、刮毛(或剥皮)、胴体加工顺序设置。

5.1.3　工艺流程设置应避免迂回交叉,生产线上各环节应做到前后相协调,使生产均匀地进行。

5.1.4　从宰杀放血到胴体加工完成的时间及放血开始到取出内脏的时间均应符合现行国家标准《生猪屠宰操作规程》GB/T 17236 的规定。

5.1.5　经检验合格的二分胴体(片猪肉)应采取悬挂输送方式运至二分胴体发货间或冷却间。

5.1.6　副产品中血、毛、皮、蹄壳及废弃物的流向不得对产品和周围环境造成污染。

5.1.7　所有接触肉品的加工设备以及操作台面、工具、容器、包装及运输工具等的设计与制作应符合食品卫生要求,使用的材料应表面光滑、无毒、不渗水、耐腐蚀、不生锈,并便于清洗消毒。屠宰、分割加工设备应采用不锈蚀金属和符合肉品卫生要求的材料制作。

5.1.8　运输肉品及副产品的容器,应采用有车轮的装置,盛装肉品的容器不应直接接触地面。

5.1.9　刀具消毒器应采用不锈蚀金属材料制作,并应使刀具刃部全部浸入热水中,刀具消毒器宜采用直供热水方式。

5.2　致昏刺杀放血

5.2.1　Ⅰ、Ⅱ级屠宰车间致昏前的生猪应设采耳号位置及追溯控制点。生猪在致昏前的输送中应避免受到强烈刺激。Ⅰ、Ⅱ级屠宰车间宜设双通道赶猪,双通道终端应设有活动门。Ⅲ、Ⅳ级屠宰车间可设单通道驱赶。

5.2.2　使用自动电致昏法和手工电致昏法致昏时,致昏的电压、电流和操作时间应符合现行国家标准《生猪屠宰操作规程》GB/T 17236 的规定。采用 CO_2 致昏时的操作时间,可根据产量及 CO_2 浓度确定。

5.2.3　采用 CO_2 致昏,车间内致昏机位置设与致昏机相匹配的机坑。手工电致昏应配备盐水箱,其安装位置应方便操作人员浸润电击器。

5.2.4　Ⅰ、Ⅱ级屠宰车间宜采用全自动低压高频三点式致昏或 CO_2 致昏。生猪致昏后应设有接收装置。Ⅲ、Ⅳ级屠宰车间猪的 致昏应采用手工电致昏在致昏栏内进行。

猪在致昏后应提升到放血轨道上悬挂刺杀放血或采用放血输送机或平躺机械输送式刺杀放血。

5.2.5　从致昏到刺杀放血的时间应符合现行国家标准《生猪屠宰操作规程》GB/T 17236 的规定。

5.2.6　Ⅰ、Ⅱ级屠宰车间应采用悬挂输送机刺杀放血,并应符合下列要求:

1. 在放血线路上设置悬挂输送机,其线速度应按每分钟刺杀头数和挂猪间距的乘积来计算,且应考虑挂空系数。挂猪间距取0.80 m。

2. 悬挂输送机轨道面距地面的高度不应小于3.50 m。

3. 从刺杀放血处到猪屠体浸烫(或剥皮)处,应保证放血时间不少于5 min。

Ⅲ、Ⅳ级屠宰车间的刺杀放血可在手推轨道上进行。其放血轨道面距地面的高度和放血时间均应符合本条Ⅰ、Ⅱ级屠宰车间的规定。

5.2.7 采用悬挂输送机时,放血槽长度应按猪屠体运行时间不应少于3 min计算。

5.2.8 Ⅰ、Ⅱ级屠宰车间猪屠体进入浸烫池(或预剥皮工序)前应设有猪屠体洗刷装置;Ⅲ级屠宰车间宜设有猪屠体洗刷装置;Ⅳ级屠宰车间可设猪屠体水喷淋清洗装置。洗刷用水的水温冬季不宜低于40℃。

5.3 浸烫脱毛加工

5.3.1 Ⅰ、Ⅱ级屠宰车间猪屠体烫毛宜采用隧道式蒸汽烫毛或运河烫池,Ⅲ、Ⅳ级屠宰车间宜采用运河烫池或普通浸烫池。

5.3.2 采用隧道式蒸汽烫毛或运河烫池时应符合下列要求:

1 猪屠体浸烫应由悬挂输送机的牵引链拖动进行。

2 采用隧道式蒸汽烫毛或浸烫池除出入口外,池体上部均应设有密封盖。

3 池体使用不渗水材料制作时应装有不锈蚀的内衬。池壁应采取保温措施。

4 隧道式蒸汽烫毛机体宽度宜取0.90~1.20 m,净高度宜取4.2~4.35 m。池体长度依拖动链条速度和浸烫时间来确定,运河烫池入口、出口段宜各取2.00 m,入口、出口段应有导向装置。池体宽度宜取0.60~0.75 m,不包括密封盖的池体净高度宜取0.80~1. 00 m。

5 隧道式蒸汽烫毛机及浸烫池应装设温度指示装置,温度调节范围宜取58℃~63℃。

6 运河烫池入口段应设溢流管,出口段应有补充新水装置。

7 隧道式蒸汽烫毛机及运河浸烫池底部应有坡度,并坡向排水口。

5.3.3 使用普通浸烫池时应符合下列要求:

1 Ⅲ、Ⅳ级屠宰车间浸烫池内宜使用摇烫设备,采用摇烫设备时,应留有大猪通道,除池体出入口外宜加密封罩。

2 烫池侧壁应采取保温措施。

3 使用摇烫设备的浸烫池尺寸应按实际需要确定。不使用摇烫设备的浸烫池净宽不应小于1.50 m,深度宜取0.80~0.90 m,其长度应按下式计算:

$$L = L_1 + L_2 + L_3$$

$$L_2 = \frac{\mathrm{ATl}}{60}$$

式中：

L——浸烫池长度(m)；

L_1——猪屠体降落浸烫池内所占长度，不应小于1.00 m；

L_2——浸入烫池的猪屠体在烫池中所占长度(m)；

L_3——猪屠体从烫池中捞出所占长度，可按1.50 m计算；

A——小时屠宰量(头)；

T——浸烫需要时间，按(3～6)min计算；

l——每头猪屠体在烫池中所占长度，按0.50 m计算(m/头)；

60——单位为分钟(min)。

4 浸烫池水温应根据猪的品种和季节进行调整，调节范围宜取58℃～63℃。浸烫池应设有水温指示装置。

5 浸烫池应设溢流管，并应装有补充新水装置。

6 浸烫池底部应有坡度，并坡向排水口。

5.3.4 浸烫后应使用脱毛机脱毛，脱毛机应符合下列要求：

1 脱毛机应与屠宰量相适应。

2 脱毛机上部应有热水喷淋装置。

3 脱毛机的安装应便于排水和安装集送猪毛装置。

4 脱毛机两侧应留有操作检修位置。

5.3.5 脱毛机送出猪屠体的一侧应设置接收工作台或平面输送机。

5.3.6 接收工作台或平面输送机在远离脱毛机的一端应设有提升装置，其附近应设有存放滑轮和叉挡的设施或有集送滑轮和叉挡的轨道。

5.3.7 Ⅰ、Ⅱ级屠宰车间在猪屠体被提升送入胴体加工生产线的起始段，应布置为猪体编号及可追溯的操作位置。

5.3.8 猪屠体送入胴体加工生产线的轨道面的高度应符合下列规定：

1 采用的加工设备为预干燥机、燎毛炉、抛光机时，轨道面距地面的高度不应小于3. 30 m。

2 猪屠体采用悬挂输送机或手推轨道输送，使用人工燎毛、刮毛、清洗装置时，其轨道面距地面的高度不应小于2.50 m。

5.3.9 Ⅰ、Ⅱ级屠宰车间应采用悬挂输送机传送猪屠体至胴体加工区。悬挂输送机的输送速度每分钟不得超过6～8头，挂猪间距宜取1.00 m。Ⅲ级屠宰车间宜采用胴体加工悬挂输送机。Ⅳ级屠宰车间为手推轨道。

5.3.10 猪屠体浸烫脱毛后，可采用预干燥机、燎毛炉、抛光机等 设备完成浸烫脱毛的后序加工。

5.3.11　预干燥机的机架内部应设有内壁冲洗装置。由鞭状橡胶或塑料条组成的干燥器具至少应有2组,其长度应满足干燥猪屠体的需要。

5.3.12　燎毛炉设置在预干燥机后,距干燥机的距离宜取2.00 m。燎毛炉上方应装有烟囱,悬挂输送机在燎毛炉中的一段轨道应设有冷却装置。

燎毛炉使用的液体、气体燃料应放置在车间内专设的燃料储存间中。

5.3.13　抛光机设置在燎毛炉后,两机间距宜取2.00 m。抛光机顶部应设有喷淋水装置,机架底部应装有不渗水材料制作的排水沟。为防止冲洗水外溢,排水沟四周应设有挡水槛。

5.3.14　在已脱毛的猪屠体被提升上轨道后,如不设置机器去除残毛,则应设置人工燎毛装置,并应在轨道两侧地面上留有足够地方设置人工刮毛踏脚台。

5.3.15　人工燎毛、刮毛后应设置猪屠体洗刷装置,洗刷处应安装挡水板,下部应有不渗水材料制作的排水沟和挡水槛。

5.3.16　在猪屠体脱掉挂脚链进入浸烫池或预剥皮处,应设有挂脚链返回装置。

5.4　剥皮加工

5.4.1　猪屠体应采用落猪装置或使悬挂轨道下降的方法将其放入剥皮台或预剥输送机上,也可设置猪屠体的接收台,再转入预剥输送机上。

5.4.2　采用预剥输送机剥皮时,其传动线速度应适合人工操作,并与剥皮机速度相协调,但线速度不宜超过8.00 m/min。根据剥 皮机的生产能力,卧式剥皮机配用的输送机长度不宜小于16.00 m,立式剥皮机配用的输送机长度宜取13.00 m。

5.4.3　采用卧式剥皮机剥皮,应配备转挂台,转挂台应紧靠剥皮机出胴体侧布置。转挂台宜采用不锈钢制作,其长度应与剥皮机和转挂台末端提升猪屠体位置相匹配。在转挂台的末端应有存放滑轮、叉挡的设施或有集放滑轮、叉挡的轨道。

5.4.4　转挂台的末端应设有提升机,将剥皮后的猪屠体提升到轨道上。

5.4.5　立式剥皮机的预剥皮机末端应设有将猪屠体转挂到轨道上的操作位置,其附近应有存放滑轮、叉挡的设施或有集放滑轮、叉挡的轨道。

5.4.6　立式剥皮机前后各约2.00 m的悬挂猪屠体轨道应为手推轨道。

5.4.7　Ⅰ、Ⅱ级屠宰车间应采用预剥皮输送机和剥皮机。Ⅲ、Ⅳ级屠宰车间可使用手工剥皮台。

5.4.8　剥皮猪屠体提升上轨道后,应在生产线上设置人工修割残皮的操作位置。

5.4.9　使用剥皮机时,剥下的皮张应设有自动输送设备将其运至暂存间。手工剥下的皮张也应及时运出。

5.4.10 车间内应配备盛放头、蹄、尾的容器和运输设备,以及相应的清洗消毒设施。

5.5 胴体加工

5.5.1 胴体加工与兽医卫生检验宜按下列程序进行:

头部与体表检验后的猪屠体→雕圈→猪屠体挑胸、剖腹→割生殖器、摘膀胱等→取肠胃→寄生虫检验采样→取心肝肺→冲洗→胴体初验→合格胴体去头、尾→劈半→去肾、板油、蹄→修整→二分胴体(片猪肉)复验→过磅计量→二段冷却→成品鲜销、分割或入冷却间。

可疑病胴体转入叉道或送入疑病胴体间待处理。

5.5.2 从取肠胃开始至胴体初验,其间工序应采用胴体和内脏同步运行方法或采用统一对照编号方法进行检验。

Ⅰ、Ⅱ级屠宰车间应采用带同步检验的设备。Ⅲ、Ⅳ级屠宰车间可采用统一对照编号方法进行检验的设备。Ⅲ级屠宰车间采用悬挂输送机时,宜采用带同步检验的设备。

5.5.3 内脏同步线上的盘、钩或同步检验平面输送机上的盘子,在循环使用中应设有热水消毒装置。热水出口处应有温度指示装置。

5.5.4 同步检验输送线的长度应与取内脏、寄生虫检验、胴体初验等有关工序所需长度相对应。

5.5.5 悬挂输送内脏检验盘子的间距不应小于0.80 m,盘子底部距操作人员踏脚台面的高度宜取0.80 m。挂钩距踏脚台面的高度宜取1.40 m。

5.5.6 劈半工具附近应设有方便使用的82℃热水消毒设施。

5.5.7 使用输送滑槽输送原料时,应配备必须的清洗消毒设施。

Ⅰ、Ⅱ级胴体劈半后应布置编号及可追溯的操作位置,并应在悬挂输送线上或手推轨道上安排修整工序的操作位置。

Ⅰ、Ⅱ级屠宰车间过磅间外应设置电子轨道秤及读码装置。Ⅲ、Ⅳ级屠宰车间可使用普通轨道秤。

5.5.10 胴体整理工序中产生的副产品及废弃物,应有专门的运输装置运送。

5.5.11 二分胴体(片猪肉)销售后返回的叉挡及运输上述副产品的车辆,应进行清洗消毒。

5.5.12 二分胴体(片猪肉)加工间应设有输送胴体至鲜销发货间的轨道,还应设置输送胴体至快速冷却间或冷却间的轨道。鲜销发货间二分胴体(片猪肉)悬挂间距每米不宜超过3~4头,轨道面距地面高度不应小于2.50 m。

5.6 副产品加工

5.6.1 副产品包括心肝肺、肠胃、头、蹄、尾等,它们的加工应分别在隔开的房间内进行。Ⅳ级屠宰车间心肝肺的分离可在胴体加工间内与胴体加工线隔开的地方进行。

5.6.2 各副产品加工间的工艺布置应做到脏净分开,产品流向一致、互不交叉。

5.6.3 Ⅰ、Ⅱ级屠宰车间的肠胃加工间应采用接收工作台和带式输送机等加工设备,胃容物应采用气力输送装置。Ⅲ、Ⅳ级屠宰车间的肠胃加工间内应设置各类工作台、池进行肠胃加工。

5.6.4 副产品加工台四周应有高于台面的折边,台面应有坡度,并坡向排水孔。

5.6.5 带毛的头、蹄、尾加工间应设浸烫池、脱毛机、副产品清洗机及刮毛台、清洗池等设备。

5.6.6 加工后的副产品如进行冷却,应将其摆放在盘内送入冷却间。鲜销发货间内应设有存放副产品的台、池。

5.6.7 生化制药所需脏器应按其工艺要求安排加工及冷却,冷却间设置宜靠近副产品加工间。

5.7 分割加工

5.7.1 分割加工宜采用以下两种工艺流程:

1. 原料[二分胴体(片猪肉)]快速冷却→平衡→二分胴体(片猪肉)接收分段→剔骨分割加工→包装入库。

2. 原料[二分胴体(片猪肉)]预冷→二分胴体(片猪肉)接收分段→剔骨分割加工→产品冷却→包装入库。

5.7.2 采用悬挂输送机输送胴体时,其输送链条应采用无油润滑或使用含油轴承链条。

5.7.3 原料预冷间(或冷却间)内应安装悬挂胴体的轨道,每米轨道上应悬挂(3~4)头胴体,其轨道面距地面高度不应小于2.50 m。轨道间距宜取0.80 m。

5.7.4 原料[二分胴体(片猪肉)]先冷却后分割时,原料应冷却到中心温度不高于7℃时方可进入分割剔骨、包装工序。

5.7.5 二分胴体(片猪肉)分段应符合以下规定:

1 悬挂二分胴体(片猪肉)采用立式分段方法时,应设置转挂输送设备,应设置立式分段锯。

2 悬挂二分胴体(片猪肉)采用卧式分段方法时,应设置胴体接收台,还应设置卧式分段锯。

3 一级、二级分割车间应布置三段编号及可追溯的操作位置。

5.7.6 一级分割车间加工的原料和产品宜采用平面带式输送设备输送。其两侧应分别设置分割剔骨人员的操作台，输送机的末端应配备分检工作台。二级分割车间可只设置分割剔骨工作台。

排腔骨加工位置应设分割锯。

5.7.7 分割肉原料和产品的输送不得使用滑槽。

5.7.8 包装间内应根据产品需要设置各类输送机、包装机、包装工作台及捆扎机具等设施，以及设置不同的计量装置及暂时存放包装材料的台、架等。捆扎机具应设在远离产品包装的地方。

5.7.9 包装材料间内应设有存放包装材料的台、架，并设有包装材料消毒装置。

5.7.10 分割车间应设有悬挂二分胴体（片猪肉）的叉挡和不锈钢挂钩的清洗消毒设施。

5.7.11 分割剔骨间及包装间使用车辆运输时，应留有通道及回车场地。

5.7.12 分割间、包装间内运输车辆只限于内部使用，必须输送出车间的骨头等副产品应设置外部车辆，在车间外接收。

6 兽医卫生检验

6.1 兽医检验

6.1.1 屠宰与分割车间的工艺布置必须符合兽医卫生检验流程和操作的要求。

6.1.2 宰后检验应按顺序设置头部、体表、内脏、寄生虫、胴体初验、二分胴体（片猪肉）复验和可疑病肉检验的操作点。各操作点的操作区域长度应按每位检验人员不小 1.50 m 计算，踏脚台高度应适合检验操作的需要。

6.1.3 头部检验操作点应设置在放血工序后或在体表检验操作点前，检验操作点处轨道平面的高度应适合检验操作的需要。

6.1.4 体表检验操作点应设置在刮毛、清洗工序后。

6.1.5 在摘取肠胃后，应设置寄生虫采样点。

6.1.6 胴体与内脏检验应符合下列规定：

Ⅰ、Ⅱ级屠宰车间，应设置同步检验装置，在此区间内应设置收集修割物与废弃物的专用容器，容器上应有明显标记。

Ⅲ、Ⅳ级屠宰车间，可采用胴体与内脏统一编号对照方法检验，心肝肺可采用连体检验。在内脏检验点处应设检验工作台、内脏输送滑槽及清洗消毒设施。

检验轨道平面距地面的高度不应小于 2.50 m。

6.1.7 在劈半与同步检验结束后的生产线上，必须设置复验操作点。

6.1.8 胴体在复验后，必须设置兽医卫生检验盖印操作台。

6.2 检验设施与卫生

6.2.1 在待宰间附近，必须设置宰前检验的兽医工作室和消毒药品存放间。在靠近屠宰车间处，必须设置宰后检验的兽医工作室。

6.2.2 在头部检验、胴体检验和复验操作的生产线轨道上，必须设有疑病猪屠体或疑病猪胴体检验的分支轨道。分支轨道应与生产线的轨道形成一个回路，Ⅰ、Ⅱ级屠宰车间该回路应设在疑病猪胴体间内，疑病猪胴体间的轨道应与病猪胴体间轨道相连接。

6.2.3 在疑病猪屠体或疑病猪胴体检验的分支轨道处，应安装有控制生产线运行的急停报警开关装置和装卸病猪屠体或病猪胴体的装置。

6.2.4 在分支轨道上的疑病猪屠体或疑病猪胴体卸下处，必须备有不渗水的密闭专用车，车上应有明显标记。

6.2.5 本规范第6.1.2条列出的各检验操作区和头部刺杀放血、预剥皮、雕圈、剖腹取内脏等操作区，必须设置有冷热水管、刀具消毒器和洗手池。

6.2.6 Ⅰ、Ⅱ、Ⅲ级屠宰车间所在厂应设置检验室，检验室应设有专用的进出口。检验室应设理化、微生物等常规检验的工作室，并配备相应的检验设备和清洗、消毒设施。

6.2.7 屠宰车间必须在摘取内脏后附近设置寄生虫检验室，室内应配备相应的检验设备和清洗、消毒设施。

6.2.8 凡直接接触肉品的操作台面、工具、容器、包装、运输工具等，应采用不锈钢金属材质或符合食品卫生的塑料制作，符合卫生要求，并便于清洗消毒。

6.2.9 各生产加工、检验环节使用的刀具，应存放在易清洗和防腐蚀的专用柜内收藏。

7 制冷工艺

7.1 胴体冷却

7.1.1 二分胴体（片猪肉）冷却间设计温度应取2 ±2℃，出冷却间的二分胴体（片猪肉）中心温度不应高于7℃，冷却时间不应超过20 h。进冷却间二分胴体（片猪肉）的温度按38℃计算。

7.1.2 采用快速冷却二分胴体方法时，宜设置快速冷却间及（冷却物）平衡间。快速冷却间内二分胴体（片猪肉）冷却时间可取90 min。平衡间设计温度宜取2 ±2℃。平衡时间不应超过18 h，二分胴体（片猪肉）中心温度不应高于7℃。

7.2 副产品冷却

Ⅰ、Ⅱ级屠宰车间副产品冷却间设计温度宜取－4℃，副产品经20 h冷却后中心温度不应高于3℃。

Ⅲ、Ⅳ级屠宰车间副产品冷却间设计温度宜取0℃，副产品经20 h冷却后中心温度不应高于7℃。

7.3 产品的冻结

7.3.1 市销分割肉冻结间的设计温度应为－23℃，冻结终了时肉的中心温度不应高于－15℃。对于出口的分割肉，分割肉冻结间的设计温度应为－35℃，冻结终了时肉的中心温度不应高于－18℃。

7.3.2 包括进出货时间在内，副产品冻结间时间不宜超过48 h，中心温度不宜高于－15℃。

7.3.3 冻结产品如需更换包装，应在冻结间附近安排包装间，包装间温度不应高于0℃。

8 给水排水

8.1 给水及热水供应

8.1.1 屠宰与分割车间生产用水应符合现行国家标准《生活饮用水卫生标准》GB 5749的要求。

8.1.2 屠宰与分割车间的给水应根据工艺及设备要求保证有足够的水量、水压。屠宰与分割车间每头猪的生产用水量按0.40～0.60 m^3计算。水量小时变化系数为1.5～2.0。

8.1.3 屠宰与分割车间根据生产工艺流程的需要，在用水位置应分别设置冷、热水管。清洗用热水温度不宜低于40℃，消毒用热 水温度不应低于82℃，消毒用热水管出口处宜配备温度指示计。

8.1.4 屠宰与分割车间内应配备清洗墙裙与地面用的高压冲洗设备和软管，各软管接口间距不宜大于25.00 m。

8.1.5 屠宰与分割车间生产用热水应采用集中供给方式，消毒用82℃热水可就近设置小型加热装置二次加热。热交换器进水宜采用防结垢装置。

8.1.6 屠宰与分割车间内洗手池应根据《肉类加工厂卫生规范》GB 12694 及生产实际需要设置，洗手池水嘴应采用自动或非手动式开关，并配备有冷热水。

8.1.7 急宰间及无害化处理间应设有冷、热水管及消毒用热水管。

8.1.8 屠宰与分割车间内应设计量设备并有可靠的节水、节能措施。

8.1.9 屠宰车间待宰圈地面冲洗可采用城市杂用水成中水作为水源，其水质必须达到国家《城市杂用水水质》GB/T 18920 标准，城市杂用水或中水管道应有标记，以免误饮、误用。

8.2 排水

8.2.1 屠宰与分割车间地面不应积水，车间内排水流向宜从清洁区流向非清洁区。

8.2.2 屠宰车间及分割车间地面排水应采用明沟或浅明沟排水，分割车间地面采用地漏排水时宜采用专用除污地漏。

8.2.3 屠宰车间非清洁区内各加工工序的轨道下面应设置带盖明沟。明沟宽度宜为(300～500)mm，清洁区内各加工工序的轨道下面应设置浅明沟，待宰间及回车场洗车台地面应设有收集冲洗废水的明沟。

8.2.4 屠宰车间及分割车间室内排水沟与室外排水管道连接处，应设水封装置，水封高度不应小于 50 mm。

8.2.5 排水浅明沟底部应呈弧形。深度超过 200 mm 的明沟，沟壁与沟底部的夹角宜做成弧形，上面应盖有使用防锈材料制作的箅子。明沟出水口宜设金属格栅，并有防鼠、防臭的设施。

8.2.6 分割车间设置的专用除污地漏应具有拦截污物功能，水封高度不应小于 50 mm。每个地漏汇水面积不得大于 36 m^2。

8.2.7 屠宰车间内副产品加工间生产废水的出口处宜设置回收油脂的隔油器，隔油器应加移动的密封盖板，附近备有热水软管接口。

8.2.8 肠胃加工间翻肠池排水应采用明沟，室外宜设置截粪井或采用固液分离机处理粪便及有关固体物质。Ⅰ、Ⅱ级屠宰车间截留的粪便及污物宜采用气体输送至暂存场所。

8.2.9 屠宰与分割车间内排水管道均应按现行国家标准《建筑给水排水设计规范》GB 50015 的有关规定设置伸顶通气管。

8.2.10 屠宰与分割车间内各加工设备、水箱、水池等用水设备的泄水、溢流管不得与车间排水管道直接连接，应采用间接排水方式。

8.2.11 屠宰与分割车间内生产用排水管道管径宜比经水力计算的结果大 2～3 号。

Ⅰ、Ⅱ级屠宰车间排水干管管径不得小于250 mm，Ⅲ、Ⅳ级屠宰车间排水干管管径不得小于200 mm，输送肠胃粪便污水的排水管管径不得小于300 mm。屠宰与分割车间内生产用排水管道最小坡度应大于0.005。

8.2.12　Ⅰ、Ⅱ级屠宰与分割车间室外排水管干管管径不得小于500 mm，Ⅲ、Ⅳ级屠宰与分割车间室外排水管干管管径不得小于300 mm。室外排水如采用明沟，应设置盖板。

8.2.13　屠宰与分割车间的生产废水应集中排至厂区污水处理站进行处理，处理后的污水应达到国家及当地有关污水排放标准的要求。

8.2.14　急宰间及无害化处理间排出的污水在排入厂区污水管网之前应进行消毒处理。

9　采暖通风与空气调节

9.1.1　屠宰车间应尽量采用自然通风，自然通风达不到卫生和生产要求时，可采用机械通风或自然与机械联合通风。通风次数不宜小于6次/h。

9.1.2　屠宰车间的浸烫池上方应设有局部排气设施，必要时可设置驱雾装置。

9.1.3　分割车间夏季空气调节室内计算温度取值如下：一、二级车间应取10±2℃；包装间夏季空气调节室内计算温度不应高于10±2℃；空调房间操作区风速应小0.20 m/s。

9.1.4　凡在生产时常开的门，其两侧温差超过15℃时，应设置空气幕或其他阻隔装置。

9.1.5　空气调节系统的新风口（或空调机的回风口）处应装有过滤装置。

9.1.6　在采暖地区，待宰冲淋间、致昏刺杀放血间、浸烫剥皮间、胴体加工间、副产品加工间、急宰间等冬季室内计算温度宜取14℃～16℃。分割剔骨间、包装间冬季室内计算温度应与夏季空气 调节室内计算温度相同。

9.1.7　屠宰车间每头猪的生产用汽量应符合表3的规定。

表3　每头猪用汽量（kg/h）

序号	等 级	用汽量
1	Ⅰ级	2～1.4
2	Ⅱ级	3～2
3	Ⅲ、Ⅳ级	4～3

9.1.8　屠宰车间及分割包装间的防烟、排烟设计，应按现行国家标准《建筑设计防火规范》GB 50016执行。

9.1.9　制冷机房的通风设计应符合下列要求：

1 制冷机房日常运行时应保持通风良好，通风量应通过计算确定，且通风换气次数不应小于 3 次/h。当自然通风无法满足要求时应设置日常排风装置。

2 氟制冷机房应设置事故排风装置,排风换气次数不应小于 12 次/h。氧制冷机房内的事故排风口上沿距室内地坪的距离不 应大于 1.20 m。

3 氨制冷机房应设置事故排风装置,事故排风量应按 183 $m^3/(m^2.h)$进行计算确定,且最小排风量不应小于 34 000 m^3/h。氨制冷机房内的排风口应位于侧墙高处或屋顶。

4 制冷机房的排风机必须选用防爆型。

9.1.10 制冷机房内严禁明火采暖。设置集中采暖的制冷机房,室内设计温度不应低于 16℃。

10 电气

10.1.1 屠宰与分割车间用电设备负荷等级应按以下要求进行划分:

Ⅰ、Ⅱ级屠宰与分 割车间的屠宰加工设备、制冷设备及车间应急照明属于二级负荷,其余用电设备属于三级负荷。

Ⅲ、Ⅳ级屠宰与分割车间的用电设备均属于三级负荷。

10.1.2 屠宰与分割车间应由专用回路供电,I、II 级屠宰与分割车间动力与照明宜分开供电,Ⅲ、Ⅳ级屠宰与分割车间可合一供电。

10.1.3 屠宰与分割车间配电电压应采用 AC220/380 V。新建工程接地型式应采用 TN-S 或 TN-C-S 系统,所有电气设备的金属外壳应与 PE 线可靠连接。扩建和改建工程,接地型式宜采用 TN-S 或 TN-C-S 系统。

10.1.4 屠宰与分割车间应按洁净区、非洁净区设配电装置,宜集中布置在专用电气室中。当不设专用电气室时,配电装置宜布置在通风及干燥场所。

10.1.5 当电气设备(如按钮、行程开关等)必须安装在车间内多水潮湿场所时,应采用外壳防护等级为 IP55 级的密封防水型电气产品。

10.1.6 手持电动工具、移动电器和安装在多水潮湿场所的电气设备及插座回路均应设漏电保护开关。

10.1.7 屠宰与分割车间照明方式宜采用分区一般照明与局部照明相结合的照明方式,各照明场所及操作台面的照明标准值不宜低于表 4 的规定。

表4　车间照明标准值、功率密度值

照明场所	照明种类及位置	照度(lx)	显色指数（Ra）	照明功率密度(W/m^2)
屠宰车间	加工缓操作部位照明	200	80	10
	检验操作部位照明	500	80	20
分割车间、副产品加工间	操作台面照明	300	80	15
	检验操作台面照明	500	80	25
寄生虫检验室	工作台面照明	750	90	30
包装间	包装工作台面照明	200	80	10
冷却间	一般照明	50	60	4
待宰间、隔离间	一般照明	50	60	4
急宰间	一般照明	100	60	6

10.1.8　照明光源的选择应遵循节能、高效的原则，屠宰与分割车间宜采用节能型荧光灯或金属卤化物灯，照明功率密度值不应大 于本规范表10.1.7的规定。

10.1.9　屠宰与分割车间应在封闭车间内及其主通道、各出口设应急照明和疏散指示灯、出口标志灯。应急电源的连续供电时间 不应少于30 min。

10.1.10　屠宰与分割车间照明灯具应采用外壳防护等级为IP55级带防护罩的防潮型灯具，防护罩应为非玻璃制品。待宰间可采用一般工厂灯具。

10.1.11　屠宰与分割车间动力与照明配线应采用铜芯塑料绝缘电线或电缆，移动电器应采用耐油、防水、耐腐蚀性能的铜芯软电缆。

10.1.12　屠宰车间内敷设的导线宜采用电缆托盘、电线套管敷设，电缆托盘、电线套管应采取防锈蚀措施。

10.1.13　分割车间宜采用暗配线，照明配电箱宜暗装。当有吊顶时，照明灯具宜采用嵌入式或吸顶安装。

10.1.14　屠宰与分割车间属多水作业场所，应采取等电位联接的保护措施，并在用电设备集中区采取局部等电位联接的措施。

10.1.15　屠宰与分割车间经计算需进行防雷设计时，应按三类防雷建筑物设防雷设施。

本规范用词说明：

1. 为便于在执行本规范条文时区别对待，对要求严格程度不同的用词说明如下：

(1)表示很严格，非这样做不可的：

正面词采用“必须”，反面词采用“严禁”；

(2)表示严格,在正常情况下均应这样做的:
正面词采用“应”,反面词采用“不应”或“不得”;
(3)表示允许稍有选择,在条件许可时首先应这样做的:
正面词采用“宜”,反面词采用“不宜”;
(4)表示有选择,在一定条件下可以这样做的,采用“可”。
2. 条文中指明应按其他有关标准执行的写法为:
“应符合 ……的规定”或“应按……执行”。

引用标准名录

《建筑设计防火规范》GB 50016
《生活饮用水卫生标准》GB 5749
《建筑给水排水设计规范》GB 50015
《肉类加工工业水污染物排放标准》GB 13457
《生猪屠宰操作规程》GB/T 17236
《畜禽病害肉尸及其产品无害化处理规范》GB 16548
《肉类加工厂卫生规范》GB 12694
《畜类屠宰加工通用技术条件》GB/T 17237
《生猪屠宰产品品质检验规程》GB/T 17996
《城市杂用水水质标准》GB/T 18920

附录八　牛羊屠宰与分割车间设计规范

Code for design of cattle and sheep slaughtering and cutting rooms

GB 51225—2017

住房城乡建设部关于发布国家标准《牛羊屠宰与分割车间设计规范》的公告

现批准《牛羊屠宰与分割车间设计规范》为国家标准，编号为 GB 51225—2017，自 2017 年 11 月 1 日起实施。其中，第 3.2.2、4.1.2、4.5.5、4.6.2、4.7.3、5.3.1、5.3.7、6.1.4、6.4.4、6.5.2、7.0.7、7.0.11、8.1.2、9.3.3、9.3.7、10.3.1、11.1.2 条为强制性条文，必须严格执行。

本规范由我部标准定额研究所组织中国计划出版社出版发行。

中华人民共和国住房和城乡建设部

2017 年 3 月 3 日

1　总则

1.1　为提高牛羊屠宰与分割车间的设计水平，满足食品加工安全与卫生的要求，制定本规范。

1.2　本规范适用于新建、扩建和改建的牛羊屠宰与分割车间的设计。

1.3　牛羊屠宰与分割车间设计必须符合卫生、安全、适用等基本条件，在确保操作工艺、卫生、兽医卫生检验符合要求的条件下，做到技术先进、经济合理、节约能源、维修方便。

1.4　牛羊屠宰车间与分割车间可按表 1 分级。

表 1　牛羊屠宰车间与分割车间分级

级别	牛(头/班)	羊(只/班)
大型	300 及以上	3 000 及以上
中型	150(含 150)～300	1 500(含 1 500)～3 000
小型	100(含 100)～150	500(含 500)～1 500

1.5　牛羊屠宰与分割车间的卫生要求除应符合本规范的规定外，还应符合现行国家标

准《食品安全国家标准食品生产通用卫生规范》GB 14881 的有关规定，出口注册车间尚应符合现行国家标准《屠宰和肉类加工企业卫生管理规范》GB/T 20094 的有关规定。

1.6 牛羊屠宰与分割车间设计除应符合本规范外，尚应符合国家现行有关标准的规定。

2 术语

2.1 屠体 Body

肉畜经屠宰、放血后的躯体。

2.2 胴体 Carcass

肉畜经屠宰、放血、去皮(毛)头、蹄、尾、内脏及生殖器(母畜去乳房)的躯体。

2.3 二分胴体 Half carcass

沿脊椎中线纵向锯(劈)成两部分的胴体。

2.4 牛四分体 Quarter carcass

牛二分胴体垂直于脊椎肋骨间横截为前后两部分的四分体。

2.5 内脏 Offals

肉畜脏腑内的心、肝、肺、脾、胃、肠、肾等。

2.6 白内脏 White offals

肉畜的肠、胃。

2.7 红内脏 Red offals

肉畜的心、肝、肺、肾。

2.8 同步检验 Synchronous inspection

肉畜胴体加工线同内脏线同步运行，便于兽医对照检验和综合判断的一种方式。

2.9 分割肉 Cut meat

胴体去骨后，按规格要求分割成各部分的肉。

2.10 验收间 Inspection and reception room

活牛羊进厂后检验接收的场所。

2.11 隔离间 Insolating room

隔离可疑病牛、羊，观察、检查疫病的场所。

2.12 待宰间 Waiting room

牛羊宰前停食、饮水、冲淋等的场所。

2.13 急宰间 Emergency slaughtering room

屠宰病和伤残牛羊的场所。

2.14　屠宰车间 Slaughtering room

自牛羊被致昏放血到加工成二分体的场所。

2.15　分割车间 Cutting room

胴体剔骨、分割及修割的场所。

2.16　副产品加工间 By - products processing room

内脏、头、蹄、尾等器官加工整理的场所。

2.17　无害化处理间 Bio - safety disposal

对病、死的牛羊和废弃物进行无害化处理的场所。

2.18　非清洁区 Non - hygienic area

待宰、致昏、放血、剥皮、烫毛、脱毛和肠、胃、头、蹄、尾粗加工的场所。

2.19　清洁区 Hygienic area

胴体加工、修整、副产品精加工，暂存发货间，分级，计量和分割车间等场所。

2.20　胴体发货间 Carcass deliver room

牛羊胴体发货的场所。

2.21　副产品发货间 By - products deliver room

牛羊副产品发货的场所。

2.22　包装间 Packing room

对产品进行包装的房间。

2.23　冷却间 Chilling room

对产品进行冷却的房间。

2.24　冻结间 Freezing room

对产品进行冻结加工的房间。

2.25　成品暂存间 Products temporary storage room

牛羊胴体或副产品发货前临时储存的冷藏间，其储存量不大于一般的屠宰量，储存时间不超过24 h。

3　厂址选择和总平面布置

3.1　厂址选择

3.1.1　屠宰与分割车间所在厂区（以下简称"厂区"）必须具备可靠的水源和电源，周边交通运输方便，并符合当地城乡规划、卫生与环境保护部门的要求。

3.1.2　厂址周围应有良好的环境卫生条件。厂址应避开受污染的水体及产生有害气体、烟雾、粉尘或其他污染源的工业企业或场所。

3.1.3 厂址选择应减少厂区产生气味污染的区域对居住区、学校和医院的影响。待宰间和屠宰车间的非清洁区与居住区、学校和医院的卫生防护距离应符合现行国家标准《农副食品加工业卫生防护距离 第1部分:屠宰及肉类加工业》GB 1807 8.1 的规定。

3.1.4 厂址应远离城市水源地和城市给水、取水口,其附近应有城市污水排放管网或允许排入的最终受纳水体。

3.2 总平面布置

3.2.1 厂区应划分为生产区和生活区。生产区内应明确区分非清洁区和清洁区。在严寒、寒冷和夏热冬冷地区,非清洁区不应布置在厂区夏季主导风向的上风侧,清洁区不应布置在厂区夏季主导风向的下风侧;在夏热冬暖和温和地区,非清洁区不应布置在厂区全年主导风向的上风侧,清洁区不应布置在厂区全年主导风向的下风侧。

3.2.2 生产区活畜入口、废弃物的出口与产品出口应分开设置,活畜、废弃物与产品的运送通道不得共用。

3.2.3 厂区屠宰与分割车间及其生产辅助用房与设施的布局应满足生产工艺流程和食品卫生要求,不得使产品受到污染。

3.3 环境卫生

3.3.1 屠宰与分割车间所在厂区不得设置污水排放明沟。生产中产生的污染物排放应满足国家相关排放标准的要求。

3.3.2 公路卸畜回车场附近应有洗车台。洗车台应设有冲洗消毒及排污设施,回车场和洗车台均应采用混凝土地面,洗车台下地面排水坡度不应小于2.5%。

3.3.3 垃圾、畜粪和废弃物的暂存场所应设置在生产区的非清洁区内,其地面与围墙应便于清洗、消毒。还应配备废弃物运送车辆的清洗消毒设施。

3.3.4 生产区的非清洁区内应设置急宰间与畜病害肉尸及其产品无害化处理间。畜病害肉尸及其产品无害化处理间应独立设置,急宰间可与其贴邻或与待宰间贴邻布置,并宜靠近卸畜站台。

3.3.5 厂区应有良好的雨水排放和防内涝系统,可设置雨水回用设施。

3.3.6 厂区主要道路应平整、不起尘,应有相应的车辆承载能力。活畜进厂的入口处应设置底部长不小于4.0 m、深不小于0.3 m、与门同宽且能排放消毒液的车轮消毒池。

3.3.7 厂区内建(构)筑物周围、道路两侧的空地均应绿化,但不应种植能散发风媒花粉、飞絮或恶臭的植物。空地宜种植草坪、灌木或低矮乔木。

4 建筑

4.1 一般规定

4.1.1 屠宰与分割车间及生产辅助设施平面布置应符合生产工艺流程、卫生及检验要求，其建筑面积应与生产规模相适应。

4.1.2 屠宰与分割车间非清洁区与清洁区的人流、物流不应交叉，非清洁区与清洁区的出入口应分别独立设置。

4.1.3 分割车间宜采用大跨度钢结构屋盖与金属夹芯板隔墙和吊顶，内部空间应具备适当的灵活性。

4.1.4 车间应设有防昆虫、鸟类和鼠类进入的设施。

4.1.5 车间地面设置明沟或地漏排水。

4.2 待宰间

4.2.1 待宰间应包括卸畜站台、赶畜道、检疫间、接收栏、司磅间、健康活畜待宰栏、疑病畜隔离间及生活设施。

4.2.2 待宰间应根据气候条件设置遮阳、避雨、通风或防寒的围护结构。

4.2.3 公路卸畜站台前应设回车场，卸畜站台宜高出回车场地面0.9~1.2 m。赶畜道应设安全护栏，赶畜道地面坡度不宜大于15.0%。

4.2.4 铁路卸畜站台有效长度不应小于40.0 m，站台面应高出轨面1.1 m。活畜由水路运来时，应设码头或相应的卸畜设施。

4.2.5 接收栏面积宜为健康活畜待宰栏面积的1/10，其附近应设检疫人员专用通道与检疫间、司磅间和疑病畜隔离间。地磅四周应有围栏，磅坑内应有排水设施。健康活畜和疑病畜必须分开。

4.2.6 健康活畜待宰栏存栏量宜为每班屠宰量的1.0倍。每头牛使用面积可按3.5~3.6 m^2计算，每头羊使用面积可按0.6~0.8 m^2 计算。

4.2.7 疑病畜隔离间应按当地畜源的具体情况设置，其位置宜靠近卸畜站台，应设消毒设施并有单独出口。疑病畜隔离间存栏量不应少于一头(只)。疑病畜隔离间使用面积不宜小于20 m^2。

4.2.8 待宰间内宜设活畜待宰冲淋间，严寒、寒冷地区的待宰冲淋间应有防寒措施。待宰冲淋间内宜设18℃~20℃温水冲淋设施。

4.2.9 接收栏、赶畜道、健康活畜待宰栏可用坎墙或栏杆分隔。坎墙或栏杆高度：牛栏不应小于1.4 m,羊栏不应小于0.8 m。坎墙表面应平整、不渗水及耐腐蚀,牛栏坎墙上部应设栓牛设施。

4.2.10　牛致昏前的驱赶通道平面宜为曲线形逐渐变窄,两侧应设坎墙,坎墙上宜设小门。

4.2.11　接收栏、赶畜道、健康活畜待宰栏和疑病畜隔离间、待宰间宜采用混凝土地面,地面应坡向排水明沟,坡度不应小于1.5%。待宰栏内应设给水管和带排水口的饮水设施。

4.3　屠宰车间

4.3.1　屠宰车间应包括屠宰间、副产品加工间、检验室、工器具清洗消毒间及其他辅助设备用房等。

4.3.2　屠宰车间最小建筑面积宜符合表2的规定。

表2　屠宰车间最小建筑面积

级别	平均单班每头(只)最小建筑面积(m^2)
大型	牛3.0,羊0.3
中型	牛5.0,羊0.5
小型	牛6.0,羊0.6

4.3.3　屠宰车间中致昏放血区、集血区、剥皮加工区应为非清洁区,胴体加工区应为清洁区;头、蹄、尾和肠胃加工区应为副产品加工非清洁区,心、肝、肺加工区应为副产品加工清洁区。车间建筑平面布置时,清洁区与非清洁区之间应隔断划分,清洁区与非清洁区人流、物流不得交叉。

4.3.4　屠宰车间建筑宜为单层或二层。牛屠宰车间净高不应低于6.0 m,羊屠宰车间净高不应低于4.5 m。

4.3.5　赶畜道在接近宰杀设备处应收窄到只能供一头牛或一只羊通行的宽度。

4.3.6　屠宰车间内与沥血线路平行且不低于沥血轨道高度的墙体表面应光滑平整、耐冲洗和不渗水。

4.3.7　屠宰车间地面应沿生产线设排水明沟,位置宜在生产线吊轨下方。

4.3.8　屠宰间地面排水坡度不应小于1.0%。

4.3.9　非清洁区用房宜设气楼增强通风与采光。

4.3.10　检验室应设置在靠近屠宰生产线的采样处,其面积应符合卫生检验的需要。

4.3.11　屠宰间的疑病胴体间应设置在胴体、内脏检验轨道末端附近,且宜有直通室外的出口。疑病胴体间房间温度不应高于4℃。

4.3.12　屠宰间应设置工(器)具清洗消毒间和维修间。

4.3.13 屠宰间内运输小车的通道宽度：单向不应小于1.5 m，双向不应小于2.5 m。

4.4 分割车间

4.4.1 分割车间应包括分割间、包装间、包装材料间、工器具清洗消毒间及辅助设备用房等。

4.4.2 分割车间内的各生产间面积应相互匹配，并宜布置在同一层平面上；分割车间最小建筑面积宜符合表3的规定。

表3 分割车间最小建筑面积

类别	单班分割量(t)	平均单班每吨分割肉最小建筑面积(m^2)
牛	>30	20
	>15，且≤30	25
	>5，且≤15	30
羊	>20	20
	≥10，且≤20	25
	<10	30

4.4.3 分割间、包装间的室温不应高于12℃。

4.4.4 分割车间地面排水坡度不应小于1.0%。

4.4.5 分割间和包装间宜设吊顶，室内净高不宜低于4.5 m。

4.5 冷却间、冻结间、暂存间与发货间

4.5.1 冷却间、冻结间、暂存间与发货间应和屠宰与分割车间紧密相连。冷却间与暂存间设计温度应为0℃~4℃，冻结间设计温度应为-35℃~-28℃，发货间温度不应高于12℃。

4.5.2 胴体冷却间设计应根据屠宰量确定，且不宜少于两间。

4.5.3 分割肉、副产品冻结间净宽宜为4.5 m~6.0 m，墙面应设防撞设施。

4.5.4 冻结间内保温材料应双面设置隔汽层。保温层内侧表面材料应无毒、防霉、耐腐蚀和易清洁。冻结间地面面层混凝土标号不应低于C30。

4.5.5 产品冻结若采用制冷速冻装置时，制冷速冻装置应设在单独的房间内。

4.5.6 经过冻结后的产品若需更换包装，应在冻结间附近设脱盘包装间，脱盘包装间温度不应高于12℃。

4.6 人员卫生与生活用房

4.6.1 屠宰与分割车间人员卫生与生活用房应包括换鞋间、更衣室、休息室、淋浴室、

厕所、手靴消毒间或通道、风淋间、药品工具间和洗衣房等。用房设置应符合国家现行有关卫生标准的规定。

4.6.2 屠宰与分割车间非清洁区和清洁区生产人员的卫生与生活用房应分开布置。

4.6.3 屠宰车间非清洁区应设换靴间、一次更衣室、淋浴室、厕所和手靴消毒间；屠宰车间清洁区应设换靴间、一次更衣室、淋浴室与厕所、二次更衣室和手靴消毒间；分割车间应设换靴间、一次更衣室、淋浴室与厕所、二次更衣室、手靴消毒间，并宜设风淋室。对需符合伊斯兰宰杀要求的屠宰车间，还应设置阿訇间，并应配备厕、浴等卫生设施。

4.6.4 盥洗设施、厕所便器与淋浴器应根据生产定员按国家现行有关标准的要求配备。

4.6.5 更衣室鞋、靴与工作服应分开存放。一次更衣室内应为每位员工配备一个更衣柜。二次更衣室内应设有挂衣钩和鞋、靴清洗消毒设施。

4.6.6 淋浴间、厕所宜设在一次更衣室与二次更衣室之间。

4.6.7 厕所应符合下列规定：

1. 屠宰与分割车间应采用水冲式厕所。洗手池应采用非手动式洗手设备，并应配备干手设施；便器应采用非手动式冲洗设备。

2. 厕所应设前室，厕所门不得直接开向生产操作场所。

4.6.8 手靴消毒间内应设手消毒器和靴消毒池。消毒池深度宜为 150 mm，平面长、宽尺寸以人员不能跨越为宜。

4.6.9 风淋间宽度不应小于 1.7 m，进深应根据同时通过员工人数与冲淋所需时间，结合生产前准备时间确定。

4.6.10 屠宰与分割车间和卫生与生活用房分开布置时，应设封闭连廊连通。

4.6.11 参观通道与车间之间的观察窗宜有防结露设施。

4.6.12 清洁区与非清洁区工作服应分开洗涤与存放。

4.7 防火与疏散

4.7.1 大中型牛羊屠宰与分割车间耐火等级不应低于二级，小型屠宰与分割车间耐火等级不应低于三级。

4.7.2 牛羊屠宰车间、分割车间和副产品加工间的火灾危险性分类应为丙类。

4.7.3 当牛羊屠宰与分割车间同氨压缩机房贴邻时，应采用不开门窗洞口的防火墙分隔。

4.7.4 牛羊屠宰与分割车间应设置必要的疏散走道，避免复杂的逃生线路。

4.7.5 屠宰与分割车间内的办公室、更衣休息室与生产部位之间夹设参观走廊时，应进行防火分隔,防火分隔界面宜设置在参观走廊靠办公室、更衣休息室一侧。

4.7.6 屠宰与分割车间疏散门宜采用带信号反馈的推栓门。

4.8 室内装修

4.8.1 车间地面应采用无毒、不渗水、防滑、易清洗、耐腐蚀的材料,其表面应平整无裂缝、无局部积水。

4.8.2 车间内墙面和顶棚或吊顶应采用光滑、无毒、耐冲洗、不易脱落的材料,其表面应平整光洁。

4.8.3 地面、顶棚、墙、柱等处的阴阳角应设计成弧形,转角断面半径不宜小于30 mm。

4.8.4 门窗应采用密闭性能好、不变形、不渗水、不易锈蚀的材料制作,内窗台宜设计成向下倾斜45°的斜坡,或采用无窗台构造。有温度要求房间的门窗应有良好的保温性能。

4.8.5 成品或半成品通过的门应有足够宽度,避免与产品接触。通行吊轨的门洞,其净宽度不应小于0.6 m。通行手推车的双扇门应采用双向自由门,其门扇上部应安装由不易破碎材料制作的通视窗,下部设有防撞护板。

4.8.6 各加工及发货用房内的台、池均应采用不渗水材料制作,且表面光滑易于清洗消毒。

4.8.7 车间内墙、柱与顶棚或吊顶宜采用白色或浅色亚光表面。

4.8.8 车间内排水明沟沟壁与沟底转角应为弧形,盖板材质应耐腐蚀及无毒环保。

5 结　构

5.1 一般规定

5.1.1 屠宰与分割车间建筑物宜采用钢筋混凝土结构或钢结构。

5.1.2 屠宰与分割车间建筑物结构的设计使用年限应为50年,结构的安全等级应为二级。

5.1.3 屠宰与分割车间建筑物结构及其构件应考虑所处环境温度变化作用产生的变形及内力影响,并应采取相应措施减少温度变化作用对结构引起的不利影响。

5.1.4 当屠宰与分割车间建筑物结构采用钢筋混凝土框架结构时,伸缩缝的最大间距不宜大于55 m;当采用钢结构时,纵向温度区段不应大于180 m,横向温度区段不应大于100 m。

5.1.5 屠宰与分割车间结构设计时应预先设计好支撑及吊挂设备、轨道主钢梁的埋件、吊杆等固定点;钢结构的柱、梁或网架球节点上的吊杆及固定件,应在工厂制作钢结构时做好,现场安装时不应在钢结构的主要受力部位施焊其他未经设计的构件。

5.1.6　软弱土及具有软弱下卧层的场地应考虑车间基础沉降对上部结构及加工设备的不利影响。

5.1.7　当冻结间地面防冻采用架空地面时，架空层净高不宜小于1.0 m，当采用地垄墙架空时，其地面结构宜采用预制混凝土板结构。冻结间结构基础最小埋置深度自架空层地坪向下不宜小于1.0 m，且应满足所在地区冬季地基土冻胀和融陷影响对基础埋置深度的要求。

5.1.8　屠宰与分割车间室内地面应排水通畅、不积水。地坪回填土应分层压实密实，且回填土不得使用淤泥、耕土、冻土、膨胀性土以及有机质含量大于5%的土。

5.1.9　屠宰与分割车间的混凝土结构的环境类别应按表4的要求确定。

表4　屠宰与分割车间的混族土结构的环境类别

环境类别	名称	条件
二a	分割车间	室内潮湿环境
二b	待宰间、屠宰车间、冷却间、冻结间	干湿交替环境

5.2　荷载

5.2.1　屠宰与分割车间楼面荷载应符合下列规定：

1 楼面在生产使用或安装检修时由设备、管道、运输工具及可能拆移的隔墙产生的局部荷载均应按实际情况考虑，可采用等效均布荷载代替。

2 设备位置固定时，可按固定位置对结构进行计算，但应考虑因设备安装和维修过程中的位置变化可能出现的最不利效应。

3 车间楼面堆放原料或成品较多、较重的区域，应按实际情况考虑；一般堆放情况可按均布活荷载或等效均布活荷载考虑。

4 楼面及屋面的悬挂荷载应按实际情况取用。

5.2.2　屠宰与分割车间楼、地面均布活荷载的标准值应采用5.0 kN/m^2；屠宰与分割车间有大型加工设备的部分楼、地面，其设备重量折算的等效均布活荷载标准值超过5.0 kN/m^{2}应按实际情况采用。生产车间的参观走廊、楼梯活荷载可按实际情况采用，但不应小于3.5 kN/m^2。

5.2.3　当楼面有振动设备时，尚应进行动力计算。建筑结构设计的动力计算，在有充分依据时，可将重物或设备的自重乘以动力系数后，按静力计算方法设计。一般设备的动力系数可采用1.05～1.10；对特殊的专用设备和机器，可提高到1.20～1.30。其动力荷载只传至楼板和梁。

5.2.4　冷却间、冻结间吊运轨道活荷载标准值及准永久值系数应符合表5的规定。

表5　冷却间、冻结间吊运轨道活荷载标准值及准永久值系

序号	房间名称	标准值(kN/m)	准永久值系数
1	羊胴体轨道	4.5	0.6
2	牛二分胴体轨道	7.5	0.6
3	牛四分胴体轨道	5.0	0.6I

注:本表数值包括滑轮和吊具重量。当吊运轨道直接吊在结构梁、板下时,应按吊点负荷面积将本表数值折算成集中荷载。

5.2.5　结构自重、施工或检修集中荷载,屋面雪荷载和积灰荷载,应符合现行国家标准《建筑结构荷载规范》GB 50009 的规定。

5.2.6　当采用压型钢板轻型屋面时,可按不上人屋面考虑,屋面竖向均布活荷载的标准值(按水平投影面积计算)应取0.5 kN/m²;对受荷水平投影面积大于60㎡的钢架构件,屋面竖向均布活荷载的标准值可取不小于0.3 kN/m²。

5.3　材料

5.3.1　冻结间、冷却间内水泥应采用硅酸盐水泥或普通硅酸盐水泥;不得采用矿渣硅酸盐水泥、火山灰质硅酸盐水泥和粉煤灰硅酸盐水泥;不同品种水泥不得混合使用,同一构件不得使用两种以上品种的水泥。水泥强度等级应大于42.5。

5.3.2　钢筋混凝土结构的混凝土中,不得使用对钢筋有腐蚀作用的外加剂。外加剂中含碱量应符合国家现行相关标准的有关规定。冻结间的混凝土结构如需提高抗冻融破坏能力时,可掺入适宜的混凝土外加剂。

5.3.3　冻结间、冷却间内承重墙砖砌体应采用强度等级不低于 MU20 的烧结普通砖,非承重墙砖砌体应采用强度等级不低于 MU10 的烧结普通砖,并应采用强度等级不低于 M7.5 的水泥砂浆砌筑和抹面。

5.3.4　钢筋混凝土结构的钢筋应符合下列规定:

1 纵向受力普通钢筋宜采用 HRB400、HRB500、HRBF400、HRBF500 钢筋,也可采用 HPB300、HRB335、HRBF335、RRB400 钢筋;

2 梁、柱纵向受力普通钢筋应采用 HRB400、HRB500、HRBF400、HRBF500 钢筋;

3 箍筋宜采用 HRB400、HRBF400、HPB300、HRB500、HRBF500 钢筋,也可采用 HRB335、HRBF335 钢筋。

5.3.5　钢结构承重的结构材料应根据结构的重要性、荷载特征、结构形式、应力状态、连接方法、钢材厚度和工作环境等因素,选用合适的钢材牌号和材性。

承重结构的钢材宜采用 Q235 钢、Q345 钢，其质量应分别符合现行国家标准《碳素结构钢》GB/T 700 和《低合金高强度结构钢》GB/T 1591 的规定。

5.3.6 焊接结构不应采用 Q235 沸腾钢；非焊接且处于冷间内工作温度等于或低于 -20℃的钢结构也不应采用 Q235 沸腾钢。

5.3.7 钢结构承重结构采用的钢材应具有抗拉强度、伸长率、屈服强度和硫、磷含量的合格保证，对焊接结构尚应具有碳含量的合格保证。

焊接承重结构以及重要的非焊接承重结构采用的钢材还应具有冷弯试验的合格保证。

5.3.8 对于需要验算疲劳的焊接结构的钢材，应具有常温冲击韧性的合格保证。当结构工作温度高于 -20℃但不高于 0℃时，Q235 钢和 Q345 钢应具有 0℃冲击韧性的合格保证。当结构工作温度不高于 -20℃时，对 Q235 钢和 Q345 钢应具有 -20℃冲击韧性的合格保证。

对于需要验算疲劳的非焊接结构的钢材亦应具有常温冲击韧性的合格保证。当结构工作温度不高于 -20℃时，对 Q235 钢和 Q345 钢应具有 0℃冲击韧性的合格保证。

5.3.9 对处于外露环境且对耐腐蚀有特殊要求或在腐蚀性气态和固态介质作用下的承重结构宜采用耐候钢，其质量应符合国家现行相关标准的有关规定。

5.4 涂装及防护

5.4.1 钢结构防锈和防腐蚀采用的涂料、钢材表面的除锈等级以及防腐蚀对钢结构的构造要求等，应符合现行国家标准《工业建筑防腐蚀设计规范》GB 50046 和《涂覆涂料前钢材表面处理表面清洁度的目视评定　第 1 部分：未涂覆过的钢材表面和全面清除原有涂层后的钢材表面的锈蚀等级和处理等级》GB/T 8923.1 的规定。

5.4.2 钢结构采用的防锈、防腐蚀材料应符合国家环境保护的要求。

5.4.3 钢结构柱脚在地面以下的部分可采用强度等级较低的 C15 混凝土包裹，保护层厚度不应小于 50 mm，并应使包裹的混凝土高出地面不小于 150 mm。当柱脚在地面以上时，柱脚底面应高出地面不小于 100 mm。

5.4.4 钢结构的防火应符合现行国家标准《建筑设计防火规范》GB 50016 的规定。

6 屠宰与分割

6.1 一般规定

6.1.1 班屠宰能力应根据正常货源、淡旺季产销情况确定。班屠宰量头（只）数应按全年生产不少于 150 个工作日的平均值计算。若屠宰时间集中，小时屠宰量大于班宰量的小时平均值时,应按小时计算屠宰能力。

6.1.2 屠宰工艺流程可按卸牛羊(耳号信息采集)—待宰—冲淋—致昏—放血—剥皮(信息采集)—胴体加工顺序设置。

6.1.3 工艺流程设置应在满足加工工位的前提下缩短加工路线,避免迂回交叉,生产线上各环节应做到前后协调。

6.1.4 工艺流程设置应满足从屠宰放血到胴体进冷却间的时间不得超过45 min,其中从放血到取出内脏的时间不得超过30 min的要求。

6.1.5 屠宰车间应设工器具、运输小车的清洗消毒间。

6.1.6 皮、胃容物应放置到指定场所。

6.1.7 与牛羊原料、半成品、成品接触的设备和器具,应使用无毒、无味、抗腐蚀的材料制作,并应易于清洁和保养。

6.1.8 对需按传统工艺或宗教习俗屠宰的牛羊,在保证肉类安全卫生的前提下,应按传统工艺或宗教习俗进行屠宰。

6.1.9 待宰、屠宰加工、称重、冷却、分割、包装及储存等环节应根据工艺要求设置信息采集点。

6.1.10 车间内应设品控办公室。

6.2 致昏放血

6.2.1 牛羊致昏应采用机械致昏或电致昏的方法。

6.2.2 气动致昏、手握式枪致昏、电致昏和传统点穴致昏应设置致昏翻板箱。

6.2.3 屠宰与放血应符合下列规定:

1 悬挂输送法屠宰放血及自滑轨屠宰放血应设置提升装置。

2 使用旋转屠宰箱放血时,应设置使活畜头部固定的设施及安全桩。

3 两种屠宰放血位置上都应设有不低于0.5m高的集血设施。

6.2.4 悬挂输送机应符合下列规定:

1. 在放血线路上设置悬挂输送机,其运行速度应按屠宰量和挂牲畜的间距来确定,挂牛间距不应小于1.6 m,挂羊间距不应小于0.8 m。

2. 放血线路上输送机轨道面距地面高度的确定:对牛屠体不应小于4.5 m,对羊屠体不应小于2.6 m。

3. 放血段轨道长度按产量及悬挂输送机运行时间来确定;牛放血(包括大量出血后的滴血)不得少于8 min,羊放血不得少于5 min。

6.2.5 带限制器的悬挂牲畜放血自滑轨道应符合下列规定:

1. 自滑轨道的坡度不得小于3.5%。

2. 放血段自滑轨道限制器不应少于2个。

6.2.6 悬挂法屠宰牲畜,放血槽的长度应按牛放血时间不得少于6 min,羊放血不得少于4 min计算血槽的长度。

6.2.7 放血后用过的滑轮、套脚链应设返回及安全保护装置。

6.3 牛羊剥皮、烫毛加工

6.3.1 牛悬挂畜体剥皮加工工序应包括:

牛(宰杀放血)—电刺激—预剥前蹄—去角、前蹄—预剥头皮—编号—去头—(头部检验、冲洗)—扎食管—预剥后腿皮—转挂畜体、换轨(滑轮芯片采集信息)—去后蹄—预剥臀部皮、尾皮—分离直肠—封肛—预剥胸部皮—预剥颈部皮一机器扯皮(编号)—(进入胴体加工工序)。

6.3.2 羊悬挂畜体剥皮加工工序应包括:

羊剥皮(屠宰放血)—预剥前蹄—去角、前蹄—预剥胸皮—编号—去头(头部检验、冲洗编号)—换轨(采集信息)—机器扯皮(编号)—(进入胴体加工工序)。

6.3.3 羊悬挂畜体烫毛加工工序应包括:

羊烫毛(屠宰放血)—落羊入烫池—烫毛—打毛—提升(编号)—(进入胴体加工工序)。

6.3.4 采用悬挂输送机输送畜体进行预剥皮时,剥皮工位数目应与输送的运行速度相适应。

6.3.5 去角及去前后蹄工位附近应备有盛放角、蹄的容器和输送设备。使用去蹄机具时,应在机具附近设置清洗消毒设施。

6.3.6 预剥皮轨道与胴体加工轨道分开设置时,应设置转挂操作台,并应符合下列规定:

1. 转挂操作台的高度应适合轨道转换操作的进行,并设有畜体提升转挂装置。

2. 转挂台上适当高度应设有滑轮、钩子和叉挡的存放位置,并应设有使空滑轮和套蹄链返回畜体致昏处的返回装置。应设胴体间用过的滑轮、钩、叉档经清洗消毒后返回的装置。

3. 两转挂轨道面高差:牛屠体宜为0.6~8.0 m,羊屠体宜为0~5 m,两条轨道之间平行距离宜为0.3~4.0 m。

6.3.7 机器扯皮应符合下列规定:

1. 使用下拉式扯皮机时应对扯皮区域内的受力轨道进行加固。对上拉式扯皮机应设置拴腿架。

2. 扯下的畜皮应设有气送或运输设备将其送到皮张暂存间。皮张运输设备应备有清洗设施。

6.3.8 当去头工序设在放血工序之后或设在机械扯皮工序之后进行时,应在去头位置设置头加工清洗装置。头部进行检验时检验钩的设置应便于吊挂。

6.4 胴体加工

6.4.1 胴体加工工序应包括:

(机器扯皮)—开胸骨—剖腹—取肠胃脾—取心肝肺肾—(冲淋)—去尾、鞭—胴体劈半(编号)—兽医食品卫生检验(编号信息采集)—胴体修整—盖复验讫印(编号)—计量(信息采集)—高压冲洗—冷却。

6.4.2 牛开胸骨应设操作台,使用胸骨锯或其他工具开胸时,应备有相应的82℃热水消毒设施。

6.4.3 牛胴体加工平均每小时10头以上(含10头),羊胴体加工平均每小时100只以上(含100只),应采用悬挂输送机及内脏(头)同步检验线。但牛胴体加工宜采用步进式输送。

6.4.4 胴体加工轨道面距地面高度应符合下列规定:

1. 牛去头工序设置在扯皮机后的不应低于4.0 m。

2. 进冷却间前不应低于3.8 m。

3. 羊胴体加工不应低于2.2 m。

6.4.5 悬挂输送机上的推板间距扯皮之前不应大于1.0 m,扯皮之后不应小于2.0 m。步进式输送牛胴体间距宜为2.1 ~5.0 m。羊胴体间距不应小于0.8 m。

6.4.6 内脏同步检验线上应采用悬挂或平面输送设备,并设有不锈钢盘、钩装置。牛肠胃可采用滑槽与同步检验线不锈钢盘相配套。

6.4.7 牛胴体加工线上,剖腹取白内脏与取红内脏工序应分别设置加工工位。

6.4.8 胴体劈半锯应配有82℃热水消毒设施。

6.4.9 牛胴体劈半,兽医食品卫生检验工序应设置可升降的操作台。小型牛屠宰车间兽医食品卫生检验可设置高低位检验操作台。

6.4.10 内脏同步检验线的长度应根据白内脏工位及检验工位的数目以及各工位间距离的总和确定。

6.4.11 红内脏同步线上钩子的下端距离操作人员的踏脚台的高度宜为1.2 ~4.0 m。白内脏同步线上放肠胃的盘子底面距离地面的高度宜为0.8 m。

6.4.12 悬挂在同步检验线上的红白内脏应设自动或手动卸料装置。如采用手工卸料,附近应设洗手池,并应在卸料处调整同步检验线的高度以适合人工操作。

6.4.13 大型、中型屠宰车间胴体加工线上使用的滑轮或叉挡,应设置提升和输送装置,将清洗消毒的滑轮、叉挡送至转挂操作台处。

6.5 副产品加工

6.5.1 副产品加工间的工艺布置应做到产品流向一致、避免交叉。

6.5.2 屠体的红内脏、白内脏、头蹄尾、皮张的加工工序应分别设置在不同的房间。

6.5.3 白内脏加工间应配置肠胃接收台、清洗池、暂存台(池)等。大中型屠宰车间应设置清洗机、肚洗白机及沥水台等设备。

6.5.4 红内脏加工应设置接收台、清洗池、修整工作台、暂存台(池)等设备。

6.5.5 牛头蹄尾加工间应设接收台、工作台、牛头蹄尾剥皮台、清洗池等设施。根据需要设置牛头劈半机、锯牛角机等设备。

6.5.6 羊头蹄尾加工间应设置接收台、锯羊角机、浸烫池、刮毛台、清洗池等设施,也可根据当地市场需求设剥皮工艺。

6.5.7 屠宰厂(场)牛羊胃房草应采用集送装置输送至指定场所,经脱水处理后及时外运。

6.6 急宰、病害牛羊胴体和病害牛羊产品生物安全处理

6.6.1 经兽医食品卫生检验鉴定后,对可食用病畜可进行急宰,不可食用的病害牛羊及其产品应进行生物安全处理。

6.6.2 急宰间应配备相应的屠宰设备。

6.6.3 在生产区应设置病害动物和病害动物产品生物安全处理设施,并应按相关现行国家标准进行生物安全处理。

6.7 分割加工

6.7.1 分割加工宜采用下列工艺流程:

1. 宰后合格牛二分胴体—冷却—分切四分体(编号贴标信息采集)—剔骨(扫码信息采集)—分割(扫码信息采集)—包装(扫码信息采集)—鲜销或冻结。

2. 宰后合格羊胴体—冷却—剔骨(编号贴标信息采集)—分割(扫码信息采集)—包装(扫码信息采集)—鲜销或冻结。

6.7.2 牛胴体冷却应采用二分胴体悬挂方式进入四分体间分切, 分切后的四分体(编

号贴标）再进行剔骨、分割冻结。

6.7.3 羊胴体进冷却间前宜设转挂工位与转挂装置。

6.7.4 牛胴体冷却时间不应少于 24 h，羊胴体冷却不应大于 12 h。牛、羊胴体冷却后中心温度不应高于7℃。

6.7.5 胴体冷却间内安装吊运轨道，其轨面距地面的高度：牛二分胴体不宜低于 3.3 m，牛四分体不宜低于 2.8 m，羊胴体不宜低于 2.6 m。

6.7.6 胴体冷却轨道间距：牛二分胴体不应小于 900 mm，羊胴体（每个叉挡或羊胴体挂笼挂 3 只以上两层）不应小于 800 mm。轨道布置应保证胴体不与墙、柱接触。

6.7.7 冷却间轨道上悬挂劈半后的牛二分胴体每米按 1.5 头计算，羊胴体每米按不大于 12 只计算。

6.7.8 分割肉冷却宜采用小车或货架分层冷却方式。

6.7.9 分割间内采用悬挂输送机输送胴体时，其输送链宜采用无油润滑或使用含油轴承链条运输机。

6.7.10 大、中型剔骨分割加工间，班产牛分割肉在 10 t 及以上或羊分割肉 8 t 及以上的原料和半成品、成品的输送宜采用自动输送装置。

6.7.11 大中型牛二分胴体在进剔骨分割前应设四分体间，并设四分体锯及四分体转挂下降装置。

6.7.12 在分割间内，对悬挂的牛四分体后腿部分胴体应设置下降装置，使其胴体的轨道面高度下降到适宜剔骨工序操作的高度。对于前腿部分胴体应设置提升机，使其胴体的轨道面高度提升到适宜剔骨工序操作的高度。

6.7.13 在轨道上悬挂剔骨时，从轨道上卸四分体胴体时，工作台附近宜设置卸料装置。

6.7.14 在轨道上悬挂剔骨时，其轨道下面应设置接收台（或接收盘）。

6.7.15 在分割输送机（带工作台）上进行分部位剔骨，应在输送机前安装分割锯及工作台。

6.7.16 分割间安排工艺布局时，应在车间留有人行走通道，如使用车辆运输时应有回车场地。

6.7.17 分割肉原料和半成品、成品的输送不得采用滑槽（筒）。

6.7.18 包装间应设有工作台、计量装置和捆扎机具等设施，还应安排存放包装材料的场所。使用车辆运输时应有回车场地。

6.7.19 分割副产品间应根据加工产品需要，分别设置工作台、计量装置及其必要的机具。

6.7.20　分割车间的工器具清洗间内,应设置盛装肉品容器、冻结用金属盘及运输车辆的清洗消毒设施,还应设置符合卫生要求的存放架。

7　兽医食品卫生检验

7.0.1　兽医卫生检验应符合国家现行相关标准的有关规定。

7.0.2　屠宰生产线上被检畜体应统一编号,线速度应符合兽医食品卫生检验的要求。

7.0.3　宰后检验应设置头部、内脏、体表与胴体检验和复检的操作位置,其长度应按每位检验人员不少于1.5 m计算。各操作点的踏脚台的高度应适应该处检验人员的要求。

7.0.4　头部检验位置应符合下列规定:

1. 采用放血以后立即落头工序的,应在落头位置附近设置头部检验位置,并配置检验台及清洗装置。检验后的头部应按牲畜屠宰统一编号放在小车上等待复检。

2. 采用胴体、内脏、头部同步检验方法的,应将头部清洗后悬挂或放在同步检验设备上等待检验。

7.0.5　胴体与内脏检验应符合下列规定:

1. 大型、中型屠宰车间可设置同步检验装置,在检验位置应设置收集修割废弃物的专用容器。

2. 小型屠宰车间,可采用胴体和内脏统一编号方法对照检验或畜体取出内脏后就地与胴体对照检验,其内脏检验位置应设置检验工作台。

3. 胴体与内脏、头部进行同步检验或对照检验后,必须设置兽医食品卫生检验盖章操作台。

7.0.6　在待宰间临近处,应设置宰前检疫的兽医工作室。在靠近屠宰车间处,应设置宰后兽医工作室。在屠宰车间或厂区内宜设置官方兽医室。

7.0.7　在胴体检验工序后,胴体加工轨道上必须设置疑病胴体的分支轨道。分支轨道可与脂体加工轨道形成一个回路,或将分支轨道通往疑病胴体间。

7.0.8　内脏同步检验线上的盘、钩、肠胃同步检验滑槽在循环使用中应设置冷热水清洗及消毒装置。

7.0.9　各检验操作位置上应设置刀具消毒器及洗手池。

7.0.10　车间内各设备、操作台面、工器具的清洗消毒应符合国家现行相关标准的有关规定。

7.0.11　生产区应设置与生产规模相适应的化验室,化验室应单独设置进出口。

7.0.12　化验室应设置理化和微生物等常规检测的工作间,并应设置更衣柜和专用消毒药品室。

8 制冷工艺

8.1 一般规定

8.1.1 屠宰与分割车间的氨制冷系统调节站,应安装在室外或调节站间内。

8.1.2 氨制冷系统管道严禁穿过有人员办公及休息的房间。

8.1.3 制冷系统的冷风机选用热气融霜方式时,应采用程序控制的自动融霜方式。

8.2 产品冷却

8.2.1 胴体冷却间的设计温度宜取0℃~4℃。

8.2.2 牛胴体冷却时间不应少于24 h,羊胴体冷却时间不应大于12 h。牛、羊胴体进入冷却间的温度应按38℃计算,冷却后中心温度不应高于7℃。

8.2.3 副产品冷却间设计温度宜取0℃~4℃,冷却时间宜取24 h,冷却后产品的中心温度不应高于7℃。

8.3 产品冻结

8.3.1 分割肉冻结间的设计温度不应高于-28℃,冻结后产品的中心温度不应高于-15℃。

8.3.2 副产品冻结间的设计温度不应高于-28℃,冻结时间不宜超过24 h,冻结后产品的中心温度不应高于-15℃。

9 给水排水

9.1 一般规定

9.1.1 屠宰与分割车间给水系统应不间断供水,并应满足屠宰加工用水对水质、水量和水压的用水要求。

9.1.2 车间内用水设施及设备均应有防止交叉污染的措施,各管道系统应明确标识区分。

9.1.3 车间内排水系统设计应有保证排水畅通、便于清洁维护的措施,并应有防止固体废弃物进入、浊气逸出、防鼠害等措施。

9.1.4 屠宰与分割车间给水排水、消防干管敷设在车间闷顶(技术夹层)时,应采取管道支吊架、防冻保温、防结露等固定及防护措施。

9.2　给水及热水供应

9.2.1　屠宰与分割车间生产及生活用水的水源应就近选用城镇自来水或地下水、地表水。

9.2.2　屠宰与分割车间生产及生活用水供水水质应符合现行国家标准《生活饮用水卫生标准》GB 5749 的规定。

9.2.3　屠宰与分割车间的给水应满足工艺及设备水量、水压的要求。采用自备水源及供水时，系统设计应符合现行国家标准《城镇给水排水技术规范》GB 50788 的规定。

9.2.4　屠宰与分割车间生产用水标准、使用时数及小时变化系数，可根据生产规模和区域条件，按表 6 确定。

表 6　屠宰与分割车间生产用水标准、使用时数及小时变化系数

序号	用水类别	最高日生产用水定额（L/头、L/只）	使用时数(h)	小时变化系数 K_h
1	牛屠宰与分割	1 000 ~ 1 400	10	1.5 ~ 2.0
2	羊屠宰与分割	300 ~ 400	10	1.5 ~ 2.0

注：1 生产用水定额包括车间内生产人员生活用水。

2 制冷机房蒸发式冷庖器等制冷、空调设备用水除外。

3 使用时数 10 h 是按一班生产考虑的，如增加生产时间，应按实际生产时间计。

9.2.5　屠宰与分割车间应根据生产工艺流程的需要，在用水位置上应分别设置冷、热水管。用于清洗工器具、台面、地面等热水温度不宜低于 40℃，对刀具进行消毒的热水温度不应低于 82℃，其热水管出口处应配备温度指示计。

9.2.6　屠宰与分割车间内宜配备清洗墙裙与地面用的皮带水嘴及软管或高压泡沫冲洗消毒系统。各接口间距不宜大于 25 m。采用高压冲洗系统水压宜设置局部加压系统，在车间适当位置应设泡沫加压设备间，并应配备冷热水系统。

9.2.7　急宰间及无害化处理间应设冷热水管及 82℃消毒用热水系统。

9.2.8　屠宰与分割车间生产及生活用热水应采用集中供给方式，用做消毒用的热水（82℃）可采用集中供给或就近设置小型加热装置方式。热交换器进水根据水质情况宜采用防结垢处理装置。

9.2.9 屠宰与分割车间洗手池和消毒设施的水嘴应采用自动或非手动式开关，并应配备有冷热水。

9.2.10　车间内储水设备应采用无毒、无污染的材料制成，并应有防止污染设施和清洗消毒措施。

9.2.11　屠宰与分割车间室内生产用给水管材，应选用卫生、耐腐蚀和安装连接方便可靠的管材,可选用不锈钢管、塑料和金属复合管、塑料管等。

9.2.12 屠宰与分割车间给水系统应配备计量装置,并应有可靠的节水措施。

9.2.13 屠宰车间待宰圈冲洗地面、车辆清洗等用水可采用城市杂用水或中水作为水源,其水质应符合现行国家标准《城市污水再生利用城市杂用水水质》GB/T 18920 的规定,城市杂用水或中水管道应有明显标记。

9.3 排水

9.3.1 屠宰与分割车间应采用有效的排水措施,车间地面不应积水,车间内排水流向应从清洁区流向非清洁区。屠宰与分割车间生活区排水系统应与生产废水排水系统分开设置。

9.3.2 当屠宰车间排水采用明沟排水时,除工艺要求外宜采用浅明沟形式;当分割车间地面采用地漏排水时,宜采用专用除污地漏。

9.3.3 屠宰与分割车间室内排水沟排水与室外排水管道连接处应设水封装置或室外设置水封井,水封高度不应小于 50 mm。

9.3.4 专用除污地漏应具有拦截污物功能,水封高度不应小于 50 mm。每个地漏汇水面积不得大于 36 m^2。

9.3.5 屠宰车间内副产品加工间等含油生产废水的出口处宜设置回收油脂的隔油器,隔油器应加移动的密封盖板,附近备有热水软管接口。

9.3.6 胃肠加工间翻肠池排水应采用明沟,室外宜设置固液分离设施。

9.3.7 屠宰与分割车间内各加工设备、水箱、水池等用水设备的泄水、溢流管不得与车间排水管道直接连接,应采用间接排水方式。

9.3.8 屠宰与分割车间生产用排水管道管径宜比经水力计算的结果放大 2 号~3 号。

9.3.9 屠宰加工间生产用排水出户管最小管径、设计坡度与最小设计坡度应符合表 7 的规定。

表 7 屠宰加工间生产用排水出户管最小管径、设计坡度与最小设计坡度

序号	车间类别	最小管径(mm)	设计坡度(%)	最小坡度(%)
1	大型	250	1.0	0.5
2	中型/小型	200	1.0	0.7

注:1. 排水出户管包括车间排水主干管。

2. 专门用来输送肠胃粪便污水的排水管管径不宜小于 300,最小设计坡度不得小于 0.5%.

9.3.10 屠宰车间及分割车间室内排水管材宜采用柔性接口机制的排水铸铁管及相应管件。

9.3.11 急宰间及无害化处理间排出的污废水在排入厂区污水管网前应排入消毒池进行消毒处理。

9.3.12 屠宰与分割车间室外厂区污水管网应采用管道排放形式,当局部采用明沟排放时应加设盖板。

9.3.13 屠宰与分割车间的生产废水应集中排至厂区污水处理站统一进行处理,处理后的污水应符合国家有关污水排放标准的要求。

9.4 消防给水及灭火设备

9.4.1 屠宰与分割车间的消防给水及灭火设备的设置应符合现行国家标准《建筑设计防火规范》GB 50016 和《消防给水及消火栓系统技术规范》GB 50974 的规定。

9.4.2 屠宰与分割车间内冷藏、冻结间穿堂及楼梯间消火栓布置应符合现行国家标准《冷库设计规范》GB 50072 的规定。以氨为制冷工质的速冻装置间出入口处应设置室内消火栓。

9.4.3 屠宰与分割车间内设置自动喷水灭火系统时,应符合现行国家标准《建筑设计防火规范》GB 50016 和《自动喷水灭火系统设计规范》GB 50084 的相关规定,设计基本参数应按民用建筑和工业厂房的系统设计参数中的中危险等级执行。

10 供暖通风与空气调节

10.1 一般规定

10.1.1 供暖与空气调节系统的冷源与热源应根据能源条件、能源价格、节能和环保等要求,经技术经济分析确定,并应符合下列规定:

1 在满足工艺要求的条件下,宜采用市政或区域热网提供的热源。

2 自建锅炉房的锅炉台数不宜少于 2 台。

3 低温空调系统冷源,宜根据气象条件、制冷工艺系统的特点及食品工艺的要求,经综合分析确定。

10.1.2 分割车间、包装间及其他低温空调场所,当冷源采用乙二醇水溶液为载冷剂时,夏季供液温度宜取 -3℃ ~0℃,冬季供液温度不宜高于 40℃。

10.1.3 分割车间、包装间及其他低温或高湿空调场所,室内明装的空调末端设备应选用不锈钢外壳的产品。

10.1.4 车间生产时常开的门,当其两侧温差超过 15℃时,宜设置空气幕或透明软帘。

10.1.5 室内温度低于 0℃的房间,应采取地面防冻措施。

10.2 供　暖

10.2.1　在严寒和寒冷地区,屠宰间、包装材料间等冬季室内计算温度宜取14℃～16℃。待宰间冬季室内计算温度宜取8℃～12℃。

10.2.2　值班供暖的房间室内计算温度宜取5℃。

10.3 通风与空调

10.3.1　空气调节系统,严禁采用氨制冷剂直接蒸发式空气降温方式。

10.3.2　分割车间和包装间等车间内的温度,应满足产品加工工艺的要求,其冬、夏季室内空调计算温度不宜高于12℃,夏季室内空调计算相对湿度不宜高于65%,冬季室内空调计算相对湿度不宜低于40%。空调房间操作区风速不宜大于0.3 m/s。

10.3.3　分割车间、包装间等人员密集场所,工作人员最小新风量不应小于40 m^3/h。新风应根据车间内空气参数的需求进行处理,并宜采用粗效和中效两级过滤。

10.3.4　分割车间和包装间的通风系统,宜保持本车间相对于相邻的房间及室外处于正压状态。

10.3.5　冻结装置间、室内制冷工艺调节站间应设置事故排风系统,事故排风换气次数不应小于12次/h。当制冷系统采用氨制冷工质时,事故风机应选用防爆型风机。

10.3.6　放血间、胴体加工间、副产品加工间应设置机械送排风系统,排风换气次数不宜小于20次/h,送风量宜按排风量的70%计算。

10.3.7　空气调节和通风系统的送风道宜设置清扫口。当采用纤维织物风道时,应满足防霉的要求。

10.3.8　屠宰间、分割间、包装间宜采取防止风口产生或滴落冷凝水的措施。

10.3.9　车间内通风系统的送风口和排风口宜设置耐腐蚀材料制作的过滤网。

10.3.10　通风设施应避免空气从非清洁作业区域流向清洁作业区域。

10.4 消防与排烟

10.4.1　室温不高于0℃的房间不应设置排烟设施。

10.4.2　其他场所或部位的防烟和排烟设施应按现行国家标准《建筑设计防火规范》GB 50016的规定执行。

10.5 蒸汽、压缩空气、空调和供暖管道

10.5.1　蒸汽管道、空调和供暖热水管道应计算热膨胀。当自然补偿不能满足要求时,

应设置补偿器。

10.5.2 蒸汽管、压缩空气管、空调和供暖管道必须穿过防火墙时,在管道穿过处应采取防火封堵措施,并应在管道穿墙处一侧设置固定支架,使管道可向墙的两侧伸缩。

10.5.3 蒸汽管道和供暖热水管道应对固定支架所承受的推力进行计算,防止固定支架产生位移或对建筑物、构筑物产生破坏。

11 电气

11.1 一般规定

11.1.1 电气设备的选择应与屠宰和分割车间内各不同建筑环境分类和食品卫生要求相适应。

11.1.2 电气线路穿越保温材料敷设时应采取防止产生冷桥的措施。

11.1.3 屠宰与分割车间应设应急广播。

11.1.4 当速冻装置间内设有氨直接蒸发的冻结装置时,应在室内明显部位和室外出口处的上方安装声光警报装置,在冻结装置的进出料口处上方均应安装氨气浓度传感器。当氨气浓度达到 100 ppm ~ 150 ppm 时.氨气浓度报警控制器发出的报警信号,作为联动触发信号应能自动启动事故排风机、紧急停止冻结装置运行,并应启动声光警报装置。氨气浓度报警控制器发出的报警信息应传送至相关制冷机房控制室显示、报警。氨气浓度报警装置应有备用电源。速冻装置间内事故排风机电源应按其所在屠宰与分割车间最高负荷等级要求供电,事故排风机的过载保护应作用于信号报警而不是直接停风机。

11.1.5 屠宰与分割车间的非消防用电负荷宜设置电气火灾监控系统。

11.2 配电

11.2.1 屠宰与分割车间的供电负荷级别和供电方式,应根据工艺要求、生产规模、产品质量和卫生、安全等因素确定,并应符合现行国家标准《供配电系统设计规范》GB 50052 的有关规定。

11.2.2 屠宰与分割车间的配电装置宜集中布置在专用的电气室中。当不设专用电气室时,配电装置宜布置在干燥场所。

11.2.3 手持电动工具和移动电器回路应设剩余电流动作保护电器。

11.2.4 屠宰与分割车间多水潮湿场所和待宰间等处应采用局部等电位联结或辅助等电位联结。

11.2.5 屠宰与分割车间的闷顶(技术夹层)内宜设有检修用电源。

11.3 照明

11.3.1 屠宰与分割车间照明方式宜采用分区一般照明与局部照明相结合的照明方式。屠宰与分割车间照明标准值不宜低于表8的规定,功率密度限值应符合表8的规定。

表8 屠宰与分割车间照明标准值和功率密度限值

照明场所	照明种类及位置	照度(lx)	显色指数(Ra)	照明功率密度(W/m²)	
				现行值	目标值
屠宰车间	加工线操作部位照明	200	80	≤9	≤7
	检验操作部位照明	500	80	≤19	≤17
分割车间、副产品加工间	操作台面照明	300	80	≤13	≤11
包装间	包装工作台面照明	200	80	≤9	≤7
冷却间、冻结间、暂存间	一般照明	50	60	≤3	≤2.5
待宰间、隔离间	一般照明	50	60	≤3	≤2.5
急宰间、无害化处理间	一般照明	100	60	≤5	≤4

11.3.2 屠宰与分割车间宜设置备用照明。备用照明应满足所需场所或部位活动的最低照度值,但不应低于该场所一般照明照度值的10%。

11.3.3 屠宰与分割车间应设置疏散照明。

11.3.4 屠宰与分割车间的闷顶(技术夹层)内宜设置巡视用照明。

本规范用词说明

1 为便于在执行本规范条文时区别对待、对要求严格程度的用词说明如下:

(1)表示很严格,非这样做不可的:

正面词采用“必须”,反面词采用“严禁”;

(2)表示严格,在正常情况下均应这样做的:

正面词采用“应”,反面词采用“不应”或“不得”;

(3)表示允许稍有选择,在条件许可时首先应这样做的;

正面词采用“宜”,反面词采用“不宜”;

(4)表示有选择,在一定条件下可以这样做的,采用“可”。

2 条文中指明应按其他有关标准执行的写法为:“应符合…的规定”或“应按……执行”。

引用标准名录

《建筑结构荷载规范》GB 50009

《建筑设计防火规范》GB 50016

《工业建筑防腐蚀设计规范》GB 50046

《供配电系统设计规范》GB 50052

《冷库设计规范》GB 50072

《自动喷水灭火系统设计规范》GB 50084

《城镇给水排水技术规范》GB 50788

《消防给水及消火栓系统技术规范》GB 50974

《碳素结构钢》GB/T 700

《低合金高强度结构钢》GB/T 1591

《生活饮用水卫生标准》GB 5749

《涂覆涂料前钢材表面处理表面清洁度的目视评定第1部分:未涂覆过的钢材表面和全面清除原有涂层后的钢材表面的锈蚀等级和处理等级》GB/T 8923.1

《食品安全国家标准食品生产通用卫生规范》GB 14881

《农副食品加工业卫生防护距离第1部分:屠宰及肉类加工业》GB 18078.1

《城市污水再生利用　城市杂用水水质》GB/T 18920

《屠宰和肉类加工企业卫生管理规范》GB/T 20094

附录九　畜禽屠宰操作规程　生猪

Operating procedures of livestock and poultry slaughtering – Pig

（GB/T 17236—2019）

前　言

本标准按照 GB/T 1.1—2009 给出的规则起草。

本标准代替 GB/T 17236—2008((生猪屠宰操作规程》,与 GB/T 17236—2008 相比,主要技术变化如下:

——修改标准名称为《畜禽屠宰操作规程生猪》;

——修改了范围(见第 1 章,2008 版的第 1 章);

——修改了规范性引用文件(见第 2 章,2008 年版的第 2 章);

——删除了部分术语和定义(见第 3 章,2008 年版的第 3 章);

——修改了宰前要求(见第 4 章,2008 年版的第 4 章);

——修改了电致昏、二氧化碳(CO2)致昏的要求(见 5.1.1.1 和 5.1.1.2,2008 年版的 5.1.1 和 5.1.2);

——修改了刺杀放血的要求(见 5.2,2008 版的 5.2);

——修改了人工剥皮和机械剥皮要求(见 5.3,2008 版的 5.3);

——修改了浸烫脱毛的要求(见 5.4,2008 版的 5.4);

——增加了吊挂提升工序及要求(见 5.5);

——修改了雕圈、劈半、整修工序要求(见 5.10.5.13 和 5.14,2008 版的 5.9.5.11 和 5.12);

——增加了检验检疫要求(见 5.12);

——增加了计量与质量分级(见 5.15);

——修改了副产品整理(见 5.16,2008 版的 5.13);

——修改了预冷工艺要求(见 5.17,2008 版的 5.14);

——删除了分割(2008 年版的 5.15);

——修改了冻结(见 5.18,2008 版的 5.16);

——修改了包装、标签、标志和贮存内容(见第 6 章,2008 年版的 5.17 和 5.18);

——修改了其他要求的内容(见第 7 章,2008 年的第 6 章)。

本标准由中华人民共和国农业农村部提出。

本标准由全国屠宰加工标准化技术委员会(SAC/TC 516)归口。

本标准起草单位:中国动物疫病预防控制中心(农业农村部屠宰技术中心)、商务部流通产业促进中心、河南众品食业股份有限公司。

本标准主要起草人:吴晗、高胜普、尤华、张建林、王敏、龚海岩、赵箭、陆学君、王会玲、张朝明、张新玲。

本标准所代替标准的历次版本发布情况为:

——GB/T 17236 —1998、GB/T 17236—2008。

1 范围

本标准规定了生猪屠宰的术语和定义、宰前要求、屠宰操作程序及要求、包装、标签、标志和贮存以及其他要求。

本标准适用于生猪定点屠宰加工厂(场)的屠宰操作。

2 规范性引用文件

下列文件对于本文件的应用是必不可少的。凡是注日期的引用文件,仅注日期的版本适用于本文件。凡是不注日期的引用文件,其最新版本(包括所有的修改单)适用于本文件。

GB/T 191 包装储运图示标志

GB 12694 食品安全国家标准畜禽屠宰加工卫生规范

GB/T 17996 生猪屠宰产品品质检验规程

GB/T 19480 肉与肉制品术语

生猪屠宰检疫规程(农医发〔2010〕27 号附件 1)

病死及病害动物无害化处理技术规范(农医发〔2017〕25 号)

3 术语和定义

GB 12694 和 GB/T 19480 界定的以及下列术语和定义适用于本文件。

3.1 猪屠体 Pig body

猪致昏、放血后的躯体。

3.2 同步检验 Synchronous inspection

与屠宰操作相对应,将畜禽的头、蹄(爪)、内脏与胴体生产线同步运行,由检验人员对照检验和综合判断的一种检验方法。

3.3 **片猪肉** Demi – carcass pork

将猪胴体沿脊椎中线,纵向锯(劈)成两分体的猪肉.包括带皮片猪肉、去皮片猪肉。

4 宰前要求

4.1 待宰生猪应健康良好,并附有产地动物卫生监督机构出具的《动物检疫合格证明》。

4.2 待宰生猪临宰前应停食静养不少于12 h,宰前3 h停止喂水。

4.3 应对猪体表进行喷淋,洗净猪体表面的粪便、污物等。

4.4 屠宰前应向所在地动物卫生监督机构申报检疫,按照《生猪屠宰检疫规程》和GB/T 17996等进行检疫和检验,合格后方可屠宰。

4.5 送宰生猪通过屠宰通道时,按顺序赶送,不应野蛮驱赶。

5 屠宰操作程序及要求

5.1 致昏

5.1.1 致昏方式

应采用电致昏或二氧化碳(co_2)致昏:

a)电致昏:采用人工电麻或自动电麻等致昏方式对生猪进行致昏。

b)二氧化碳(co_2)致昏:将生猪赶入(co_2)致昏设备致昏。

5.1.2 致昏要求

猪致昏后应心脏跳动,成昏迷状态。不应致死或反复致昏。

5.2 刺杀放血

5.2.1 致昏后应立即进行刺杀放血。从致昏刺杀放血,不应超过30 s。

5.2.2 将刀尖对准第一肋骨咽喉正中偏右0.5~1.0 cm处向心脏方向刺入,再侧刀下拖切断颈部动脉和静脉,不应刺破心脏或割断食管、气管。刺杀放血刀口长度约5 cm。沥血时间不少于5 min。刺杀时不应使猪呛膈、淤血。

5.2.3 猪屠体应用温水喷淋或用清洗设备清洗,洗净血污、粪污及其他污物。可采用剥皮(5.3)或者烫毛、脱毛(5.4)工艺进行后序加工。

5.2.4 从放血到摘取内脏,不应超过30 min。从放血到预冷前不应超过45 min。

5.3 剥皮

5.3.1 剥皮方式

可采用人工剥皮或机械剥皮方式。

5.3.2 人工剥皮

将猪屠体放在操作台(线)上,按顺序挑腹皮、预剥前腿皮、预剥后腿皮、预剥臀皮、剥整皮。剥皮时不宜划破皮面,少带肥膘。操作程序如下:

1 挑腹皮:从颈部起刀刃向上沿腹部正中线挑开皮层至肛门处;

2 预剥前腿皮:挑开前腿腿裆皮,剥至脖头骨;

3 预剥后腿皮:挑开后腿腿裆皮,剥至肛门两侧;

4 预剥臀皮:先从后臀部皮层尖端处割开一小块皮,用手拉紧,顺序下刀,再将两侧臀部皮和尾根皮剥下;

5 剥整皮:左右两侧分别剥。剥右侧时一手拉紧、拉平后裆肚皮,按顺序剥下后腿皮、腹皮和前腿皮;剥左侧时,一手拉紧脖头皮,按顺序剥下脖头皮,前腿皮、腹皮和后腿皮;用刀将脊背皮和脊膘分离,扯出整皮。

5.3.3 机械剥皮

剥皮操作程序如下:

1 按剥皮机性能,预剥一面或两面,确定预剥面积;

2 按5.3.2 中 a)、b)、c)、d) 的要求挑腹皮、预剥前腿皮、预剥后腿皮、预剥臀皮;

3 预剥腹皮后,将预剥开的大面猪皮拉平、绷紧,放入剥皮设备卡口夹紧,启动剥皮设备;

4 水冲淋与剥皮同步进行,按皮层厚度掌握进刀深度,不宜划破皮面,少带肥膘。

5.4 烫毛、脱毛

5.4.1 采用蒸汽烫毛隧道或浸烫池方式烫毛。应按猪屠体的大小、品种和季节差异,调整烫毛温度、时间。烫毛操作如下:

1 蒸汽烫毛隧道:调整隧道内温度至59℃ ~62℃,烫毛时间为6 ~8 min;

2 浸烫池:调整水温至58℃ ~63℃,烫毛时间为3 ~6 min,应设有溢水口和补充净水的装置。浸烫池水根据卫生情况每天更换1 ~2 次。浸烫过程中不应使猪屠体沉底、烫生、烫老。

5.4.2 采用脱毛设备进行脱毛。脱毛后猪屠体宜无浮毛、无机械损伤和无脱皮现象。

5.5 吊挂提升

5.5.1 抬起猪的两后腿,在猪后腿跗关节上方穿孔,不应割断胫、跗关节韧带,刀口长度宜5cm~6cm。

5.5.2 挂上后腿,将猪屠体提升输送至胴体加工线轨道。

5.6 预干燥

采用预干燥设备或人工刷掉猪体上残留的猪毛和水分。

5.7 燎毛

采用喷灯或燎毛设备燎毛,去除猪体表面残留猪毛。

5.8 清洗抛光

采用人工或抛光设备去除猪体体表残毛和毛灰并清洗。

5.9 去尾、头、蹄

5.9.1 工序要求

此工序也可以在5.3前或5.11后进行。

5.9.2 去尾

一手抓猪尾,一手持刀,贴尾根部关节割下,使割后猪体没有骨梢突出皮外,没有明显凹坑。

5.9.3 去头

5.9.3.1 断骨

使用剪头设备或刀,从枕骨大孔将头骨与颈骨分开。

5.9.3.2 分离

分离操作如下:

1 去三角头:从颈部寰骨处下刀,左右各划割至露出关节(颈寰关节)和咬肌,露出左右咬肌约3~4 cm,然后将颈肉在离下巴痣6~7 cm处割开,将猪头取下;

2 去平头:从两耳根后部(距耳根0.5~1 cm)连线处下刀将皮肉割开,然后再手下压,用力紧贴枕骨将猪头割下。

5.9.4 去蹄

前蹄从腕关节处下刀,后蹄从附关节处下刀,割断连带组织,猪蹄断面宜整齐。

5.10 雕圈

刀刺入肛门外围,雕成圆圈,掏开大肠头垂直放入骨盆内或用开肛设备对准猪的肛门,随即将探头深入肛门,启动开关,利用环形刀将直肠与猪体分离。肛门周围应少带肉,肠头脱离括约肌,不应割破直肠。

5.11 开膛、净腔

5.11.1 挑胸、剖腹:自放血口沿胸部正中挑开胸骨,沿腹部正中线自上而下,刀把向内,刀尖向外剖腹,将生殖器拉出并割除,不应刺伤内脏。放血口、挑胸、剖腹口宜连成一线。

5.11.2 拉直肠、割膀胱:一手抓住直肠,另一手持刀,将肠系膜及韧带割断,再将膀胱割除,不应刺破直肠。

5.11.3 取肠、胃(肚):一手抓住肠系膜及胃部大弯头处,另一手持刀在靠近肾脏处将系膜组织和肠、胃共同割离猪体,并割断韧带及食道,不应刺破肠、胃、胆囊。

5.11.4 取心、肝、肺:一手抓住肝,另一手持刀,割开两边隔膜,取横膈膜肌角备检。一手顺势将肝下撤,另一只手持刀将连接胸腔和颈部的韧带割断,取出食管、气管、心、肝、肺,不应使其破损。摘除甲状腺。

5.11.5 冲洗胸、腹腔:取出内脏后,应及时冲洗胸腔和腹腔,洗净腔内淤血、浮毛和污物等。

5.12 检验检疫

同步检验按 GB/T 17996 的规定执行,同步检疫按照《生猪屠宰检疫规程》的规定执行。

5.13 劈半(锯半)

劈半时应沿着脊柱正中线将胴体劈成两半,劈半后的片猪肉宜去板油、去肾脏,冲洗血污、浮毛等。

5.14 整修

按顺序整修腹部、放血刀口、下颌肉、暗伤、脓包、伤斑和可视病变淋巴结,摘除肾上腺和残留甲状腺,洗净体腔内的淤血、浮毛、锯末和污物等。

5.15 计量与质量分级

用称量器具称量胴体的重量。根据需要,依据胴体重量、背膘厚度和瘦肉率等指标对猪胴体进行分级。

5.16 副产品整理

5.16.1 整理要求

副产品整理过程中,不应落地加工。

5.16.2 分离心、肝、肺

切除肝膈韧带和肺门结缔组织。摘除胆囊时,不应使其损伤、残留;猪心宜修净护心油和横膈膜;猪肺上宜保留2~3 cm 肺管。

5.16.3 分离脾、胃

将胃底端脂肪割除,切断与十二指肠连接处和肝、胃韧带。剥开网油,从网膜上割除脾脏,少带油脂。翻胃清洗时,一手抓住胃尖冲洗胃部污物,用刀在胃大弯处戳开5~8 cm 小口,再用洗胃设备或长流水将胃翻转冲洗干净。

5.16.4 扯小肠

将小肠从割离胃的断面拉出,一手抓住花油,另一手将小肠末梢挂于操作台边,自上而下排除粪污,操作时不应扯断、扯乱。扯出的小肠应及时清除肠内污物。

5.16.5 扯大肠

摆正大肠,从结肠末端将花油(冠油)撕至离盲肠与小肠连接处2 cm 左右,割断,打结。不应使盲肠破损、残留油脂过多。翻洗大肠,一手抓住肠的一端,另一手自上而下挤出粪污,并将大肠翻出一小部分,用一手二指撑开肠口,向大肠内灌水,使肠水下坠,自动翻转,可采用专用设备进行翻洗。经清洗、整理的大肠不应带粪污。

5.16.6 摘胰脏

从胰头摘起,用刀将膜与脂肪剥离,再将胰脏摘出,不应用水冲洗胰脏,以免水解。

5.17 预冷

将片猪肉送入冷却间进行预冷。可采用一段式预冷或二段式预冷工艺:

1. 一段式预冷。冷却间相对湿度75%~95%,温度0℃~4℃,片猪肉间隔不低于3 cm,时间16~24 h,至后腿中心温度冷却至7℃以下。

2. 二段式预冷。快速冷却:将片猪肉送入-15℃以下的快速冷却间进行冷却,时间1.5~

2.0 h，然后进入0℃~4℃冷却间预冷。预冷：冷却间相对湿度75%~95%，温度0℃~4℃，片猪肉间隔不低于3 cm，时间14~20 h，至后腿中心温度冷却至7℃以下。

5.18 冻结

冻结间温度为-28℃以下，待产品中心温度降至-15℃以下转入冷藏库贮存。

6 包装、标签、标志和贮存

6.1 包装、标签、标志

产品包装、标签、标志应符合GB/T 191、GB 12694等相关标准的要求。

6.2 贮存

6.2.1 经检验合格的包装产品应立即入成品库贮存，应设有温、湿度监测装置和防鼠、防虫等设施，定期检查和记录。

6.2.2 冷却片猪肉应在相对湿度85%~90%，温度0℃~4℃的冷却肉储存库(间)储存，并且片猪肉需吊挂，间隔不低于3 cm；冷冻片猪肉应在相对湿度90%~95%，温度为-18℃以下的冷藏库贮存，且冷藏库昼夜温度波动不应超过±1℃。

7 其他要求

7.1 刺杀放血、去头、雕圈、开膛等工序用刀具使用后应经不低于82℃热水一头一消毒，刀具消毒后轮换使用。

7.2 经检验检疫不合格的肉品及副产品，应按GB 12694的要求和《病死及病害动物无害化处理技术规范》的规定处理。

7.3 产品追溯与召回应符合GB 12694的要求。

7.4 记录和文件应符合GB 12694的要求。

附录十　畜禽屠宰操作规程　牛

Operatingprocedureoflivestock andpoultryslaughtering—Catle

(GB/T 19477—2018)

前　言

本标准按照 GB/T 1. 1－2009 给出的规则起草。本标准代替 GB/T 19477－2004《牛屠宰操作规程》,与 GB/T 19477－2004 相比,主要技术变化如下:

——标准名称修改为《畜禽屠宰操作规程牛》;

——修改了术语和定义(见第 3 章,2004 年版的第 3 章);

——修改了宰前要求(见第 4 章,2004 年版的第 4 章);

——修改了屠宰操作程序及要求(见 5.1～5.27,2004 年版的 5.1～5.20);

——增加了电刺激(见 5.4)、计量与质量分级(见 5.22)、副产品整理(见 5.24)、副产品预冷内容(见 5.25.3～5.25.4)、分割(见 5.26)、冻结(见 5.27);

——修改了检验检疫要求(见 5.18,2004 年版的 5.19);

——增加了包装、标签、标志和贮存(见第 6 章);

——增加了其他要求(见第 7 章);

——删除了附录 A(规范性附录)屠宰加工过程的检验(见 2004 年版的附录 A)。

本标准由中华人民共和国农业农村部提出。

本标准由全国屠宰加工标准化技术委员会(SAC/TC516)归口。

本标准主要起草单位:中国动物疫病预防控制中心(农业农村部屠宰技术中心)、商务部流通产业促进中心、济宁兴隆食品机械制造有限公司。

本标准主要起草人:吴晗、高胜普、尤华、周伟生、龚海岩、王敏、赵箭、王向宏、王传红、张新玲、张朝明。

本标准所代替标准的历次版本发布情况为:

——GB/T 19477— 2004。

1　范围

本标准规定了牛屠宰的术语和定义、宰前要求、屠宰操作程序及要求、包装、标签、标志和贮存以及其他要求。

本标准适用于牛屠宰厂(场)的屠宰操作。

2 规范性引用文件

下列文件对于本文件的应用是必不可少的。凡是注日期的引用文件,仅注日期的版本适用于本文件。凡是不注日期的引用文件,其最新版本(包括所有的修改单)适用于本文件。

GB/T 191 包装储运图示标志

GB 12694 食品安全国家标准 畜禽屠宰加工卫生规范

GB/T 17238 鲜、冻分割牛肉

GB 18393 牛羊屠宰产品品质检验规程

GB/T 19480 肉与肉制品术语

GB/T 27643 牛胴体及鲜肉分割

NY/T 676 牛肉等级规格

牛屠宰检疫规程(农医发〔2010〕27 号 附件 3)

病死及病害动物无害化处理技术规范(农医发〔2017〕25 号)

3 术语和定义

GB/T 19480 界定的以及下列术语和定义适用于本文件。

3.1 牛屠体 Cattle body

牛宰杀放血后的躯体。

3.2 牛胴体二分体 Half carcass

将牛胴体沿脊椎中线纵向锯(劈)成的两半胴体。

3.3 同步检验 Synchronous inspection

与屠宰操作相对应,将畜禽的头、蹄(爪)、内脏与胴体生产线同步运行,由检验人员对照检验和综合判断的一种检验方法。

4 宰前要求

4.1 待宰牛应健康良好,并附有产地动物卫生监督机构出具的《动物检疫合格证明》。

4.2 牛进厂(场)后,应充分休息 12 ~ 24 h,宰前 3 h 停止喂水。待宰时间超过 24 h 的,宜适量喂食。

4.3　屠宰前应向所在地动物卫生监督机构申报检疫，按照《牛屠宰检疫规程》和 GB 18393 等进行检疫和检验，合格后方可屠宰。

4.4　屠宰前宜使用温水清洗牛体，牛体表应无污物。

4.5　应按“先入栏先屠宰”的原则分栏送宰，送宰牛通过屠宰通道时，应进行编号，按顺序赶送，不应采用硬器击打。

5　屠宰操作程序及要求

5.1　致昏

5.1.1　致昏方法

应采用气动致昏或电致昏：

1. 气动致昏：用气动致昏装置对准牛的两角与两眼对角线交叉点，快速启动，使牛昏迷；

2. 电致昏：用单杆式电昏器击牛体，使牛昏迷。参数宜为：电压不超过 200 V，电流 1 ~ 1.5 A，作用时间 7 ~ 30 s。

5.1.2　致昏要求

5.1.2.1　应配置牛固定装置，保证致昏击中部位准确。

5.1.2.2　牛致昏后应心脏跳动，呈昏迷状态，不应致死或反复致昏。

5.2　宰杀放血

5.2.1　可选择卧式或立式放血。从牛喉部下刀，横向切断食管、气管和血管。

5.2.2　放血刀应经不低于 82℃ 的热水一头一消毒，刀具消毒后轮换使用。

5.2.3　沥血时间应不少于 6 min。

5.2.4　从致昏到宰杀放血时间应不超过 1.5 min。

5.3　挂牛

用扣脚链扣紧牛的一只后小腿，启动提升机匀速提升，然后悬挂到轨道上。

5.4　电刺激

5.4.1　在沥血过程中，宜对牛头或颈背部进行电刺激。

5.4.2　电刺激时，应确保牛屠体与电刺激装置的电极有效连接，电刺激工作电压宜 42V，作用时间宜不少于 15 s。

5.5 去前蹄

从腕关节下刀,割断连接关节的韧带及皮肉,割下前蹄,编号后放入指定容器中。

5.6 结扎食管

5.6.1 剥离气管和食管,宜将气管与食管分离至食道和胃结合处。

5.6.2 将食管顶部结扎牢固,使内容物不致流出。

5.7 剥后腿皮

5.7.1 从跗关节下刀,刀刃沿后腿内侧中线向上挑开牛皮。

5.7.2 沿后腿内侧线向左右两侧剥离跗关节上方至尾根部的牛皮,同时割除生殖器。

5.7.3 割掉尾尖,并放入指定容器中。

5.8 去后蹄

从跗关节下刀,割断连接关节的韧带及皮肉,割下后蹄,编号后放入指定容器中。

5.9 转挂

用提升装置辅助牛屠体转挂,先用一个滑轮吊钩钩住牛的一只后腿将牛屠体送到轨道上,再用另一个滑轮吊钩钩住牛的另一只后腿送到轨道上。

5.10 结扎肛门

5.10.1 人工结扎

5.10.1.1 将橡皮筋套在操作者手臂上,将塑料袋反套在同一手臂上,抓住肛门并提起。另一只手持刀将肛门沿四周割开并剥离,边割边提升,提高约 10 cm。

5.10.1.2 将塑料袋翻转套住肛门,用橡皮筋扎住塑料袋,将结扎好的肛门塞回。

5.10.2 机械结扎

采用专用结扎器结扎肛门。

5.10.3 结扎要求

结扎应准确、牢固,不应使粪便溢出。

5.11 剥胸、腹部皮

5.11.1 用刀将腹部皮沿胸腹中线从胸部挑到裆部。

5.11.2　沿腹中线向左右两侧剥开胸腹部皮至肷窝止。

5.12　剥颈部及前腿皮

5.12.1　从腕关节下刀，沿前腿内侧中线挑开牛皮至胸中线。

5.12.2　沿颈中线自下而上挑开牛皮。

5.12.3　从胸颈中线向两侧进刀，剥开胸颈部皮及前腿皮至两肩止。

5.13　扯皮

5.13.1 分别锁紧两后腿皮，使毛皮面朝外，启动扯皮设备，将牛皮卷扯分离胴体。

5.13.2 扯到尾部时，减慢速度，用刀将牛尾的根部剥开。

5.13.3 在扯皮过程中，边扯边用刀具辅助分离皮与脂肪、皮与肉的粘连处。

5.13.4 扯到腰部时，适当提高速度。

5.13.5 扯到头部时，把不易扯开的地方用刀剥开。

5.13.6 分离后皮上不带脂肪、不带肉，皮张不破损。

5.13.7 对扯下的牛皮编号，并放到指定地方。

5.14　去头

去头工序也可以在5.13前进行，操作如下：

1. 将牛头从颈椎第一关节前割下，将喉头附近的甲状腺摘除，放入专用收集容器中。
2. 应将取下的牛头，挂到同步检验挂钩上或专用检验盘中。
3. 采用剪头设备去头时，应设置82℃热水消毒装置，一头一消毒。

5.15　开胸

从胸软骨处下刀，沿胸中线向下贴着气管和食管边缘，割开胸腔及脖部。用开胸锯开胸时，下锯应准确，不破坏胸腔内脏器。

5.16　取白脏

5.16.1　在牛的裆部下刀向两侧进刀，割开肉与骨连接处。

5.16.2　刀尖向外，刀刃向下，由上至下推刀割开肚皮至胸软骨处。

5.16.3　用一只手扯出直肠，另一只手持刀伸入腹腔，从一侧到另一侧割离腹腔内结缔组织。5.16.4 用力按下牛胃，取出胃肠送入同步检验盘中，然后扒净腰油。

5.16.5　母牛应在取白脏前摘除乳房。

5.17 取红脏

5.17.1 一只手抓住腹肌一边,另一只手持刀沿体腔壁从一侧割到另一侧分离横隔肌。取出心、肺、肝等挂到同步检验挂钩上或专用检验盘中。

5.17.2 冲洗胸腹腔。

5.18 检验检疫

同步检验按照 GB 18393 要求执行;同步检疫按照《牛屠宰检疫规程》要求执行。

5.19 去尾

沿尾根关节处割下牛尾,摘除公牛生殖器,编号后放入指定容器中。

5.20 劈半

5.20.1 将劈半锯插入牛的两后腿之间,从耻骨连接处自上而下匀速地沿着牛的脊柱中线将牛胴体锯(劈)成胴体二分体。

5.20.2 锯(劈)过程中应不断喷淋清水。不宜劈斜、劈偏,锯(劈)断面应整齐,避免损坏牛胴体。

5.21 胴体修整

5.21.1 取出脊髓、内腔残留脂肪放入指定容器中。

5.21.2 修去胴体表面的淤血、残留甲状腺、肾上腺、病变淋巴结、污物和浮毛等,应保持肌膜和胴体的完整。

5.22 计量与质量分级

用称量器具称量胴体的重量。根据需要按照 NY/T 676 进行分级。

5.23 清洗

由上而下冲洗整个牛胴体内外、锯(劈)断面和刀口处。

5.24 副产品整理

5.24.1 副产品整理过程中,不应落地加工。

5.24.2 去除污物、清洗干净。

5.24.3 红脏与白脏、头、蹄等应严格分开，避免交叉污染。

5.25 预冷

5.25.1 按顺序推入牛胴体，胴体应排列整齐、间距应不少于 10 cm。

5.25.2 入预冷间后，胴体预冷间设定温度 0℃ ~4℃，相对湿度保持在 85% ~90%，预冷时间应不少于 24 h。

5.25.3 入预冷间后，副产品预冷间设定温度 3℃以下。

5.25.4 预冷后，胴体中心温度达到 7℃以下，副产品温度达到 3℃以下。

5.26 分割

分割加工按 GB/T 17238、GB/T 27643 等要求进行。

5.27 冻结

冻结间温度为 -28℃以下。待产品中心温度降至 -15℃以下转入冷藏间储存。

6 包装、标签、标志和贮存

6.1 产品包装、标签、标志应符合 GB/T 191、GB 12694 等相关标准要求。

6.2 贮存环境与设施、库温和贮存时间应符合 GB 12694、GB/T 17238 等相关标准要求。

7 其他要求

7.1 屠宰供应少数民族食用的牛产品，应尊重少数民族风俗习惯，按照国家有关规定执行。

7.2 经检验检疫不合格的肉品及副产品，应按 GB 12694 的要求和《病死及病害动物无害化处理技术规范》的规定执行。

7.3 产品追溯与召回应符合 GB 12694 的要求。

7.4 记录和文件应符合 GB 12694 的要求。

附录十一 畜禽屠宰操作规程 羊

Operatiang Procedures of livestock and poultry slaughtering—Sheep and goat

（NY/T 3469—2019）

前 言

本标准按照 GB/T 1.1—2009 给出的规则起草。

本标准由农业农村部畜牧兽医局提出。

本标准由全国屠宰加工标准化技术委员会(SAC/TC 516)归口。

本标准起草单位:中国动物疫病预防控制中心(农业农村部屠宰技术中心)、蒙羊牧业股份有限公司、中国农业科学院农产品加工研究所、吉林省畜禽定点屠宰管理办公室、中国肉类食品综合研究中心、内蒙古自治区动物卫生监督所、中国农业大学。

本标准起草人:高胜普、张朝明、胡兰英、许大伟、张德权、臧明伍、侯绪森、冯凯、李丹、罗海玲、吴晗、张新玲、尤华、张杰、张宁宁、李鹏。

1 范围

本标准规定了羊屠宰的术语和定义、宰前要求、屠宰操作程序和要求、冷却、分割、冻结、包装、标签、标志和储存及其他要求。

本标准适用于羊屠宰厂(场)的屠宰操作。

2 规范性引用文件

下列文件对于本文件的应用是必不可少的。凡是注日期的引用文件,仅注日期的版本适用于本文件。凡是不注日期的引用文件,其最新版本(包括所有的修改单)适用于本文件。

GB/T191 包装储运图示标志

GB/T5737 食品塑料周转箱

GB/T9961 鲜、冻胴体羊肉

GB12694 食品安全国家标准畜禽屠宰加工卫生规范

GB18393 牛羊屠宰产品品质检验规程

GB/T19480 肉与肉制品术语

NY/T1564 羊肉分割技术规范

NY/T3224 畜禽屠宰术语

农业部令第70号农产品包装和标识管理办法

农医发[2010]27号附件4羊屠宰检疫规程

农医发[2017]25号　病死及病害动物无害化处理技术规范

3　术语和定义

GB12694、GB/T 19480和NY/T 3224界定的以及下列术语和定义适用于本文件。

3.1　羊屠体 Sheep and goat body

羊宰杀放血后的躯体。

3.2　羊胴体 Sheep and goat carcass

羊经宰杀放血后去皮或者不去皮(去除毛),去头、蹄、内脏等的躯体。

3.3　白内脏 White viscera

白脏

羊的胃、肠、脾等。

3.4　红内脏 Red viscera

红脏

羊的心、肝、肺等。

3.5　同步检验 Synchronous inspection

与屠宰操作相对应,将畜禽的头、蹄(爪)、内脏与胴体生产线同步运行,由检验人员对照检验和综合判断的一种检验方法。

4　宰前要求

4.1　待宰羊应健康良好,并附有产地动物卫生监督机构出具的动物检疫合格证明。

4.2　宰前应停食静养12~24 h,并充分给水,宰前3 h停止饮水。待宰时间超过24 h的,宜适量喂食。

4.3　屠宰前应向所在地动物卫生监督机构申报检疫,按照农医发〔2010〕27号附件4和GB 18393等实施检疫和检验,合格后方可屠宰。

4.4 宜按“先入栏先屠宰”的原则分栏送宰,按户进行编号。送宰羊通过屠宰通道时,按顺序赶送,不得采用硬器击打。

5 屠宰操作程序和要求

5.1 致昏

5.1.1 宰杀前应对羊致昏,宜采用电致昏的方法。羊致昏后,应心脏跳动,呈昏迷状态,不应致死或反复致昏。

5.1.2 采用电致昏时,应根据羊品种和规格适当调整电压、电流和致昏时间等参数,保持良好的电接触。

5.1.3 致昏设备的控制参数应适时监控,并保存相关记录。

5.2 吊挂

5.2.1 将羊的后蹄挂在轨道链钩上,匀速提升至宰杀轨道。

5.2.2 从致昏挂羊到宰杀放血的间隔时间不超过1.5 min。

5.3 宰杀放血

5.3.1 宜从羊喉部下刀,横向切断三管(食管、气管和血管)。

5.3.2 宰杀放血刀每次使用后,应使用不低于82℃的热水消毒。

5.3.3 沥血时间不应少于5 min,沥血后,可采用剥皮(5.4)或者烫毛、脱毛(5.5)工艺进行后序操作。

5.4 剥皮

5.4.1 预剥皮

5.4.1.1 挑裆、剥后腿皮

环切跗关节皮肤,使后蹄皮和后腿皮上下分离,沿后腿内侧横向划开皮肤并将后腿皮剥离开,同时将裆部生殖器皮剥离。

5.4.1.2 划腹胸线

从裆部沿腹部中线将皮划开至剑状软骨处,初步剥离腹部皮肤,然后握住羊胸部中间位置皮毛,用刀沿胸部正中线划至羊脖下方。

5.4.1.3 剥腹胸部

将腹部、胸部两侧皮剥离,剥至肩胛位置。

5.4.1.4　剥前腿皮

沿羊前腿趾关节中线处将皮挑开,从左右两侧将前腿外侧皮剥至肩胛骨位置,刀不应伤及屠体。

5.4.1.5　剥羊脖

沿羊脖喉部中线将皮向两侧剥离开。

5.4.1.6　剥尾部皮

将羊尾内侧皮沿中线划开,从左右两侧剥离羊尾皮。

5.4.1.7　捶皮

手工或使用机械方式用力快速捶击肩部或臀部的皮与屠体之间部位,使皮与屠体分离。

5.4.2　扯皮

采用人工或机械方式扯皮。扯下的皮张应完整、无破裂、不带膘肉。屠体不带碎皮、肌膜完整。扯皮方法如下:

1 人工扯皮:从背部将羊皮扯掉,扯下的羊皮送至皮张存储间。

2 机械扯皮:预剥皮后的羊胴体输送到扯皮设备,由扯皮机匀速拽下羊皮,扯下的羊皮送至皮张存储间。

5.5　烫毛、脱毛

5.5.1　烫毛

沥血后的羊屠体宜用65℃～70℃的热水浸烫1.5～5.0 min。

5.5.2　脱毛

烫毛后,应立即送入脱毛设备脱毛,不应损伤屠体,脱毛后迅速冷却至常温,去除屠体上的残毛。

5.6　去头、蹄

5.6.1　去头

固定羊头,从寰椎处将羊头割下,挂(放)在指定的地方。剥皮羊的去头工序在5.4.1.7后进行。

5.6.2　去蹄

从腕关节切下前蹄,从跗关节处切下后蹄,挂(放)在指定的地方。

5.7　取内脏

5.7.1　结扎食管

划开食管和劲部肌肉相连部位,将食管和气管分开。把胸腔前口的气管剥离后,手工或使用结扎器结扎食管,避免食管内容物污染屠体。

5.7.2 切肛

刀刺入肛门外围,沿肛门四周与其周围组织割开并剥离,分开直肠头垂直放入骨盆内;或用开肛设备对准羊的肛门,将探头深入肛门,启动开关,利用环形刀将直肠与羊体分离。肛门周围应少带肉,肠头脱离括约肌,不应割破直肠。

5.7.3 开腔

从肷部下刀,沿腹中线划开腹壁膜至剑状软骨处。下刀时,不应损伤脏器。

5.7.4 取白脏

采用以下人工或机械方式取白脏:

1. 人工方式:用一只手扯出直肠,另一只手伸入腹腔,按压胃部同时抓住食管将白脏取出,放在指定位置。保持脏器完好。

2. 机械方式:使用吸附设备把白脏从羊的腹腔取出。

5.7.5 取红脏

采用以下人工或机械方式取红脏:

1. 人工方式:持刀紧贴胸腔内壁切开膈肌,拉出气管,取出心、肺、肝,放在指定位置。保持脏器完好。

2. 机械方式:使用吸附设备把红脏从羊的胸腔取出。

5.8 检验检疫

同步检验按照 GB 18393 的规定执行,同步检疫按照农医发〔2010〕27 号附件 4 的规定执行。

5.9 胴体修整

修去胴体表面的淤血、残留腺体、皮角、浮毛等污物。

5.10 计量

逐只称量胴体并记录。

5.11 清洁

用水洗、燎烫等方式清除胴体内外的浮毛、血迹等污物。

5.12 副产品整理

5.12.1 副产品整理过程中不应落地。

5.12.2 去除副产品表面污物,清洗干净。

5.12.3 红脏与白脏、头、蹄等加工时应严格分开。

6 冷却

6.1 根据工艺需要对羊胴体或副产品冷却。冷却时,按屠宰顺序将羊胴体送入冷却间,胴体应排列整齐,胴体间距不少于3 cm。

6.2 羊胴体冷却间设定温度0℃ ~4℃,相对湿度保持在85% ~90%,冷却时间不应少于12 h。冷却后的胴体中心温度应保持在7℃以下。

6.3 副产品冷却后,产品中心温度应保持在3℃以下。

6.4 冷却后检查胴体深层温度,符合要求的方可进入下一步操作。

7 分割

分割加工按NY/T 1564的要求进行。

8 冻结

冻结间温度为 -28℃以下。待产品中心温度降至 -15℃以下时转入冷藏间储存。

9 包装、标签、标志和储存

9.1 产品包装、标签、标志应符合GB/T 191、GB/T 5737、GB 12694和农业部令第70号等的相关要求。

9.2 分割肉宜采用低温冷藏。储存环境与设施、库温和储存时间应符合GB/T 9961、GB 12694等相关标准要求。

10 其他要求

10.1 屠宰供应少数民族食用的羊产品,应尊重少数民族风俗习惯,按照国家有关规定执行。

10.2 经检验检疫不合格的肉品及副产品,应按GB 12694的要求和农医发〔2017〕25号的规定执行。

10.3 产品追溯与召回应符合GB 12694的要求。

10.4 记录和文件应符合GB 12694的要求

参考文献

[1]张彦明, 佘锐萍. 动物性食品卫生学[M]. 北京:中国农业出版社,2009.

[2]陈溥言. 兽医传染病学[M]. 北京:中国农业出版社,2015.

[3]董常生. 家畜解剖学[M]. 北京:中国农业出版社,2015.

[4]农业部兽医局,中国动物疫病预防控制中心,农业部屠宰技术中心. 全国畜禽屠宰检疫检验培训教材[M]. 北京:中国农业出版社,2015.

[5]汪明. 兽医寄生虫学[M]. 北京:中国农业出版社,2017.

[6]中国动物疫病预防控制中心(农业农村部屠宰技术中心). 全国生猪屠宰兽医卫生检验人员培训教材[M]. 北京:中国农业出版社,2021.

[7]周向梅, 赵德明. 兽医病理学[M]. 北京:中国农业大学出版社,2021.